矿 山 救 护

（第 2 版）

主　编　田卫东
副主编　曹向东　全吉华

重庆大学出版社

内 容 提 要

本教材内容包括矿山应急救援管理,矿山救护,矿工自救、互救与现场急救。本教材以适应高职教育课程改革的需要,打破传统学科课程模式,基于工作过程系统化建设,实现知识学习、能力培养的一体化进程。

本书为高职安全管理技术专业教材,也可作为煤矿相关专业师生的参考书。

图书在版编目(CIP)数据

矿山救护/田卫东主编.--2 版.--重庆:重庆
大学出版社,2022.1(2023.8 重印)
高职高专煤矿开采技术专业及专业群教材
ISBN 978-7-5624-5227-0

Ⅰ.①矿… Ⅱ.①田… Ⅲ.①矿山救护—高等职业教
育—教材 Ⅳ.①TD77

中国版本图书馆 CIP 数据核字(2022)第 021494 号

高职高专煤矿开采技术专业及专业群教材

矿 山 救 护

(第 2 版)

主 编 田卫东
副主编 曹向东 全吉华
责任编辑:曾令维 谢 芳 版式设计:曾令维
责任校对:张洪梅 责任印制:张 策

*

重庆大学出版社出版发行
出版人:陈晓阳
社址:重庆市沙坪坝区大学城西路 21 号
邮编:401331
电话:(023) 88617190 88617185(中小学)
传真:(023) 88617186 88617166
网址:http://www.cqup.com.cn
邮箱:fxk@ cqup.com.cn(营销中心)
全国新华书店经销
重庆紫石东南印务有限公司印刷

*

开本:787mm×1092mm 1/16 印张:14.75 字数:368 千
2010 年 2 月第 1 版 2022 年 2 月第 2 版 2023 年 8 月第 12 次印刷
印数:13 203—15 202
ISBN 978-7-5624-5227-0 定价:42.00 元

编写委员会

编委会主任 张亚杭

编委会副主任 李海燕

编委会委员 唐继红
黄福盛
吴再生
李天和
游普元
韩治华
陈光海
宁望辅
粟俊江
冯明伟
兰玲
庞成

序

本套系列教材是重庆工程职业技术学院国家示范高职院校专业建设的系列成果之一。根据《教育部　财政部关于实施国家示范性高等职业院校建设计划　加快高等职业教育改革与发展的意见》（教高〔2006〕14 号）和《教育部关于全面提高高等职业教育教学质量的若干意见》（教高〔2006〕16 号）文件精神，重庆工程职业技术学院以专业建设大力推进"校企合作、工学结合"的人才培养模式改革，在重构以能力为本位的课程体系的基础上，配套建设了重点建设专业和专业群的系列教材。

本套系列教材主要包括重庆工程职业技术学院五个重点建设专业及专业群的核心课程教材，涵盖了煤矿开采技术、工程测量技术、机电一体化技术、建筑工程技术和计算机网络技术专业及专业群的最新改革成果。系列教材的主要特色：与行业企业密切合作，制定了突出专业职业能力培养的课程标准，课程教材反映了行业新规范、新方法和新工艺；教材的编写打破了传统的学科体系教材编写模式，以工作过程为导向系统设计课程的内容，融"教、学、做"为一体，体现了高职教育"工学结合"的特色，对高职院校专业课程改革进行了有益尝试。

我们希望这套系列教材的出版，能够推动高职院校的课程改革，为高职专业建设工作作出我们的贡献。

重庆工程职业技术学院示范建设教材编写委员会
2009 年 10 月

前　言

矿山企业作业环境复杂,在生产过程中往往受到瓦斯、矿尘、火、水、顶板等灾害的威胁。当矿井发生事故后,如何安全、迅速、有效地抢救人员,保护设备,控制和缩小事故影响范围及其危害程度,防止事故扩大,将事故造成的人员伤亡和财产损失降低到最低限度,是救灾工作的关键。任何怠慢和失误,都会造成难以弥补的重大损失。因此,必须建立矿山应急救援体系,制订切实的矿山企业应急预案,加强矿山救护队的管理,全面促进矿山救护队的专业化、正规化、标准化建设,提高管理水平、技术水平、装备水平和整体素质,保证安全、迅速有效地处理矿井事故,最大限度地减少人员伤亡和财产损失,保护矿工生命和国家财产的安全。同时,矿山企业及救护队的主管领导、管理人员、救护队员和全体员工必须掌握事故处理的原则、方法和技术;必须熟悉矿山救护方面的知识、战术、指挥原则;事故现场员工必须能够合理地开展自救、互救,严禁违章指挥,违章救护。

高职安全技术管理专业的学生到矿山工作,可能从事矿山安全管理、矿山救护队的管理、矿山应急管理工作。按照学院安全技术管理专业人才培养方案,《矿山救护》课程作为安全技术管理专业学生的一门专业课,遵循"基于工作过程的一体化教材"改革,组织编写本教材。教材内容包括矿山应急救援管理、矿山救护队管理、矿工自救、互救和现场急救知识。

本教材作为高职安全技术管理专业学生的专业课教材,也可作为矿山相关专业学生的教材或参考书。本课程在学生学习了《安全信息系统与应用技术》《安全原理与事故预防技术》《防火防爆》《安全检测与监控技术》等课程,对矿山企业安全生产技术有一定的认识和了解后学习。本教材内容具有理论性强、实践性强、法规性强的特点,在教材的编写过程中采用理论教学、案例教学和实训教学于一体,做到深入浅出,学以致用。

本教材由田卫东主编,在编写过程中得到了学院矿业教研室、资勘系和示范办领导的指导和帮助,在此表示感谢。由于编者能力有限,问题在所难免,敬请读者提出宝贵意见。

编　者

2009 年 9 月

目录

教学情境 **1**
矿山应急救援管理

建立矿山应急救援体系和应急救援预案体系,在事故发生时采取及时有效的应急救援行动,可以拯救生命、保护财产、保护环境。而矿山重大事故应急救援是国际社会极其关注的一项社会性减灾防灾工作,既涉及科学、技术领域,也涉及计划、管理等部门和矿山企业,是一项复杂的安全系统工程。为此,本教学情境设计达到如下教学目的:

(1)学生知道国家矿山应急救援体系;

(2)学生知道矿山应急救援预案体系,会编制矿山应急救援预案。

任务1 矿山应急救援体系

国家矿山应急救援体系按照统一领导、分级管理、条块结合、属地为主、统筹规划、合理布局、依托现有的建设原则,从救援管理系统、救援队伍系统、技术支持系统、装备保障系统、通信信息系统和应急救援机制6个方面建立和完善国家矿山应急救援体系(见图1-1-1)。

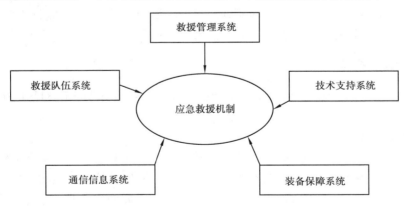

图1-1-1 国家矿山救援体系

1.1.1 应急救援管理系统

矿山应急救援工作在国家和各级地方政府的领导下,由矿山企业应急救援管理部门或指挥机构负责日常工作。矿山应急救援管理系统如图 1-1-2 所示。

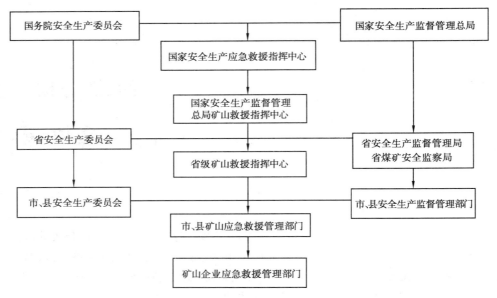

图 1-1-2　矿山应急救援管理系统

①国家安全生产监督管理总局矿山救援指挥中心。在国家安全生产应急救援指挥中心的领导下,负责组织协调全国矿山应急救援工作。

②省级矿山救援指挥中心。目前全国已建立了 18 个省级矿山救援指挥中心,在各省(自治区、直辖市)安全生产监督管理局、煤矿安全监察局的领导下,负责组织、指导和协调本省(自治区、直辖市)的矿山应急救援工作,业务上接受国家安全生产监督管理总局矿山救援指挥中心的领导。

③市、县矿山应急救援管理部门。在市、县安全生产监督管理部门的领导下,负责组织、指导和协调所辖区域的矿山应急救援工作,业务上接受上级应急救援部门的领导。

④矿山企业应急救援管理部门。负责建立企业内部应急救援组织、制订应急救援预案、检查应急救援设施、储备应急救援物资、组织应急救援训练等。

1.1.2　应急救援队伍

矿山应急救援队伍由国家级矿山救援基地、区域矿山救援骨干队伍和基层矿山救护队组成(见图 1-1-3)。

1)国家级矿山救援基地

国家级矿山救援基地是国家矿山事故应急救援的骨干力量,业务上接受国家安全生产监督管理总局矿山救援指挥中心的协调和指挥。国家级区域矿山救援基地的任务是为全国矿山特别重大事故和复杂矿山事故救援提供装备、技术支持,必要时参与应急救援工作;支持所在区域地下商场、地下油库、隧道等大型封闭空间事故的应急救援。为提高应对特大矿山事故的综合能力,规划建立 26 个国家级区域矿山救援基地(见表 1-1-1),其中煤矿 20 个,非煤矿山 6 个。目前已建立了平顶山、大同、开滦、淮南、六枝、兖州、鹤岗、平庄、芙蓉、铜川、新疆、金川、华锡、江铜共 14 个国家级区域矿山救援基地。

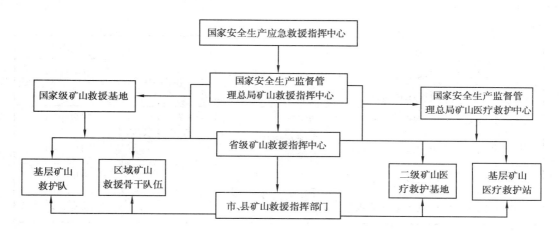

图 1-1-3 矿山应急救援队伍系统

表 1-1-1 国家矿山救援基地名单

序号	基地名称	依托单位	所在地
1	国家矿山救援开滦基地	开滦(集团)有限责任公司	河北唐山
2	国家矿山救援大同基地	大同煤矿集团有限责任公司	山西大同
3	国家矿山救援平庄基地	平庄煤业(集团)有限责任公司	内蒙古赤峰
4	国家矿山救援鹤岗基地	鹤岗矿业集团有限责任公司	黑龙江鹤岗
5	国家矿山救援淮南基地	淮南矿业(集团)有限责任公司	安徽淮南
6	国家矿山救援兖州基地	兖州矿业(集团)公司	山东济宁
7	国家矿山救援平顶山基地	平顶山煤业(集团)公司	河南平顶山
8	国家矿山救援华锡基地	华锡集团有限责任公司	广西柳州
9	国家矿山救援芙蓉基地	芙蓉集团实业有限责任公司	四川宜宾
10	国家矿山救援六枝基地	六枝工矿集团公司	贵州六盘水
11	国家矿山救援铜川基地	铜川煤业有限公司	陕西铜川
12	国家矿山救援金川基地	金川集团有限公司	甘肃金昌
13	国家矿山救援新疆基地	新疆维吾尔自治区煤炭工业局	新疆乌鲁木齐
14	国家矿山救援峰峰基地	峰峰集团有限公司	河北邯郸
15	国家矿山救援汾西基地	山西汾西矿业(集团)有限责任公司	山西晋中
16	国家矿山救援鄂尔多斯基地	中国神华能源股份有限公司神东煤炭分公司	内蒙古鄂尔多斯
17	国家矿山救援沈阳基地	沈阳煤业(集团)有限责任公司	辽宁沈阳
18	国家矿山救援江铜基地	乐平矿务局	江西景德镇
19	国家矿山救援郴州基地	资兴矿业公司	湖南郴州
20	国家矿山救援天府基地	重庆天府矿业有限责任公司	重庆市

续表

序号	基地名称	依托单位	所在地
21	国家矿山救援东源基地	云南东源煤业集团有限公司	云南昆明
22	国家矿山救援靖远基地	靖远煤业有限责任公司	甘肃白银
23	国家矿山救援宁煤基地	神华宁夏集团有限责任公司	宁夏银川
24	国家油气田救援川东北基地	中国石化中原油田普光气田开发项目管理部	四川达州
25	国家油气田救援广汉基地	四川石油管理局	四川广汉
26	国家油气田救援南疆基地	中国石油化工股份有限公司西北分公司	新疆巴州

2) 区域矿山救援骨干队伍

区域矿山救援骨干队伍是我国矿山应急救援的主要力量,业务上接受省级矿山救援指挥中心的领导。负责相邻省区重特大事故的应急救援,支持所在省区地下商场、地下油库以及隧道等大型封闭空间的应急救援。规划建立 110 个区域矿山救援骨干队伍,目前已建立 77 个。如重庆市充分整合利用现有救援资源,重庆市煤炭工业局和重庆煤监局联合设立了一个市煤矿应急救援指挥中心;以天府矿业公司救护大队为依托设立了一个直属救护大队;以国有大矿南桐、松藻和永荣三大矿业公司为依托建立了 3 个救援基地;在奉节县、黔江区和开县设立了3 个救援分站,划定了六大救护协作片区,形成了"11336"的煤矿应急救援体系。

3) 基层矿山救护队

各采矿市、县和矿山企业建立的矿山救护队是矿山应急救援的基本力量。平时为本地、本企业的安全生产服务,在事故发生后的第一时间到达事故现场并实施救援。

1.2.3 应急救援技术支持系统

矿山抢险救灾工作具有技术性强、难度大、情况复杂多变、处理困难等特点。为了保证矿山抢险救灾的有效、顺利进行,最大限度地减少灾害损失,必须建立矿山救援技术支持系统。

1) 矿山救援技术专家组

矿山救援技术专家组是国家安全生产专家组的重要组成部分,为国家矿山应急救援工作的发展战略与规划,矿山应急救援法规、规章、技术标准的制(修)订提供专家意见;为特大、复杂矿山灾变事故的应急处理提供专家支持,包括现场救灾技术支持和通过远程会商视频系统等方式的技术支持;总结和评价矿山救援和事故抢险救灾工作经验等。

2) 矿山救护专业委员会

矿山救护专业委员会主要负责开展矿山救护调研活动,参与各种法规、规章、政策的制订和矿山救护比武,为矿山应急救援体系和矿山事故的应急救援提供技术支持。

3) 国家矿山救援技术研究中心

国家矿山救援技术研究中心负责研究重大灾害成因、防治技术、抢救技术、鉴定技术等;在重特大事故抢险救灾时提供技术支持。国家矿山救援技术研究中心业务上接受国家安全生产监督管理总局矿山救援指挥中心的领导,完成国家安全生产监督管理总局矿山救援指挥中心委托的任务。必要时对矿山事故的应急救援提供现场技术支持。

4)国家矿山救援技术培训中心

国家矿山救援技术培训中心负责全国救护中队以上指挥员的定期、强制培训。培训内容包括矿山安全知识(包括煤矿和非煤矿山)、政策法规、灾变通风、救护技术与战例、创伤急救、决策指挥等。

1.1.4　应急救援装备保障系统

为了保证矿山抢险救灾的及时、有效,装备上具备重大、复杂灾变事故的应急处理能力,必须建立矿山应急救援装备保障系统,形成全方位抢险救灾装备支持。

①中央政府、地方政府需投资购置先进的、具备较高技术含量的救灾装备,储存于国家级、二级区域矿山救援基地,用于支持重大、复杂矿山事故的抢险救灾。

②各矿山企业要保证对矿山救援队伍资金的投入,并根据法律、法规和规程要求,配备必要的装备,保持装备的完好性。

③将已有的唐山、江西、峰峰、济南、河南、四川 6 个排水站纳入国家矿山应急救援体系,储备各种矿井排水设备,用于矿井发生重大水灾事故时的应急救援。

1.1.5　应急救援通信信息系统

建立完善的矿山抢险救灾通信信息系统,使国家安全生产监督管理总局矿山救援指挥中心与国家生产安全救援指挥中心,国家安全生产监督管理总局调度中心以及省级矿山救援指挥中心,各级矿山救护队,各级矿山医疗救护队,各矿山救援技术研究、培训中心,矿山应急救援专家组,地(市)、县(区)应急救援管理部门和矿山企业之间,建立并保持畅通的通信信息通道,并逐步建立起救灾移动通信和远程视频系统。

1.1.6　应急救援体系运行机制

1)建立法制基础

依据《中华人民共和国安全生产法》《中华人民共和国矿山安全法》制订相应的配套法规、政策,如《矿山救护队资质认定管理规定》《矿山救护规程》等。促进矿山应急救援法律、法规体系的完善,使矿山应急救援体系依法建立,依法运作。

2)建立资金保障机制

矿山应急救援工作既是矿山企业安全生产过程中的一部分,也是重要的社会公益性事业,关系到国家财产和人民生命安全。为此,矿山应急救援体系的资金保障应实行国家、地方、企业和社会保险共同投资的机制。

①国家将国家安全生产监督管理总局矿山救援指挥中心的建设、通信信息、救援基金及运行费用等列入财政,对救援技术及装备的研制开发给予资金支持,对国家级和二级区域矿山救援基地的装备进行定期更新和改造。

②地方政府应投入资金建设区域内矿山应急救援体系,对区域内矿山救援队伍的人员经费、基本装备的更新改造给予支持。

③矿山企业应保证对所属矿山救护队资金的投入,确保救护队伍的稳定和装备的落实。

④设立矿山应急救援基金,以应对矿山重大灾变事故,支付矿山救护队跨区域调动及救援

费用,并对矿山抢险救灾有功的单位和个人实行奖励。矿山应急救援基金主要来自国家财政,辅之以工伤保险基金支持和社会捐赠。

3)建立应急救援工作机制

矿山救护队必须接受国家矿山救援指挥中心、省级矿山救援指挥中心或市、县应急救援管理部门的业务指导和管理。

①矿山救援队伍必须经过资质认定,达到标准的方可从事矿山应急救援工作。

②矿山救护队必须接受各级矿山救援指挥中心(部门)的监督管理和监察。

③建立矿山救援人员的培训制度。国家级培训机构负责救护中队长以上的指挥员的培训,省级培训部门负责救护小队长和矿山救护队员的培训。

④建立矿山救援竞赛机制。国家及各省(直辖市、自治区)每两年组织一次矿山救护比武。

⑤建立奖励机制。国家对矿山事故抢险救灾有功的矿山救护队和人员实行奖励制度。同时,对矿山救护队引入优胜劣汰机制,对战斗力强、战术素养高、符合条件的矿山救护队,可以确定为区域性矿山救护队,国家将予以重点扶持,委以更多的任务;对于战斗力下降、战术素养低的矿山救护队可降低资质,直至取消矿山救护资格。

⑥建立应急响应机制。以分级响应、属地为主的原则组织实施矿山应急救援。矿山发生事故后,企业救护队在进行自救的同时,应报上一级矿山救援指挥中心(部门)及政府。救护能力不足以有效地抢险救灾时,应立即向上级矿山救援指挥中心明确要求增援。各级矿山救援指挥中心对事故情况迅速向上一级汇报,并根据事故的大小、处理的难易程度等决定调集相应救援力量实施救援。

任务2 矿山应急救援预案

矿山企业重大事故应急预案体系是国家安全生产应急预案体系的重要组成部分。制订矿山企业重大事故应急预案是贯彻落实"安全第一、预防为主、综合治理"方针,规范矿山企业应急管理工作,提高应对风险和防范事故的能力,保证职工安全健康和公众生命安全,最大限度地减少财产损失、环境损害和社会影响的重要措施。

1.2.1 应急救援预案体系

一 应急救援预案

应急救援是为预防、控制和消除事故与灾害对人类生命和财产灾害所采取的反应行动。矿山重大事故应急救援工作是在预防为主的前提下,贯彻统一指挥、分级负责、区域为主、矿山企业自救和社会救援相结合的原则。其中预防工作是事故应急救援工作的基础,除了平时做好事故的预防工作,避免或减少事故的发生外,落实好救援工作的各项准备措施,做到预有准备,一旦发生事故就能及时实施救援。矿山重大事故所具有的发生突然、扩散迅速、危害范围广的特点,也决定了矿山救援行动必须达到迅速、准确和有效。因此,救援工作实行统一指挥下的分级负责,以区域为主,并根据事故的发展情况,采取矿山企业自救和社会救援相结合的形式。矿山应急救援预案应包括以下主要内容:应急救援的组织机构;应急救援预案;应急培训和演习;应急救援行动;现场清除;事故后的恢复和善后处理。

应急救援预案是针对可能发生的重大事故所需的应急准备和响应行动而制订的指导性文件,是开展应急救援的行动计划和实施指南。应急救援预案实际上是一个透明和标准化的反应程序,使应急救援活动能按照预先周密的计划和最有效的实施步骤有条不紊地进行。应急预案,应该有系统完整的设计、标准化的文本文件、行之有效的操作程序和持续改进的运行机制。

二、应急救援预案体系

应急预案应形成体系,由综合应急预案、专项应急预案和现场处置方案组成。针对各级各类可能发生的事故和所有危险源制订专项应急预案和现场应急处置方案,并明确事前、事发、事中、事后的各个过程中相关部门和有关人员的职责。生产规模小、危险因素少的生产经营单位,综合应急预案和专项应急预案可以合并编写。

(一)综合应急预案

综合应急预案是从总体上阐述处理事故的应急方针、政策,应急组织结构及相关应急职责,应急行动、措施和保障等基本要求和程序,是应对各类事故的综合性文件。综合应急预案的主要内容有以下11个方面:

1.总则

(1)编制目的。简述应急预案编制的目的、作用等。

(2)编制依据。简述应急预案编制所依据的法律法规、规章,以及有关行业管理规定、技术规范和标准等。

(3)适用范围。说明应急预案适用的区域范围,以及事故的类型、级别。

(4)应急预案体系。说明本单位应急预案体系的构成情况。

(5)应急工作原则。说明本单位应急工作的原则,内容应简明扼要、明确具体。

2.危险性分析

(1)生产经营单位概况。主要包括单位地址、从业人数、隶属关系、主要原材料、主要产品、产量等内容,以及周边重大危险源、重要设施、目标、场所和周边布局情况。必要时,可附平面图进行说明。

(2)危险源与风险分析。主要阐述本单位存在的危险源及风险分析结果。

3.组织机构及职责

(1)应急组织体系。明确应急组织形式,构成单位或人员,并尽可能以结构图的形式表示出来。

(2)指挥机构及职责。明确应急救援指挥机构总指挥、副总指挥、各成员单位及其相应职责。应急救援指挥机构根据事故类型和应急工作需要,可以设置相应的应急救援工作小组,并明确各小组的工作任务及职责。

4.预防与预警

(1)危险源监控。明确本单位对危险源监测监控的方式、方法,以及采取的预防措施。

(2)预警行动。明确事故预警的条件、方式、方法和信息的发布程序。

(3)信息报告与处置。按照有关规定,明确事故及未遂伤亡事故信息报告与处置办法。

信息报告与通知,明确24小时应急值守电话、事故信息接收和通报程序;信息上报,明确事故发生后向上级主管部门和地方人民政府报告事故信息的流程、内容和时限;信息传递,明确事故发生后向有关部门或单位通报事故信息的方法和程序。

5. 应急响应

(1)响应分级。针对事故危害程度、影响范围和单位控制事态的能力,将事故分为不同的等级。按照分级负责的原则,明确应急响应级别。

(2)响应程序。根据事故的大小和发展态势,明确应急指挥、应急行动、资源调配、应急避险、扩大应急等响应程序。

(3)应急结束。明确应急终止的条件。事故现场得以控制,环境符合有关标准,导致次生、衍生事故隐患消除后,经事故现场应急指挥机构批准后,现场应急结束。应急结束后,应明确事故情况上报事项、需向事故调查处理小组移交的相关事项、事故应急救援工作总结报告。

6. 信息发布。明确事故信息发布的部门,发布原则。事故信息应由事故现场指挥部及时准确地向新闻媒体通报事故信息。

7. 后期处置。主要包括污染物处理、事故后果影响消除、生产秩序恢复、善后赔偿、抢险过程和应急救援能力评估及应急预案的修订等内容。

8. 保障措施

(1)通信与信息保障。明确与应急工作相关联的单位或人员通信联系方式和方法,并提供备用方案。建立信息通信系统及维护方案,确保应急期间信息通畅。

(2)应急队伍保障。明确各类应急响应的人力资源,包括专业应急队伍、兼职应急队伍的组织与保障方案。

(3)应急物资装备保障。明确应急救援需要使用的应急物资和装备的类型、数量、性能、存放位置、管理责任人及其联系方式等内容。

(4)经费保障。明确应急专项经费来源、使用范围、数量和监督管理措施,保障应急状态时生产经营单位应急经费的及时到位。

(5)其他保障。根据本单位应急工作需求而确定的其他相关保障措施(如交通运输保障、治安保障、技术保障、医疗保障、后勤保障等)。

9. 培训与演练

(1)培训。明确对本单位人员开展的应急培训计划、方式和要求。如果预案涉及社区和居民,要做好宣传教育和告知等工作。

(2)演练。明确应急演练的规模、方式、频次、范围、内容、组织、评估、总结等内容。

10. 奖惩。明确事故应急救援工作中奖励和处罚的条件和内容。

11. 附则

(1)术语和定义:对应急预案涉及的一些术语进行定义。

(2)应急预案备案:明确本应急预案的报备部门。

(3)维护和更新:明确应急预案维护和更新的基本要求,定期进行评审,实现可持续改进。

(4)制订与解释:明确应急预案负责制订与解释的部门。

(5)应急预案实施:明确应急预案实施的具体时间。

(二)专项应急预案

专项应急预案是针对具体的事故类别(如煤矿瓦斯爆炸、危险化学品泄漏等事故)、危险源和应急保障而制订的计划或方案,是综合应急预案的组成部分,应按照综合应急预案的程序和要求组织制订,并作为综合应急预案的附件。专项应急预案的主要内容有以下 7 个方面:

1. 事故类型和危害程度分析

在危险源评估的基础上,对其可能发生的事故类型和可能发生的季节及其严重程度进行确定。

2. 应急处置基本原则

明确处置安全生产事故应当遵循的基本原则。

3. 组织机构及职责

(1)应急组织体系。明确应急组织形式、构成单位或人员,并尽可能以结构图的形式表示出来。

(2)指挥机构及职责。根据事故类型,明确应急救援指挥机构总指挥、副总指挥以及各成员单位或人员的具体职责。应急救援指挥机构可以设置相应的应急救援工作小组,明确各小组的工作任务及主要负责人职责。

4. 预防与预警

(1)危险源监控。明确本单位对危险源监测监控的方式、方法,以及采取的预防措施。

(2)预警行动。明确具体事故预警的条件、方式、方法和信息的发布程序。

5. 信息报告程序

信息报告程序主要包括:确定报警系统及程序;确定现场报警方式,如电话、警报器等;确定 24 小时与相关部门的通讯、联络方式;明确相互认可的通告、报警形式和内容;明确应急反应人员向外求援的方式。

6. 应急处置

(1)响应分级。针对事故危害程度、影响范围和单位控制事态的能力,将事故分为不同的等级。按照分级负责的原则,明确应急响应级别。

(2)响应程序。根据事故的大小和发展态势,明确应急指挥、应急行动、资源调配、应急避险、扩大应急等响应程序。

(3)处置措施。针对本单位事故类别和可能发生的事故特点、危险性制订的应急处置措施(如煤矿瓦斯爆炸、冒顶片帮、火灾、透水等事故应急处置措施,危险化学品火灾、爆炸、中毒等事故应急处置措施)。

7. 应急物资与装备保障

明确应急处置所需的物质与装备数量、管理和维护、正确使用等。

(三)现场处置方案

现场处置方案是针对具体的装置、场所或设施、岗位所制订的应急处置措施。现场处置方案应具体、简单、针对性强。现场处置方案应根据风险评估及危险性控制措施逐一编制,做到事故相关人员应知应会,熟练掌握,并通过应急演练,做到迅速反应、正确处置。现场处置方案的主要内容有以下 4 个方面:

(1)事故特征。主要包括:危险性分析,可能发生的事故类型;事故发生的区域、地点或装置的名称;事故可能发生的季节和造成的危害程度;事故前可能出现的征兆。

(2)应急组织与职责。主要包括:基层单位应急自救组织形式及人员构成情况;应急自救组织机构、人员的具体职责,应同单位或车间、班组人员工作职责紧密结合,明确相关岗位和人员的应急工作职责。

(3)应急处置。主要包括以下内容:事故应急处置程序,根据可能发生的事故类别及现场情况,明确事故报警、各项应急措施启动、应急救护人员的引导、事故扩大及同企业应急预案的衔接的程序。现场应急处置措施,针对可能发生的火灾、爆炸、危险化学品泄漏、坍塌、水患、机动车辆伤害等,从操作措施、工艺流程、现场处置、事故控制,人员救护、消防、现场恢复等方面制订明确的应急处置措施,报警电话及上级管理部门、相关应急救援单位联络方式和联系人员,事故报告的基本要求和内容。

(4)注意事项。主要包括:佩戴个人防护器具方面的注意事项;使用抢险救援器材方面的注意事项;采取救援对策或措施方面的注意事项;现场自救和互救注意事项;现场应急处置能力确认和人员安全防护等事项;应急救援结束后的注意事项;其他需要特别警示的事项。

1.2.2 应急救援预案的编制

一、编制准备与程序

1. 编制准备

全面分析本单位危险因素、可能发生的事故类型及事故的危害程度;排查事故隐患的种类、数量和分布情况,并在隐患治理的基础上,预测可能发生的事故类型及其危害程度;确定事故危险源,进行风险评估;针对事故危险源和存在的问题,确定相应的防范措施;客观评价本单位应急能力;充分借鉴国内外同行业事故教训及应急工作经验。

2. 编制程序

(1)成立应急预案编制工作组。结合本单位部门职能分工,成立以单位主要负责人为领导的应急预案编制工作组,明确编制任务、职责分工,制订工作计划。

(2)资料收集。收集应急预案编制所需的各种资料(相关法律法规、应急预案、技术标准、国内外同行业事故案例分析、本单位技术资料等)。

(3)危险源与风险分析。在危险因素分析及事故隐患排查、治理的基础上,确定本单位的危险源、可能发生事故的类型和后果,进行事故风险分析,并指出事故可能产生的次生、衍生事故,形成分析报告,分析结果作为应急预案的编制依据。

(4)应急能力评估。对本单位应急装备、应急队伍等应急能力进行评估,并结合本单位实际,加强应急能力建设。

(5)应急预案编制。针对可能发生的事故,按照有关规定和要求编制应急预案。应急预案编制过程中,应注重全体人员的参与和培训,使所有与事故有关人员均掌握危险源的危险性、应急处置方案和技能。应急预案应充分利用社会应急资源,与地方政府预案、上级主管单位以及相关部门的预案相衔接。

(6)应急预案评审与发布。应急预案编制完成后,应进行评审。评审由本单位主要负责人组织有关部门和人员进行。外部评审由上级主管部门或地方政府负责安全管理的部门组织审查。评审后,按规定报有关部门备案,并经生产经营单位主要负责人签署发布。

二、应急预案的编制要求

(1)基本要求。符合有关法律、法规、规章和标准的规定;结合本地区、本部门、本单位的安全生产实际情况;结合本地区、本部门、本单位的危险性分析情况;应急组织和人员的职责分工明确 并有具体的落实措施;有明确、具体的事故预防措施和应急程序,并与其应急能力相适应;有明确的应急保障措施,并能满足本地区、本部门、本单位的应急工作要求;预案基本要素齐全、完整,预案附件提供的信息准确;预案内容与相关应急预案相互衔接。

(2)地方各级安全生产监督管理部门应当根据法律、法规、规章和同级人民政府以及上一级安全生产监督管理部门的应急预案,结合工作实际,组织制订相应的部门应急预案。

(3)生产经营单位应当根据有关法律、法规和《生产经营单位安全生产事故应急预案编制导则》(AQ/T 9002—2006),结合本单位的危险源状况、危险性分析情况和可能发生的事故特点,制订相应的应急预案。生产经营单位的应急预案按照针对情况的不同,分为综合应急预案、专项应急预案和现场处置方案。生产经营单位风险种类多、可能发生多种事故类型的,应当组织编制本单位的综合应急预案。对于某一种类的风险,生产经营单位应当根据存在的重大危险源和可能发生的事故类型,制订相应的专项应急预案。对于危险性较大的重点岗位,生产经营单位应当制订重点工作岗位的现场处置方案。

(4)生产经营单位编制的综合应急预案、专项应急预案和现场处置方案之间应当相互衔接,并与所涉及的其他单位的应急预案相互衔接。

(5)应急预案应当包括应急组织机构和人员的联系方式、应急物资储备清单等附件信息。附件信息应当经常更新,确保信息准确有效。

三、煤矿应急预案编制

煤矿应急预案编制重点介绍危险性分析、组织机构及职责、应急响应,其他编制内容在案例教学中介绍和学习。

1.危险性分析

危险性分析是煤矿事故应急救援预案编制的基础,是应急准备、响应的前提条件,同时它又是一个完整预案文件体系的一项重要内容。在煤矿事故应急救援预案中,应明确煤矿的基本情况,以及危险分析与风险评价、资源分析、法律法规要求等结果。

(1)基本情况。主要包括煤矿的地址、经济性质、从业人数、隶属关系、主要产品、产量等内容,周边区域的单位、社区、重要基础设施、道路等情况。

(2)危险分析、危险目标及其危险特性和对周围的影响。危险分析结果应提供:地理、人文、地质、气象等信息;煤矿功能布局及交通情况;重大危险源分布情况;重大事故类别;特定时段、季节影响;可能影响应急救援的不利因素。对于危险目标可选择对重大危险装置、设施现状的安全评价报告,健康、安全、环境管理体系文件,职业安全健康管理体系文件,重大危险源辨识、评价结果等材料来确定事故类别、综合分析的危害程度。

(3)资源分析。根据确定的危险目标,明确其危险特性及对周边的影响以及应急救援所需资源;危险目标周围可利用的安全、消防、个体防护的设备、器材及其分布;上级救援机构或相邻可利用的资源。

(4)法律法规要求。法律法规是开展应急救援工作的重要前提保障。列出国家、省、市级应急各部门职责要求以及应急预案、应急准备、应急救援有关的法律法规文件,作为编制预案的依据。近年来,我国政府相继颁布了一系列法律法规,如《安全生产法》第十七条规定:"生产经营单位的主要负责人对本单位安全生产工作负有组织制订并实施本单位的生产安全事故应急救援预案的责任。"第三十三条规定:"生产经营单位对重大危险源应当登记建档,进行定期检测、评估、监控,并制订应急预案,告知从业人员和相关人员在紧急情况下应当采取的应急措施。"第六十八条规定:"县级以上地方各级人民政府应当组织有关部门制订本行政区域内特大生产安全事故应急救援预案,建立应急救援体系。"其他法规如《中华人民共和国矿山安全法》《中华人民共和国职业病防治法》《中华人民共和国消防法》《煤矿安全监察条例》《危险化学品安全管理条例》《特种设备安全监察条例》(国务院令第 373 号)《建筑设计防火规范》

（GBJ 16）《关于特大安全事故行政责任追究的规定》《使用有毒物品作业场所劳动保护条例》等也作了相应规定。

2 组织机构、职责及救援准备

在矿山事故应急救援预案中应明确下列内容：

（1）应急救援组织机构设置、组成人员和职责划分。依据煤矿重大事故危害程度的级别设置分级应急救援组织机构。组成人员应包括主要负责人及有关管理人员，现场指挥人。明确职责，主要职责为：组织制订煤矿重大事故应急救援预案；负责人员、资源配置、应急队伍的调动；确定现场指挥人员；协调事故现场有关工作；批准本预案的启动与终止；事故状态下各级人员的职责；煤矿事故信息的上报工作；接受上级单位或部门的指令和调动；组织应急预案的演练；负责保护事故现场及相关数据。

（2）在煤矿事故应急救援预案中应明确预案的资源配备情况，包括应急救援保障、救援需要的技术资料、应急设备和物资等，并确保其有效使用。

应急救援保障分为内部保障和外部保障。依据现有资源的评估结果，确定内部保障的内容包括：确定应急队伍，包括抢修、现场救护、医疗、治安、消防、交通管理、通讯、供应、运输、后勤等人员；消防设施配置图、工艺流程图、现场平面布置图和周围地区图、气象资料、煤矿安全技术说明书、互救信息等存放地点、保管人；应急通信系统；应急电源、照明；应急救援装备、物资、药品等；煤矿运输车辆的安全、消防设备、器材及人员防护装备以及保障制度目录、责任制、值班制度和其他有关制度。依据对外部应急救援能力的分析结果，确定外部救援的内容包括：互助的方式，请求政府、上级单位或部门协调应急救援力量，应急救援信息咨询，专家信息。

矿井事故应急救援应提供的必要技术资料，通常包括：矿井平面图、矿井立体图、巷道布置图、采掘工程平面图、井下运输系统图、矿井通风系统图排水、防尘、防火灌浆、压风、充填、抽放瓦斯等管路系统图，井下避灾路线图，安全监测装备布置图，井下通信系统图等。

预案应确定所需的应急设备，并保证充足提供。要定期对这些应急设备进行测试，以保证其能够有效使用。应急设备一般包括：报警通讯系统，井下应急照明和动力，自救器、呼吸器，安全避难场所，紧急隔离栅、开关和切断阀，消防设施，急救设施和通讯设备。

（3）教育、训练与演练。煤矿事故应急救援预案中应确定应急培训计划，演练计划，教育、训练、演练的实施与效果评估等内容。应急培训计划的内容包括：应急救援人员的培训、员工应急响应的培训、社区或周边人员应急响应知识的宣传。演练计划的内容包括：演练准备、演练范围与频次和演练组织。实施与效果评估的内容包括：实施的方式、效果评估方式、效果评估人员、预案改进和完善。

3. 应急响应

（1）报警、接警、通知、通讯联络方式。依据现有资源的评估结果，确定24小时有效的报警装置；24小时有效的内部、外部通讯联络手段；事故通报程序。

（2）预案分级响应条件。依据煤矿事故的类别、危害程度的级别和从业人员的评估结果，可能发生的事故现场情况分析结果，设定预案分级响应的启动条件。

（3）指挥与控制。建立分级响应、统一指挥、协调和决策的程序。

（4）事故发生后应采取的应急救援措施。根据煤矿安全技术要求，确定采取的紧急处理措施、应急方案；确认危险物料的使用或存放地点，以及应急处理措施、方案；重要记录资料和重要设备的保护；根据其他有关信息确定采取的现场应急处理措施。

（5）警戒与治安。预案中应规定警戒区域划分、交通管制、维护现场治安秩序的程序。

（6）人员紧急疏散、安置。依据对可能发生煤矿事故场所、设施及周围情况的分析结果，确定事故现场人员清点，撤离的方式、方法；非事故现场人员紧急疏散的方式、方法；抢救人员在撤离前、撤离后的报告；周边区域的单位、社区人员疏散的方式、方法。

（7）危险区的隔离。依据可能发生的煤矿事故危害类别、危害程度级别，确定危险区的设定；事故现场隔离区的划定方式、方法；事故现场隔离方法；事故现场周边区域的道路隔离或交通疏导办法。

（8）检测、抢险、救援、消防、泄漏物控制及事故控制措施。依据有关国家标准和现有资源的评估结果，确定检测的方式、方法及检测人员防护、监护措施；抢险、救援方式、方法及人员的防护、监护措施；现场实时监测及异常情况下抢险人员的撤离条件、方法；应急救援队伍的调度；控制事故扩大的措施；事故可能扩大后的应急措施。

（9）受伤人员现场救护与医院救治。依据事故分类、分级，附近疾病控制与医疗救治机构的设置和处理能力，制订具有可操作性的处置方案，内容包括：接触人群检伤分类方案及执行人员；依据检伤结果对患者进行分类现场紧急抢救方案；接触者医学观察方案；患者转运及转运中的救治方案；患者治疗方案；入院前和医院救治机构确定及处置方案；信息、药物、器材储备信息。

（10）公共关系。依据事故信息、影响、救援情况等信息发布要求，明确事故信息发布批准程序；媒体、公众信息发布程序；公众咨询、接待、安抚受害人员家属的规定。

（11）应急人员安全。预案中应明确应急人员安全防护措施、个体防护等级、现场安全监测的规定；应急人员进出现场的程序；应急人员紧急撤离的条件和程序。

4.煤矿应急预案案例

本部分为案例教学，学生通过3个实际案例的阅读、结合前面介绍的预案体系和主要内容分组讨论，教师集中对预案编制的主要内容进行评讲，达到学生掌握预案体系及编制的内容、方法和过程。教师主要评讲以下内容：

（1）案例一：综合应急预案，评讲应急组织机构及其职责、预案体系及响应程序、事故预防及应急保障、应急培训及预案演练等主要内容及案例编制中的特点。

（2）案例二：专项应急预案，评讲危险性分析、可能发生的事故特征、应急组织机构与职责、预防措施、应急处置程序和应急保障等内容及案例编制中的特点。

（3）案例三：现场处置方案，评讲危险性分析、可能发生的事故特征、应急处置程序、应急处置要点和注意事项等内容及方案编制中的特点。

案例一：××煤矿综合应急预案

1　总则

安全生产事故应急预案是国家安全生产应急预案体系的重要组成部分，贯彻落实"安全第一、预防为主、综合治理"方针，规范煤矿应急管理和应急响应程序，提高应对风险和防范事故的能力，保证××煤矿在重大生产安全事故发生后，能够及时、有效地实施应急求援，保证职工安全健康和公众生命安全及社会稳定，最大限度地减少人员伤亡、财产损失、维护人民群众的生命安全和社会稳定、社会影响的重要措施。

1.1 编制目的

事故应急预案是通过事前计划和应急措施,建立起科学、完善的应急体系和实施规范有序的标准化程序,充分利用一切可能的力量,在事故发生后迅速控制事故发展,保护现场人员的生命和财产安全,尽快恢复正常状况,将事故对人员、财产和环境造成的损失降低到最低限度。

1.2 编制依据

依据《中华人民共和国安全生产法》《中华人民共和国煤炭法》《中华人民共和国矿山安全法》《煤矿安全监察条例》《安全生产许可证条例》《国家安全生产事故灾难应急预案》《国务院关于预防煤矿特别重大生产安全事故的规定》《生产经营单位生产安全事故应急预案编制导则》等法律法规及有关规定,制订本预案。

1.3 适用范围

本预案适用于××煤矿有重大安全事故的应急抢险。主要是下列 3 类突发事件,即安全事故、自然灾害、人为突发事故等。它们的共同特点是:

1)突然发生的安全生产事故;

2)具有破坏性的后果;

3)需要多部门协作配合。

1.4 应急预案体系

1.4.1 综合预案

综合预案是总体、全面的预案,主要阐述煤矿应急救援的方针、应急组织机构及相应的职责、应急行动的总体思路和程序,作为煤矿应急救援工作的基础和总纲,对那些没有预料到的紧急情况,也能起到一定的应急指导作用。

1.4.2 专项预案

专项预案主要针对某种特有或具体的事故、事件或灾难风险出现时的紧急情况,应急而制订的救援预案。煤矿制订 8 个专项预案,作为综合预案的支撑,分别为:

1)××煤矿瓦斯爆炸事故应急预案;

2)××煤矿煤尘爆炸事故应急预案;

3)××煤矿火灾事故应急预案;

4)××煤矿煤与瓦斯突出事故应急预案;

5)××煤矿透水事故应急预案;

6)××煤矿顶板事故应急预案;

7)××煤矿大面积停电事故应急预案;

8)××煤矿防洪事故应急预案。

1.4.3 现场处置方案

1)××煤矿瓦斯、煤尘爆炸事故现场处置方案;

2)××煤矿井下火灾事故现场处置方案;

3)××煤矿煤与瓦斯突出事故现场处置方案;

4)××煤矿顶板事故现场处置方案;

5)××煤矿透水事故现场处置方案;

6)××煤矿大面积停电事故现场处置方案;

7)××煤矿矿井提升、运输、压风机事故现场处置方案。

1.5　应急工作原则

1)以人为本,安全第一。把保障人民群众的生命安全和身体健康、最大限度地预防和减少煤矿安全生产事故灾难造成的人员伤亡作为首要任务,切实加强应急救援人员的安全防护,充分发挥人的主观能动作用,充分发挥专业救援力量的骨干作用和人民群众的基础作用。

2)统一领导,协调行动。在公司统一领导下,各二级企业具体负责本企业范围内安全生产事故应急工作,各二级企业所属相关部门按照职责和权限,负责相关应急管理和应急处置工作。各二级企业要认真履行安全生产责任主体的职责,建立安全生产应急预案和应急机制。

3)自救互救,安全抢救。事故发生初期,应积极组织抢救,并迅速组织遇险人员沿避灾线路撤离,防止事故扩大。在事故抢救过程中,应采取措施,确保救护人员的安全,严防抢救过程中发生事故。

4)依靠科学,规范有序。采用先进技术,充分发挥专家作用,实行科学民主决策。采用先进的救援装备和技术,增强应急救援能力。

5)预防为主、平战结合,贯彻落实"安全第一、预防为主、综合治理"的方针。

6)坚持事故应急与预防工作相结合,做好预防、预测、预报和预警工作,将日常管理和应急救援工作结合起来,做好常态下的风险评估、物资准备、队伍建设、完善装备、预案演练等工作。充分利用现有专业力量,努力实现一队多能,培养兼职应急力量,并发挥作用。

2　危险性分析

2.1　××煤矿矿井概况(略)

2.2　危险源与风险分析

考虑××煤矿生产规模、管理水平、职工素质等方面因素,结合事故原因分析,以下5类事故危险源,其发生后将引起严重后果,造成重大人员伤亡和财产损失事故,属于防范重点。

2.2.1　冲击地压危险源

1)存在地点:矿区开采水平在埋深-800 m以下,发生冲击地压可能性较大。目前,随着中央采区深部延深对××煤矿有一定的威胁。

2)风险分析

××煤矿冲击地压的威胁主要来源于-800 m以下煤层、坚硬顶板开采、三角煤以及留有煤柱开采的回采工作面。从1994年已开采的水平共3次发生较强冲击地压现象,造成多人受伤。但1998年后未发生冲击地压,将来随着开采深度的增加,矿区冲击地压倾向性必然具有进一步增强的趋势。

2.2.2　煤尘危险源

1)存在地点:井下所有采煤工作面、煤巷掘进头、各转载点等煤尘易积聚的地方,是危害性较大的危险源。

2)风险分析:到目前为止没有发生过煤尘爆炸事故。根据煤炭研究总院抚顺分院对我矿的7层煤和9层煤进行鉴定。结果分别为:7层煤煤尘爆炸指数为39.95%,具有强爆炸性;9层煤煤尘爆炸指数为18.46%,不爆炸。1层煤和2层煤经中国矿业大学实验室进行分析测定,煤尘爆炸指数为23.38%,属于爆炸性煤尘。

2.2.3　瓦斯危险源

1)存在地点:回采工作面回风隅角、掘进工作面、顶板冒落的空洞内、低风速巷道的顶板附近、停风的盲巷中、回采工作面的采空区边界处、采掘机切割部周围。

2）风险分析：到目前为止没有发生过瓦斯爆炸事故。2007 年 8 月瓦斯等级鉴定结果：全矿为低瓦斯矿井，鉴于我矿曾发生过煤与瓦斯突出事故，矿井瓦斯等级确定为煤与瓦斯突出矿井。矿井 CH_4 绝对涌出量为 7.21 m^3/min，CO_2 绝对涌出量为 7.85 m^3/min；矿井 CH_4 相对涌出量为 4.83 m^3/t，CO_2 相对涌出量为 5.26 m^3/t。从瓦斯的分布情况分析，采煤工作面的瓦斯涌出量占全矿涌出量的 25.1%，掘进工作面的瓦斯涌出量占全矿涌出量的 25.45%，采空区的瓦斯涌出量占全矿涌出量的 49.5%。

2.2.4 火灾危险源

1）存在地点：煤层存在自燃发火的可能性、井下皮带系统、油脂存放点等区域。

2）风险分析：矿井火灾与瓦斯煤尘爆炸的发生常常是互为因果关系的，相互扩大灾害的程度和范围，是酿成煤矿恶性重大事故的危险源之一，是重点防范的危险源。

××煤矿为自燃发火矿井。2004 年 10 月由抚顺煤科分院进行了煤层自燃倾向性鉴定，鉴定结果：7 层煤为二类，属于自燃煤层；9 层煤为三类，属于不易自燃煤层。

2007 年 9 月由中国矿业大学对 1，2 层煤进行了煤层自燃倾向性鉴定，鉴定结果：属于容易自燃某层。

2.2.5 矿井冒顶危险源

1）存在地点：井下采煤工作面及两巷、正在掘进中的巷道及其他在用巷道等地点。

2）风险分析：冒顶有可能造成人员伤亡和财产损失，有时也可能激起煤尘和粉尘飞扬，是煤矿最常见的事故危险源之一，××煤矿建矿以来多次发生冒顶事故，是发生事故最多的危险源，是煤矿应重点防范的危险源。

2.2.6 水患危险源

1）存在地点：

①太原组四灰水。在新开拓的矿井深部延深采区中，因大中型断层的影响，导致煤层与太原组四灰水邻近，对矿井安全开采可能形成水害威胁。

②老塘水。中央采区 9 层煤开采对应上部 7 层煤采空区，局部采空区内存在老塘水，影响矿井安全开采。

③顶板砂岩水。夏桥系顶板上部发育一层含水中砂岩，顶板垮落时造成工作面突水，对工作面回采有安全威胁。

2）风险分析：太原组四灰水、老塘水落实水害预测预报及隐患排查制度，并采取探放水措施可以消除隐患；夏桥系顶板砂岩水，1980 年在首采工作面 204 面曾经发生过较大突水事故，最大涌水量为 215 m^3/h，是××煤矿应重点防范的危险源。

2.2.7 煤与瓦斯突出危险源

1）存在地点：东三地区所有采煤工作面、煤巷掘进头，北翼延深采区石门揭煤期间，是危害性较大的危险源。

2）风险分析：××矿自 1995 年以来矿井共发生 8 次煤与瓦斯突出，矿井瓦斯等级确定为煤与瓦斯突出矿井。表 1-2-1 为××煤矿煤与瓦斯突出情况一览表。

表 1-2-1 ××煤矿煤与瓦斯突出情况一览表

突出地点	突出时间	标高/m	喷出煤岩量/t	喷出距离/m 坡　度	涌出量/m³	地质构造描述
东九皮带下山	1995.10.09	−794	68.40	11 < 自然安息角	668	下山前方 50 m 为 F_4 断层
9443 转载机道	1998.11.13	−781	47.40	9 < 自然安息角	2 329	巷道附近小断层较多,掘进迎头无断层
9443 转载机道	1998.11.23	−781	84.48	14.4 < 自然安息角	> 2 369	巷道附近小断层较多,掘进迎头无断层
−820 石门	2001.08.25	−742	59.00	10 接近自然安息角	> 947	迎头有一条斜交正断层 H = 1.5 m
9443 机道	2002.04.20	−742	25.00	6.5 接近自然安息角	1 500	巷道揭露一条斜交正断层 H = 0.5 ~ 1.0 m
9443 机道	2002.04.27	−742	19.20	6.2 接近自然安息角	4 046	掘进迎头煤层急骤增厚至 6.0 m,前方发育一断顶不底断层
9443 皮带运输机道	2002.08.13	−724	32.00	10 接近自然安息角	1 035	突出处巷道上帮有两条落差分别为 0.8 m、1.0 m 的正断层
7353 工作面	2003.05.27	−610	143.0	7 接近自然安息角	12 368	突出点上下有两条落差为 0.2 m 的斜交正断层

3 组织机构及职责

3.1 应急组织体系

煤矿成立事故应急救援指挥部。

总指挥:矿长

副总指挥:总工程师、安监处长

指挥部成员:各副总工程师、安监科、总调(各专业组)、救护队、通风工区、技术中心、企管科、工资科、机电科、运输工区、供应科、保卫科、工会、矿医院、通计科等单位主要负责人

应急救援指挥部办公室设在调度室,办公室主任由总调度室主任兼任。煤矿事故应急组织体系结构图见图 1-2-1。

3.2 组织机构及职责

1)事故应急救援指挥部职责:

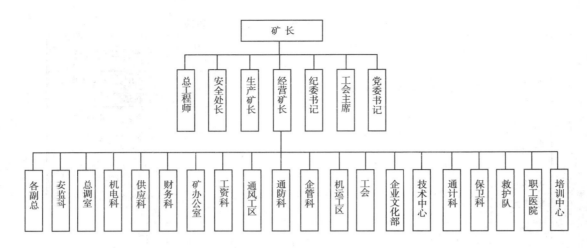

图 1-2-1　煤矿事故应急组织体系

①发生事故时,发布和解除应急救援命令、信号。

②向上级部门、当地政府和友邻单位通报事故的情况。

③必要时向当地政府和有关单位发出紧急救援请求。

④负责事故调查的组织工作。

⑤负责总结事故的教训和应急救援经验。

⑥负责建立通信与警报系统,储备抢险、救援、救护方面的装备、物资。

⑦负责督促做好事故的预防工作和安全措施的定期检查工作。

2)事故应急救援总指挥职责:事故应急救援总指挥是处理事故的第一指挥者,在事故现场协同事故单位第一责任者,按照事故应急救援预案开展应急救援工作,并根据事故实际情况制订和落实营救遇难人员及处理事故的作战计划。

3)事故应急救援副总指挥职责:协助总指挥负责应急救援的具体指挥工作,参与制订和落实营救遇难人员及处理事故的作战计划,协调、组织和获取应急救援所需的其他资源、设备,以支援现场的应急救援操作。

4)总工程师、各副总工程师职责:负责事故发生时的技术保障工作,对处理事故的作战计划进行分头把关。

5)安监科职责:协助总指挥负责做好事故报警、情况通报和事故处置工作。

6)保卫科职责:负责警戒、治安保卫、疏散、道路管制工作。

7)总调职责:事故发生时负责在第一时间按照事故汇报程序进行逐级汇报工作、事故处置时生产系统的调度工作、事故现场通讯联系和对外联系。生产管理部地测部门负责做好水文地质预报工作。

8)机电科职责:协助总指挥负责工程抢险、抢修工作,保证各类设备运转正常。

9)医院职责:负责现场医疗救护指挥及伤亡、中毒人员抢救和护送转院工作。

10)供应科职责:负责抢险救援物资的供应和运输工作。

11)技术中心职责:协助总指挥进行抢险救灾,做好水文地质预报工作。

12)救护队职责:负责事故抢险救灾工作,根据事故应急救援预案制订的行动计划,组织参加事故抢险救灾。

13）工会职责：协助事故单位做好事故伤亡人员的善后处理工作。

14）办公室职责：负责事故抢救所需车辆的调配。

15）通计科职责：保证事故现场通讯畅通。

16）通风工区职责：参加事故抢险救灾，并负责现场及有害有毒物质扩散区域的监测和处理工作。

17）事故单位职责：配合抢救、事故调查。

4　预防与预警

4.1　危险源监控

4.1.1　冲击地压危险源监控

××煤矿冲击地压的威胁主要来源于−800 m以下煤层、坚硬顶板开采、三角煤以及留有煤柱开采的回采工作面。对于冲击地压威胁的工作面，要在工作面设计时对冲击地压的可能性进行综合评估、分析，及时制订防止冲击地压的专项措施来进行监控、评估。主要监控手段有增加矿压监测点、增加两巷超前支护、坚持煤层注水、增设信号柱等；进一步强化对冲击地压的防范，确保安全生产。

1）开采具有冲击地压煤层的掘进和采煤工作面作业规程，必须制订防治冲击地压的专项措施，报矿总工程师批准。

2）尽量少留煤柱和避免跳采后形成的孤岛开采。

3）巷道布置原则应尽量将主要巷道和硐室布置在底板岩层中，回采巷道采用大断面掘进，合理优化巷道布置，尽可能地避免巷道多处交叉、重叠；可能的情况下，巷道布置应尽量避免与最大应力方向垂直。

4）生产布局应避免两个工作面相向回采，以免出现工作面前方煤体应力的二次叠加。初采、停采线均以直线布置为宜，工作面推进速度不宜过大。

5）开采有冲击地压的煤层，必要时采取向煤层钻大直径钻孔的方法，使其周围煤体应力释放，巷道和工作面支承压力的峰值位置向煤体深部转移。

6）采用深孔爆破卸载，在高应力区附近打钻，在钻孔内装药爆破，以释放煤岩体中的应力。

7）当回采工作面回采到煤柱应力集中区时，要加强矿压观测，组织有经验的老工人对顶板进行观测、分析，发现预兆及时撤人；对于地质构造带和悬顶较大区域要加强监测，及时采取放顶措施释压，发现预兆及时停产撤人。

8）在对具有冲击地压威胁的回采工作面两巷的矿压观测的同时，要特别注意与邻近采空区的关系，当回采工作面出现煤炮时，要放慢推进速度，充分释放顶板动能。

9）一旦发生冲击地压，区域内所有人员必须立即停止工作，切断电源，人员撤到安全地区，及时将井下情况报矿调度室。现场瓦斯检查人员必须检查瓦斯、风流及通风设施的状况，保证正常通风，消除瓦斯积聚和煤尘飞扬，以免发生瓦斯等事故。

10）每年对冲击地压的危害、可能发生的地点、区域进行一次综合评估，不定期地对这些地点进行监测。

4.1.2　矿井煤与瓦斯突出危险源监控

1）矿井必须对所有具有突出危险性的采掘面严格执行"四位一体"防突措施，首先对采掘面进行突出危险性预测，具有突出危险性的采掘面再采取防突措施，防突措施经效果检验合格,采取安全防护措施后,方可进行采掘作业。

2)必须按规定成立防突管理部门,配备齐全经培训合格的防突人员,按要求对突出地点进行防突危险性预测及消突工作。

3)煤矿从事防突地区作业的人员,必须熟知突出预兆,发现有突出预兆时,人员迅速按避灾路线撤出,同时报告矿调度室。

4.1.3 煤尘危险源监控

1)采取减少煤尘产生量的措施,即尽量减少生产过程中的原始煤尘发生量。主要措施有:

① 煤体注水。

② 采空区灌浆。

③ 使用水炮泥。

④ 湿式打眼。

⑤ 合理确定炮眼数目和装药量,避免将煤体崩得过碎产生较多的煤尘。

⑥ 改进截齿结构,合理选择截割参数。不合理的截齿形状、排列方式和截割方式,往往会使煤岩破碎严重、增大产尘量。减少齿数、加大齿距,加大截深、降低截割速度都能使产尘明显减少。

⑦ 禁止用放炮处理大矸石。

2)采取降低浮游煤尘浓度的措施。

① 放炮喷雾。

② 转载点喷雾洒水。

③ 采掘机械喷雾洒水。

④ 攉煤洒水。

⑤ 合理选择风速。

3)采取防止积尘参与爆炸的措施。

① 冲洗巷道。

② 清扫积尘。

③ 喷洒粘结剂。

4)防止煤尘爆炸事故扩大,采取隔爆措施。

5)每年对煤尘危险源进行一次综合性评估,不定期开展检测工作。

4.1.4 瓦斯危险源监控

1)加强矿井通风管理,防止瓦斯爆炸的措施。

① 建立合理、完善的通风系统,做到稳定、连续地向井下所有用风地点供风,并保持足够的风量。

② 实行分区通风。各水平、各采区(面)都要有单独的回风道,尽量避免串联通风。

③ 及时建筑和管理好通风构筑物。对风门、调节风窗、密闭墙要保证规格质量,并经常检查维修。

④ 加强局部通风管理。

⑤ 巷道贯通后及时调整通风系统,严防风流短路或风量不足引起瓦斯积聚。

2)加强瓦斯管理,防止瓦斯爆炸事故。

①建全机构,完善制度。

②严格执行《煤矿安全规程》(简称《规程》)有关瓦斯检查与管理的各项规定。

③强化现场瓦斯检查,防止和及时发现、处理局部瓦斯积聚,严禁超限作业。

④完善安全监测机构,按规定安设瓦斯检测报警断电装置。

3)防止引爆火源的出现。

①防止出现明火。

②防止出现电火花。

③防止出现炮火。

④防止出现其他火源。

4)加强瓦斯检查工作,防止瓦斯爆炸事故。

①不准空班漏检,在井下指定地点交接班,严格执行《规程》关于巡回检查和检查次数的规定。

②要使每一个瓦检工都十分了解和掌握分工区域内各处瓦斯涌出状况和变化规律。

③对分工区域瓦斯涌出较大、变化异常的重点部位和地点,必须随时检查,密切注视。

④要能及时发现瓦斯积聚、超限等不安全隐患。

⑤对任何违反《规程》关于通风、防尘、放炮等有关规定的违章指挥、违章作业的任何人,都要坚决抵制和制止。

5)防止瓦斯爆炸事故扩大的措施。

①实行分区通风,禁止一切不合规定的串联通风。

②认真编制矿井应急救援预案,每一个入井人员都应熟悉灾变时的撤退路线。

③及时清扫煤尘,防止煤尘参与爆炸。

④主要通风机出风井口装设防爆门,且要保证爆炸时能被冲开,以释放能量。

⑤安设隔爆设施。

⑥入井人员都必须佩带自救器。

6)每年对瓦斯危险源进行一次综合评估,不定期进行检测。

4.1.5　火灾危险源监控

1)外因火灾的预防措施:

①明火。井口房和扇风机房附近 20 m 范围内不得有烟头或用火炉取暖;井下等候室采用不燃性材料进行支护,设立防火门;井下电气焊要严格执行审批制度;井下不准存放汽油、变压器油等,使用润滑油地点要加强管理。

②预防放炮起火。要严格火工品管理制度,放炮员按章操作,按正确方法装药,使用好水炮泥,保证炮眼封泥长度,不准使用可燃物代替炮泥,不准放明炮、糊炮。

③预防电气火花。加强机电设备的管理,防止失爆现象发生。

④预防摩擦起火。禁止穿化纤衣服入井,皮带运输、轨道运输、各种保护传动、滚动装置完好。

⑤井下全部使用阻燃皮带、阻燃风筒和阻燃电缆,液压联轴器使用难燃液。

⑥加强对大巷架空线的管理,巷修时禁止使用可燃性材料进行腰帮背顶。

⑦井下火药库、采掘工作面、机电硐室、皮带机硐室、调度站、井口房等配备一定数量的灭火器材,并由保卫科定期检查。井下消防材料库由通风科管理,消防器材的数量、品种、规程按

需要储备齐全,定期检查,对失效的要及时进行更换。所有井下工作人员都要熟悉常见火灾的扑灭方法和灭火器材的使用方法,熟知本工作区域内灭火器材的存放地点。

⑧随着井下采掘地点的变化,不断完善井下消防管路系统,加强消防水管路系统的管理、检查和维修。

⑨每年组织一次区域性的火灾救灾演习,教育全矿职工在灾害面前如何救灾和如何进行自救,以提高全矿职工在灾害面前的自救应变能力。

2)内因火灾(煤炭自燃)的预防措施:

○选择正确的开采方式,合理集中生产,提高回采速度;加强工作面回采率的管理,减少煤炭丢失以减少采空区煤炭自燃发火的几率。

②工作面回采结束后及时封闭采空区,完善矿井的注浆系统,对采空区及时进行预防性灌浆。

③加强对采区防灭火的管理,定期对密封墙内的气体、温度情况进行检查,对采煤工作面上隅角、回风巷及其他可能发火地点加强监测,做好自燃发火的预测预报工作。

○正确选择通风系统,合理调节井下风压。减少采空区漏风量,对原火区加强监测工作,加强对密闭的管理,发现问题及时汇报,并采取有效措施。

⑤加强对煤炭自燃发火的早期识别,以便及时采取措施进行处理,将煤炭自燃消灭在萌芽状态。

⑥对放顶煤工作面要加强煤层自燃发火的预测预报工作,发现问题及时研究处理。

3)每年对井下火灾危险源进行一次综合评估,不定期进行检测。

4.1.6 水患危险源监控

1)针对富含水区域,应采取选择合理的开拓开采方法,减少矿井涌水量和留设防水煤柱。

2)加强对含水层的排放水工作,在地面或井下打专门钻孔和利用专门疏水巷道进行疏放排水,以降低含水层的水位和水压,并疏干局部地下水。

3)利用井下截水措施,在井下适当地点修筑截水建筑物,如水闸门、水闸墙等,当井下局部发生涌水时,将其截住,使其不致危及其他地区;或用水闸墙、水闸门使煤层开采区与水源隔开,以保证开采安全。

4)做好各水平排水工作,加强设备检查维修工作,保证排水设备系统完好。及时清挖井下各处水仓,保证其有效容积。排水沟要加强检查修复,保证水流畅通。

5)做好水文地质预测预报工作,对可能有水害威胁的区域进行采掘工作时,必须坚持"有疑必探,先探后掘"的原则。对穿越、打透或邻近老巷、老空区,必须做好探放水工作。探、放水时,必须事先编制专项安全技术措施。

6)完善水采区的无压煤水自溜系统,加强煤溜系统的检查、管理,预防水采面迎头窝水事故和煤溜系统的煤水淤堵事故。

7)加强水文观测工作,定期对各观测点、孔进行监测,发现异常及时汇报,分析原因,采取措施。

8)布置工作面时,要充分考虑工作面影响范围内钻孔的情况,对于封孔不好、不可靠的钻孔要编制专门措施。

9)采掘工作面施工过程中要有畅通可靠的排水系统,以防水流进入煤仓,防止窜仓事故。

10)加强水采水运系统管理,减少煤水堵塞管路事故,提高排水、排煤水设备运行的可靠性。加强对所有煤水管路的检查和管理,特别是动压区、矿压显现比较明显段,严防因巷道挤压造成爆管事故。

11)加强培训和学习,让有关人员熟知透水事故的预兆,人人都有防范意识。

12)每年对存在的水患危险源进行综合评估,不定期进行检测。

4.1.7　防洪危险源监控

1)汛前,对各种防洪设施和防汛物资检查其完好情况和配备数量,损坏的必须及时修复,缺少的要立即补充,防汛工程要保证在汛前保质保量竣工。

2)根据××水利设计研究院的设计,我公司河湖堤坝的防汛要求是确保设计标准内河湖堤坝不破堤、不缺口;各井口不倒灌、变电所不被淹。

3)全面掌握雨情、水情、灾情等信息,做好预测预报,实现科学决策,充分发挥水利设施的作用。

4.1.8　冒顶危险源监控

1)加强对顶板的管理、支护和维护,优化采掘方法,严格规程措施的贯彻执行。

2)加强对支护的管理,使用好临时支护,严禁空顶作业。

3)严格检查和敲帮问顶制度,加强对顶板和浮矸的检查和处理。

4)加强顶板离层监测,做好地质调查工作,及时处理采空区。

5)坚持正规循环作业,加快工作进度,减少顶板悬漏时间,遇到构造复杂或断层破碎地带时,及时加强支护,缩小循环进度。

6)采用先进的技术监控顶板。

7)加强对职工的教育和培训,提高职工的技能。

4.2　预警行动

矿调度室接到井下发生生产安全事故的信息后,必须立即按照应急预案的要求及时研究确定应对方案,并通知有关部门、单位采取相应行动预防事故发生或采取措施防止灾害进一步扩大。

4.3　信息报告与处置

4.3.1　信息报告与通知

1)报警电话:××煤矿报警电话为调度室电话,电话号码:×××××××××。

2)事故通报程序:矿调度室接到事故发生的汇报后,调度员应立即采用最快的通讯方式,即电话通知事故应急救援指挥部各成员,其通知程序见图1-2-2。

4.3.2　信息上报

事故发生后,由矿调度室向集团公司、××安全监察分局等上级部门汇报。

4.3.3　信息传递

事故发生后,由矿应急救援指挥中心向所属各单位发布事故抢救及伤亡情况。

5　应急响应

5.1　响应分级

响应分级是初级响应到扩大应急的过程中实行分级响应的机制。扩大或提高应急级别的主要依据是事故灾难的危害程度、影响范围和控制事态能力,而后者是"升级"的最基本条件。扩大应急救援主要是提高指挥级别、扩大应急范围等,增强响应的能力。

按照分级负责的原则,明确应急响应级别。

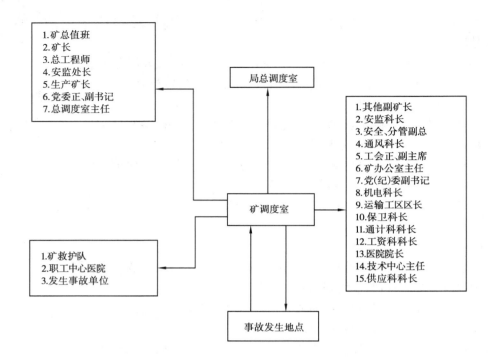

图 1-2-2 调度室指挥抢救重大事故汇报程序图

按照事故灾难的可控性、严重程度和影响范围,将事故应急响应级别分为Ⅰ级(特别重大事故)响应、Ⅱ级(重大事故)响应、Ⅲ级(较大事故)响应、Ⅳ级(一般事故)响应等。

出现下列情况时启动Ⅰ级响应:造成或可能造成30人以上死亡,或造成100人以上中毒、重伤,或造成1亿元以上直接经济损失,或特别重大社会影响等。

出现下列情况时启动Ⅱ级响应:造成或可能造成10~29人死亡,或造成50~100人中毒、重伤,或造成5 000万~10 000万元直接经济损失,或重大社会影响等。

出现下列情况时启动Ⅲ级响应:造成或可能造成3~9人死亡,或造成30~50人中毒、重伤,或直接经济损失较大,或较大社会影响等。

出现下列情况时启动Ⅳ级响应:造成或可能造成1~3人死亡,或造成30人以下中毒、重伤,或一定社会影响等。

5.2 响应程序

当进行Ⅰ、Ⅱ、Ⅲ级响应行动时,矿应当按照相应的预案全力以赴组织救援,并及时向集团公司及有关上级部门报告救援工作进展情况。并报请上一级应急救援指挥机构启动上一级应急预案实施救援。

当进行Ⅳ级响应行动时,事故发生矿应当按照相应的预案全力以赴组织救援。

5.3 应急结束

5.3.1 当遇险(含失踪)人员全部得救,事故现场得到控制,作业环境符合有关标准,导致次生、衍生事故隐患消除后,经现场应急救援指挥部确认和批准,现场应急处置工作结束,应急救援队伍撤离现场。由总指挥下达应急结束命令,宣布应急结束。

5.3.2 由有关单位组成调查组,对事故进行调查、处理和善后,应急救援指挥中心在一定时间内将事故处理情况上报集团公司。

5.3.3　应急救援指挥中心在一定时间内将事故处理过程收集的资料和证据移交事故调查处理小组。

5.3.4　应急救援指挥中心组织有关人员进行总结评审工作,并在一定时间内写出书面事故应急救援总结报告,总结报告的内容应包括如下内容:发生生产安全事故的基本情况,事故灾难原因、发展过程及造成的后果(包括人员伤亡、经济损失)分析、评价,采取的主要应急响应措施及其有效性,主要经验教训和事故责任人的责任及其处理结果等。

6　信息发布

矿应急救援指挥部具体负责生产安全事故信息的发布工作。

7　后期处置

7.1　事故发生单位会同相关部门(单位)负责组织事故的善后处置工作包括人员安置、补偿,恢复生产,现场清理和处理等事项。尽快消除事故影响,妥善安置和慰问受害及受影响人员,保证矿区稳定,尽快恢复正常秩序。

7.2　根据事故处理过程中出现的新情况及不完善的地方及时修订应急救援预案相关内容。

8　保障措施

8.1　对事故危险源的监控和管理

1)掌握危险源的基本情况,了解发生事故的可能性及严重程度,搞好现场安全管理。

2)加强职工的安全教育和培训,增强安全意识,严格按"三大规程"作业。

3)加强对危险源的定期检查,随时掌握动态变化情况,一旦出现危及安全生产的问题,立即采取措施进行处理。

4)制订事故应急预案,配备充足、必要的应急救援器材和工具,每年至少进行一次应急预案演习。

8.2　通信与信息保障

矿调度室负责建立信息系统维护以及信息采集等制度。应急救援指挥部人员的通信联络方式见附录。应急状态时,由应急救援指挥中心负责建立领导机关、指挥部及其他重要场所畅通的通讯网络方式。

8.3　应急队伍保障

1)矿建有救护中队,并有人员 24 小时值班,随时可以出动进行抢险救灾。

2)集团公司建有救护大队,并有人员 24 小时值班,随时可以出动进行抢险救灾。

8.4　应急物资装备保障

1)矿供应科负责采购和提供各种抢险救灾物资和装备。

2)矿供应科负责建立本矿抢险救灾物资储备。

3)矿按相关规定建立应急物资装备库。

8.5　经费保障

发生生产安全事故后,用于抢险救灾的物资、设备的投入及资料的消耗等抢险救灾费用,矿一律给予确保,任何单位、个人不得阻碍、拖延。

8.6　治安保障

由矿保卫科负责事故发生单位的治安保障。

8.7　技术保障

由矿组织总调、技术中心、安全监察科、通风科、机电科等相关单位人员成立安全专家组，为应急救援提供技术支持和保障。

9 培训与演练

9.1 培训

集团公司培训中心负责将应急救援培训纳入企业主要负责人、安全管理人员、特种作业人员培训内容，并促进各级管理干部应急管理培训工作的开展。

矿安全培训中心组织应急管理机构以及专业救援队伍的相关人员进行上岗前培训和业务培训。

9.2 演练

事故应急救援预案制订完毕后，要定期组织进行事故应急救援预案演练，一般每年组织一次模拟演习，根据演练发现的问题重点从以下几个方面对事故应急救援预案进行检查、修订和完善。

1）首先是报警、通讯指挥系统是否动作正常、畅通；

2）其次是事故区域人员能否以最快速度按照规定的避灾路线撤离危险区；

3）检查应急救援队伍对应急救援预案是否掌握良好，能否以最快的速度赶赴现场参加抢险救灾；

4）是否能有效控制事故的进一步扩大，应急救援步骤是否安全有效；

5）应急救援物质、救援设备是否充足完好。

10 奖惩

10.1 奖励

在生产安全事故应急救援工作中有下列表现之一的单位和个人，应根据有关规定予以奖励：

1）出色完成应急处置任务，成绩显著的；

2）防止或抢救事故灾难有功，使国家、集体和人民群众的财产免受损失或者减少损失的；

3）对应急救援工作提出重大建议，实施效果显著的；

4）有其他特殊贡献的。

10.2 责任追究

按照上级及集团公司有关规定，对事故责任者一般作如下处理决定：

1）事故责任者涉嫌犯罪的，由司法机关依法追究刑事责任；

2）对事故责任者中需要给予党纪处分的，由党组织按有关规定给予党纪处分；

3）对生产经营单位负责人及生产经营单位其他负责人的纪律处分，由其上级主管部门进行落实。

11 附则

11.1 术语和定义

11.1.1 应急预案：EMERGENCY RESPONSE PLAN

针对可能发生的事故，为迅速、有序地开展应急行动而预先制订的行动方案。

11.1.2 应急准备 EMERGENCY RESPONSEDNESS

针对可能发生的事故，为迅速、有序地开展应急行动而预先制订的组织准备和应急保障。

11.1.3 应急响应 EMERGENCY RESPONSE

事故发生后有关组织或人员采取的应急行动。

11.1.4　应急救援　EMERGENCY　RESCUE

11.1.5　恢复　RECOVERY

恢复指在发生事故时,采取消除、减少事故危害和防止事故恶化,最大限度地降低事故损害的措施。

11.1.6　预案　RESPONSE　PLAN

预案指根据预测危险源、危险目标可能发生事故的类别、危害程度而制订的事故应急救援方案。预案要求充分考虑现有物资、人员及危险源的具体条件,能够及时、有效地统筹指导事故应急救援行为。

11.2　预案的备案

本应急预案必须上报集团公司备案。

11.3　维护和更新

本预案每年年末定期召开会议组织有关人员评审和修改,并在应急演练或应急救援后对预案进行评审,或出现新情况时,及时修订完善本预案。预案的制订、修改、更新、批准和发布由××煤矿执行。

本预案未尽事宜参照上级相关应急预案的要求执行;上级应急预案对基本原则、内容另有规定的,按上级应急预案规定要求执行。

11.4　制订与解释

本预案由××煤矿制订,解释权归××煤矿。

11.5　应急预案实施

本预案自印发之日起实施。

12　附件

案例二:××煤矿瓦斯爆炸事故专项应急预案

为加强××煤矿安全生产应急管理,有效控制瓦斯爆炸事故灾害程度,最大限度地降低事故损失程度,特编制本应急预案。

1　事故类型和危害程度分析

根据××煤矿的实际情况,到目前为止没有发生过瓦斯爆炸事故。2007 年 8 月瓦斯等级鉴定结果:全矿为低瓦斯矿井,鉴于我矿曾发生过煤与瓦斯突出事故,矿井瓦斯等级确定为煤与瓦斯突出矿井。矿井 CH_4 绝对涌出量为 7.21 m^3/min,CO_2 绝对涌出量为 7.85 m^3/min;矿井 CH_4 相对涌出量为 4.83 m^3/t,CO_2 相对涌出量为 5.26 m^3/t。从瓦斯的分布情况分析,采煤工作面的瓦斯涌出量占全矿涌出量的 25.1%,掘进工作面的瓦斯涌出量占全矿涌出量的 25.45%,采空区的瓦斯涌出量占全矿涌出量的 49.5%。但东三地区瓦斯涌出量较大,属于突出区域。因此,存在发生瓦斯爆炸的可能性。

1.1　易发生瓦斯爆炸的地点

1)回采工作面回风隅角。

2)独头掘进工作面。

3)顶板冒落的空洞内。

4)低风速巷道的顶板附近。

5)停风的盲巷中及盲巷恢复通风排放瓦斯回风路线。

6)回采工作面的采空区边界处。

7)采掘机切割部分周围。

8)瓦斯突出或瓦斯喷孔的采掘工作面。

1 2 瓦斯爆炸的危害程度分析

1)爆炸形成的冲击波对现场人员造成伤害,造成人员受伤或死亡。

2)爆炸形成的冲击波对巷道支护造成破坏,有可能导致巷道坍塌,影响救援工作。

3)爆炸产生的有毒有害气体对人员造成伤害,造成人员中毒或死亡。

4)爆炸后易造成爆炸地点火灾,扩大灾害的影响范围和破坏程度。

2 应急处置基本原则

1)"沉着指挥,科学决策,协调行动,安全快速"。

2)坚持"安全第一、预防为主"的安全方针,加强日常瓦斯管理工作,保证各采掘工作面风量符合作业规程的要求,消除引爆火源。

3)以人为本,安全第一。把保障人民群众的生命安全和身体健康、最大限度地预防和减少煤矿安全生产事故灾难造成的人员伤亡作为首要任务,切实加强应急救援人员的安全防护,充分发挥人的主观能动作用,充分发挥专业救援力量的骨干作用和人民群众的基础作用。

4)统一领导,协调行动。在公司统一领导下,各矿具体负责矿范围内瓦斯爆炸事故应急工作,各矿属相关部门按照职责和权限,负责煤矿瓦斯爆炸事故相关应急管理和应急处置工作。公司所属各煤矿要认真履行安全生产责任主体的职责,建立安全生产应急预案和应急机制。

5)自救互救,安全抢救。事故发生初期,应积极组织抢救,并迅速组织遇险人员沿避灾线路撤离,防止事故扩大。在事故抢救过程中,应采取措施,确保救护人员的安全,严防抢救过程中发生事故。

6)依靠科学,规范有序。采用先进技术,充分发挥专家作用,实行科学民主决策。采用先进的救灾装备和技术,增强应急救援能力。坚持事故灾难应急与预防工作相结合,做好预防、预测、预警和预报工作,做好常态下的风险评估、物资准备、队伍建设、完善装备、预案演练等工作。

3 组织机构及职责

3.1 矿成立事故应急救援指挥部

总指挥:矿长、党委书记

副总指挥:副矿长、总工程师、安监处长、工会主席、纪委书记

指挥部成员:各分管副总、总调、安监科、通风科(区)、机电科、运输工区、供应科、经营管理部、财务科、党政办公室、保卫科、技术中心、救护队、职工医院、工会、通讯科、宣传科、纪委等主要负责人。图1-2-3为煤矿事故应急救援指挥部结构图。

3.2 组织机构及职责

1)事故应急救援指挥部职责:

①发生事故时,发布和解除应急救援命令、信号。

②向上级部门、当地政府和友邻单位通报事故的情况。

③必要时向当地政府和有关单位发出紧急救援请求。

④负责事故调查的组织工作。

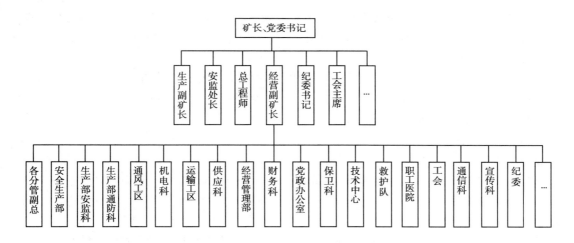

图 1-2-3　煤矿事故应急救援指挥部结构图

⑤负责总结事故的教训和应急救援经验。

⑥负责建立通信与警报系统,储备抢险、救援、救护方面的装备、物资。

⑦负责督促做好事故的预防工作和安全措施的定期检查工作。

2)事故应急救援总指挥职责:事故应急救援总指挥是事故处理的第一指挥者,按照事故应急救援预案开展应急救援工作,并根据事故实际情况制订和落实营救遇难人员及处理事故的作战计划。

3)事故应急救援副总指挥职责:协助总指挥负责应急救援的具体指挥工作,参与制订和落实营救遇难人员及处理事故的作战计划,协调、组织和获取应急救援所需的其他资源、设备,以支援现场的应急救援操作。

4)总工程师、各副总工程师职责:负责事故发生时的技术保障工作,对处理事故的作战计划进行分头把关。

5)安全生产部职责:调度室在事故发生时,负责在第一时间按照事故汇报程序进行逐级汇报工作、事故处置时生产系统的调度工作、事故现场通讯联系和对外联系;根据人员定位系统确定事故区域的人员数量。

6)安全生产部安监科职责:协助负责做好事故报警、情况通报和事故处置工作。

7)安全生产部通防科、通风区长职责:为抢救煤尘事故提供技术支持,根据总指挥的命令,及时调整矿井通风系统,监视主扇运行状态,并执行其他有关救灾措施。

8)机电科职责:协助总指挥负责工程抢险、抢修工作、保证各类设备运转正常。

9)运输工区职责:按照总指挥命令,负责将遇灾人员及时运至井上,保证救灾人员及器材及时送到事故地点,满足救灾需要。

10)供应科职责:负责抢险救援物资的供应和运输工作。

11)经营管理部职责:做好抢险物资及设备的计划及其他相关工作,负责与事故有关的职工档案查找工作。

12)财务科职责:保证抢险资金及时到位。

13)党政办公室职责:负责事故抢救所需车辆的调配。

14)保卫科职责:负责灭火、警戒、治安保卫、疏散、道路管制工作。

15)技术中心职责:负责事故现场资料的提供及有毒有害物质扩散区域的监测处理工作。

16)救护队职责:负责事故抢险救灾工作,根据事故应急救援预案制订矿山救护队的行动计划,参加事故抢险救灾。

17)职工医院职责:负责现场医疗救护指挥及伤亡、中毒人员抢救和护送转院工作。

18)工会职责:协助事故单位做好事故伤亡人员的善后处理工作。

19)通信科职责:负责提供通讯设施,保障通信畅通。

20)宣传科职责:负责事故的新闻发布工作。

21)纪委职责:参与事故的调查、处理。

22)事故单位职责:负责配合抢救、事故调查。

4 预防与预警

4.1 危险源监控

4.1.1 总调、通风工区必须确保矿井安全监控系统的正常运行,对井下主要工作地点的瓦斯浓度进行实时监控,配备有足够人员进行管理,保证系统的正常运转。

4.1.2 下井人员必须按《煤矿安全规程》第149条及《煤矿安全监控系统及检测仪器使用管理规范》的要求,配备便携式甲烷检测仪,并在下井时携带使用。

4.1.3 必须按规定成立通风管理部门,配备齐全经培训合格的瓦斯检查人员,按要求对工作地点进行瓦斯检查。

4.1.4 加强矿井通风管理,防止瓦斯爆炸的措施

1)建立合理、完善的通风系统,做到稳定、连续的向井下所有用风地点供风,并保持足够的风量。

2)实行分区通风。各水平、各采区(面)都要有单独的回风道,尽量避免串联通风。

3)及时建筑和管理好通风构筑物。对风门、调节风窗、密闭墙要保证规格质量,并经常检查维修。

4)加强局部通风管理。

5)巷道贯通后及时调整通风系统,严防风流短路或风量不足引起瓦斯积聚。

4.1.5 加强瓦斯管理,防止瓦斯爆炸事故的措施

1)严格执行《煤矿安全规程》有关瓦斯检查与管理的各项规定。

2)强化现场瓦斯检查,防止和及时发现、处理局部瓦斯积聚,严禁超限作业。

4.1.6 防止引爆火源出现的措施

1)防止出现明火。

2)防止出现电火花。

3)防止出现放炮火花。

4)防止出现其他火源。

4.1.7 加强瓦斯检查工作,防止瓦斯爆炸事故的措施

1)不准空班漏检,在井下指定地点交接班,严格执行《煤矿安全规程》关于巡回检查和检查次数的规定。

2)每一个瓦斯检查工必须十分了解和掌握分工区域内各处瓦斯涌出状况和变化规律。

3)对分工区域瓦斯涌出较大、变化异常的重点部位和地点,必须设专职瓦检员,随时检查,密切注视。

4)对任何违反《煤矿安全规程》关于通风、防尘、放炮等有关规定的违章指挥、违章作业的任何人,都要坚决抵制和制止。

5)防突打钻施工时,必须悬挂便携式甲烷检测仪,一旦出现瓦斯超过1.0%或打钻喷孔时,必须立即停止工作,进行现场处理。

4.1.8 防止瓦斯爆炸事故扩大的措施

1)实行分区通风,禁止一切不合规定的串联通风。

2)按照《煤矿安全规程》及《防治煤与瓦斯突出细则》的要求设置专用回风道及反向风门。

3)及时清扫煤尘,防止煤尘参与爆炸。

4)入井人员都必须携带隔离式自救器。

5)按《煤矿安全规程》要求安设隔爆设施。

6)主要通风机出风井口装设防爆门,且要保证爆炸时能被冲开,以释放能量。

4.2 预警行动

矿调度室接到所属煤矿发生瓦斯爆炸事故的信息后,必须立即按照应急预案的要求及时研究确定应对方案,并通知有关部门、单位采取相应行动预防事故发生或采取措施防止灾害进一步扩大。

5 信息报告程序

5.1 发生瓦斯爆炸事故时,应按如下程序进行报告

1)事故发生后,当事人或事故现场有关人员应立即汇报矿调度室,并采取自救、互救措施和撤人准备工作。

2)矿调度室接到事故汇报后,立即汇报矿值班领导、矿长,矿长和矿调度室立即向公司主要领导、公司调度室报告,并启用应急预案,成立现场抢险救灾指挥部进行救灾。

3)矿主要领导和调度室接到事故报告后,应立即向集团公司、××安全监察局和省级政府职能部门汇报,并立即组织抢救,统一进行指挥。

5.2 现场报警方式:采用电话报警。

5.3 相关部门的通讯、联络方式。

5.4 通告、报警形式均采用电话。

5.5 应急反应人员向外求援方式:

1)电话;

2)敲打管路;

3)在巷道分岔点留下明显标志物。

6 应急处置

6.1 响应分级

按照事故灾难的可控性、严重程度和影响范围,将事故应急响应级别分为Ⅰ级(特别重大事故)响应、Ⅱ级(重大事故)响应、Ⅲ级(较大事故)响应、Ⅳ级(一般事故)响应等。

出现下列情况时启动Ⅰ级响应:造成或可能造成30人以上死亡,或造成100人以上中毒、重伤,或造成1亿元以上直接经济损失,或特别重大社会影响等。

出现下列情况时启动Ⅱ级响应:造成或可能造成10~29人死亡,或造成50~100人中毒、重伤,或造成5 000万~10 000万元直接经济损失,或重大社会影响等。

出现下列情况时启动Ⅲ级响应:造成或可能造成3~9人死亡,或造成30~50人中毒、重

伤,或直接经济损失较大、或较大社会影响等。

出现下列情况时启动Ⅳ级响应:造成或可能造成1～3人死亡,或造成30人以下中毒、重伤,或一定社会影响等。

6.2 响应程序

当进行Ⅰ、Ⅱ、Ⅲ级响应行动时,矿应当按照相应的预案全力以赴组织救援,并及时向集团公司及有关上级部门报告救援工作进展情况。

当进行Ⅳ级响应行动时,应当按照相应的预案全力以赴组织救援,超出应急救援处置能力时,及时报请上一级应急救援指挥机构,启动上一级应急预案实施救援。

6.2.1 应急指挥

发生瓦斯爆炸事故时,指挥部启动并实施本预案,组织实施应急救援,需要上级部门或地方政府应急力量支援的,通知相关部门。现场应急救援指挥部负责现场应急救援的指挥,全力控制事故次生、衍生事故的发生。

6.2.2 应急行动

应急救援队伍,必须有效的实施先期处置、救助伤员、组织撤离。

6.2.3 资源调配

指挥部全力调动相关救援队伍、物资。

6.2.4 应急避险

现场应急救援人员应根据需要携带相应的专业装备,采取安全防护措施,调集相应的安全防护装备。

相应医疗机构开展医疗救护和现场卫生处置,提供紧急救护装备、特种药品并派专家和医务人员进行支援。

6.2.5 扩大应急

超出矿处置能力时,应向集团公司和地方政府申请组织救援。

事故发生影响群众时,现场应急救援指挥部与地方政府组织群众的撤离、疏散的安全防护。

6.3 处置措施(应急处置)

6.3.1 现场应急救援指挥部要迅速组织撤退灾区和受威胁区域的人员,抢救遇难人员。组织救护队探明发生瓦斯爆炸的地点、范围和气体成分,并同时制订抢险救灾方案。

6.3.2 严格按抢险救灾方案开展工作,严防造成新的人员伤亡和事故扩大。

6.3.3 瓦斯爆炸发生后,应根据现场情况,尽快恢复矿井通风系统,为救灾创造条件。

6.3.4 组织救护队全力以赴抢救遇险人员,进入灾区前,必须切断通往灾区的电源。发现火源立即扑灭,防止二次爆炸。

6.3.5 救护队进入灾区侦察时,必须首先检查灾区气体情况及风量、风向、爆炸点情况等,并作好记录,供指挥部研究全面救灾方案。

6.3.6 万一发生连续爆炸时,应掌握瓦斯爆炸间隙规律,利用间隙进行救灾工作,但必须派专人在灾区回风侧检查瓦斯,如有爆炸危险,应及时撤出在灾区内进行抢险救灾的人员,以保证救灾人员的安全。

7 应急物资与装备保障

7.1 应急物资保障

按要求配备齐全各种救灾物资及装备。在井下建立矿井非常仓库,在地面建立消防器材库,并有轨道能直通器材库和混合井口,按要求配备齐全各类应急物资和装备。

7.2　救护队储备必备的应急装备、物资。

7.3　用于事故应急救援物资的资金,任何单位、个人不得阻碍、拖延。

案例三:矿井水灾事故现场处置方案

1　事故特征

1.1　概况

矿井涌水是井下作业区的灾难性事故,我矿制订了严格的措施加强了探放水管理和控制,并在多处设置了监测点。

1)针对富含水区域,应选择合理的开拓开采方法,减少矿井涌水量。

2)加强含水层的排放水工作。在井下打专门钻孔或利用专门疏水巷道进行疏放排水,以降低含水层的水位和水压,并疏干局部地下水。

3)完善各水平排水工作,加强设备检查维修工作,保证排水设备系统完好。及时清挖井下各处水仓,保证其有效容积。加强排水沟的检查修复,保证水流畅通。

4)对可能有水害威胁的区域进行采掘工作时,必须坚持"有疑必探,先探后掘"的原则。临近老空区时,必须做好探放水工作。探、放水时,必须事先编制专项安全技术措施。

5)加强水文观测工作,定期对各观测点、孔进行监测,发现异常及时汇报,分析原因,采取措施。

6)布置工作面时,要充分考虑工作面影响范围内钻孔的情况,对于封孔不好、不可靠的钻孔要编制专门措施。

7)采掘工作面施工过程中要有畅通可靠的排水系统,以防水流进入煤流,防止出现窜仓事故。

8)加强培训和学习,让有关人员熟知透水事故的预兆,人人都有防范意识。

9)每年对存在的水患危险源进行综合评估,不定期进行检测。

1.2　危险性及危害程度分析

采掘工作面靠近含水层、导水断层时,主要造成工作面涌水量增加,对工作面和矿井排水能力构成威胁,严重时可能会发生淹面事故。

若采掘工作面揭露积水的井巷、老空区,井下积水突然涌入采掘头面,将会发生淹面、冲毁设备的事故,严重时可能造成人员伤亡。

掘进时要坚持"有疑必探,先探后掘"原则;回采时要注意工作面的水文地质情况,观察工作面有无淋水、渗水情况,特别是在断层附近更要注意,观察突水预兆:挂汗、水叫、空气变冷、出现雾气、顶板来压等,发现出水预兆应及时汇报。

1.3　矿井水患危险源

1.3.1　存在地点

1)太原组四灰水。在新开拓的矿井深部延深采区中,因大中型断层的影响,导致煤层与对盘四灰邻近,对矿井安全开采可能形成水害威胁。

2)老塘水。中央采区 9 层煤开采对应上部 7 层煤采空区,局部采空区内存在老塘水,影响矿井安全开采。

3)顶板砂岩水。夏桥系 1 层煤顶板上部发育一层含水中砂岩,顶板垮落时造成工作面突水,对工作面回采有安全威胁。

1.3.2 风险分析

一原组四灰水、老塘水落实水害预测预报及隐患排查制度,并采取探放水措施可以消除隐患;夏桥系顶板砂岩水1980年在首采工作面204面曾经发生过较大突水事故,最大涌水量215 m³/h,是张集煤矿应重点防范的危险源。

2 应急组织与职责

2.1 自救组织

工作面发生出水后,现场立即成立应急自救组织。

自救组织组长:当班区队长

副组长:班长、督察队员、瓦斯员

成员:现场工人、附近区域人员

2.2 职责

1)应急自救组织职责:负责将出水情况及时向矿调度室和区队领导汇报,进行现场抢险,防止事故扩大;向矿调度和附近区域发出救援请求,必要时命令人员撤离。

2)组长职责:组长是现场事故处理的第一指挥者,根据本工作面作业规程中的有关防灾、避灾内容,制订现场处置方案,组织开展救援工作,并根据现场实际情况制订和落实营救遇险人员及处理事故的作战方案。

3)副组长职责:协助组长负责现场自救的具体指挥工作,参与制订和落实营救遇险人员及处理事故的作战方案,协调、组织和获取现场自救所需的其他资源、设备,以支援现场的自救工作。对现场自救过程中的安全状况进行控制,对安全情况进行监察。瓦斯员对作业现场的瓦斯情况进行监控,瓦斯超限时,及时向组长汇报,协助组长避灾。

4)现场工人职责:听从组长的指挥,根据制订的事故处置方案进行自救,加固出水附近巷道,疏导水流通道,加强排水,积极营救遇险人员,保护生产设备。

5)附近人员职责:接到救援信号后马上赶到事故现场参与抢险,听从现场领导指挥,运送所需物资、设备支援抢险。

3 应急处置

3.1 处置程序

发现出水事故后,立即启动现场处置方案,将出水位置、出水大小和现场情况报矿调度室及区队领导,进行出水点巷道加固,疏导排水通道,加强排水。营救遇险人员,恢复正常生产。若事故扩大,向矿调度和附近单位人员求援,超出现场处置能力时通知矿调度启动本矿水灾事故专项应急预案。

3.2 处置措施

1)发生透水及突水事故后,发现事故的现场人员应立即向矿调度台及区队领导汇报,并立即启动现场处置方案。

2)发现透水事故的人员应迅速撤离危险区域,不能撤离的就近找一处躲避等待救援。被困后应保持良好的精神状态,有规律的发出求救信号。

3)迅速查明水源、涌水量、出水地点情况以及受水灾影响的区域范围,调查受灾区域的人员名单,为撤离水灾区域人员和处理事故提供依据。

4)采取有效措施进行堵水,加固维修被水冲毁的巷道。

5）对出水点巷道及水流经的巷道进行加固,防止冲垮巷道。

6）迅速疏通排水通道,保证水流畅通,防止窝水。

7）水无法自流时开泵排水,若水量较大,增加水泵,加大排水能力。

8）清查灾区人员,组织人员、组织力量抢救可能被水冲走的遇难遇险人员。

9）如果用水短时间内无法堵住时,应积极疏通水道引导水流按人为的路线流动。如果有流沙涌出时应在适当的地点设置滤水槽。

10）抢救时做好自主保安。

11）有瓦斯从水淹区涌出时,应采取排放瓦斯措施。

12）积极采取措施严防二次透水。

13）水量持续增大,现场无法控制时,立即汇报矿调度请求支援。同时启动本矿水灾事故专项应急预案。

14）水害被控制后,要积极组织力量尽快恢复正常生产。

3.3　报警方式及内容

报警方式:电话报警

报警电话:调度室

报警时要尽可能详细地报告出水位置、水源、水量、突水方式、水量变化趋势,出水造成的破坏影响程度和范围,排水能力及水流情况,受出水威胁的区域以及人员受威胁情况,遇险人数,现场处置能力。

4　注意事项

1）佩戴好矿灯、安全帽、自救器,穿好工作服、矿靴。

2）矿灯、自救器注意防水、防碰,安全帽系好帽带,工作服扣好纽扣。

3）抢险救援器材要放在安全方便可取的地方,使用时注意保护,减少器材的损坏。

4）抢险救援器材要按说明书正确使用。

5）抢险救援时要严格按照有关措施执行,不可蛮干。

6）撤退时应根据制订的撤退路线有序撤离,迅速撤退到安全地点。

7）撤退过程中,应靠巷道一侧,抓牢支架或其他固定物体,尽量避开压力水头和泄水主流,并注意防止被水中滚动矸石和木料撞伤。

8）如巷道中的照明和路标被破坏,迷失方向时,应朝着有风流通过的上山巷道方向撤退。

9）在撤退沿途和经过的巷道交叉口,应留设撤退行进方向的明显标志,以提示救护人员注意。

10）对本人的应急处置能力要有正确的评价,不可蛮干,做好自主保安。

1.2.3　应急预案的评审、备案

一、应急预案的评审

1. 预案修改或编制前的评审

一些矿山可能根本没有应急预案,或只有很简单的预案。在修改或制订一个新的预案之前,对已有的预案进行评审是很有必要的,这包括对辖区及其周边地区和社会相关的预案和程序的评审。

1)评审已有的应急预案

评审与紧急情况相关的预案,可以加深对过去紧急情况管理方法的理解。相关的预案与程序包括设备手册、评价报告、防火计划、危险品泄漏应急计划、自然灾害应急计划,以及可能涉及的应急停车及类似活动的操作规程。评审和检查上述内容可以确保预案的连续性。在检查这些计划时,计划者应注意时效性。

2)评审周边应急预案

预案编制者应该了解临近辖区是如何为紧急情况做准备的。评审临近辖区矿山的预案可以及时发现自身矿山某些被忽视的信息。

预案编制者应该与临近矿山的相关人员对可能发生的事故以及资源和能力信息进行讨论,以发现对矿山应急预案水平和应急操作的新的改进措施,这也是一种"相互帮助"的方式。

3)评审社会应急预案

预案编制者应该清楚包括政府和社团组织的社会应急网络的运转,政府或社团组织通常包括消防部门、决策部门、应急医疗服务部门、应急服务组织、当地的应急计划委员会、医院、志愿者部门等。

根据紧急情况的特性和程度,应急组织可能是非常复杂的,组织的实际组成会因为地区不同而有很大的区别,现场应急计划者应该非常熟悉可获得的资源。

预案编制者还应该评审当地消防与决策部门的应急程序,以及他们是如何开展应急行动的。这将帮助计划者决定自己的行动如何与当地的应急行动协调。预案编制者还应该会见当地应急组织的官员,以便向他们解释自己的应急预案编制目标和构想,例如:

- 如何与外部应急者联系;
- 谁负责应急活动;
- 如何确认相关责任人。

评审邻区应急预案和社区预案,使预案编者理解这些组织如何准备、应急和从紧急情况中恢复,对于公司和社区在紧急情况中互相支援非常重要。

2 预案修改或编制定稿后的评审

地方各级安全生产监督管理部门应当组织有关专家对本部门编制的应急预案进行审定;必要时,可以召开听证会,听取社会有关方面的意见。涉及相关部门职能或者需要有关部门配合的,应当征得有关部门同意。

矿山企业应当组织专家对本单位编制的应急预案进行评审。评审应当形成书面纪要并附有专家名单。参加应急预案评审的人员应当包括应急预案涉及的政府部门工作人员和有关安全生产及应急管理方面的专家。评审人员与所评审预案的生产经营单位有利害关系的,应当回避。

应急预案的评审或者论证应当注重应急预案的实用性、基本要素的完整性、预防措施的针对性、组织体系的科学性、响应程序的操作性、应急保障措施的可行性、应急预案的衔接性等内容。生产经营单位的应急预案经评审或者论证后,由生产经营单位主要负责人签署公布。

3 评审方法

应急预案评审采取形式评审和要素评审两种方法。

形式评审主要用于应急预案备案时的评审,要素评审用于生产经营单位组织的应急预案评审工作。

（1）形式评审。应急预案评审采用符合、基本符合、不符合 3 种意见进行判定。对于基本符合和不符合的项目，应给出具体修改意见或建议。形式评审。依据《导则》和有关行业规范，对应急预案的层次结构、内容格式、语言文字、附件项目以及编制程序等内容进行审查，重点审查应急预案的规范性和编制程序、应急预案形式评审的具体内容及要求。

（2）要素评审。依据国家有关法律法规、《导则》和有关行业规范，从合法性、完整性、针对性、实用性、科学性、操性和衔接性等方面对应急预案进行评审。为细化评审，采用列表方式分别对应急预案的要素进行评审。评审时，将应急预案的要素内容与评审表中所列要素的内容进行对照，判断是否符合有关要求，指出存在问题及不足。应急预案要素分为关键要素和一般要素。关键要素是指应急预案构成要素中必须规范的内容。这些要素涉及生产经营单位日常应急管理及应急救援的关键环节，具体包括危险源辨识与风险分析、组织机构及职责、信息报告与处置和应急响应程序与处置技术等要素。关键要素必须符合生产经营单位实际和有关规定要求。一般要素是指应急预案构成要素中可简写或省略的内容。这些要素不涉及生产经营单位日常应急管理及应急救援的关键环节，具体包括应急预案中的编制目的、编制依据、适用范围、工作原则、单位概况等要素。

4. 评审程序

应急预案编制完成后，生产经营单位应在广泛征求意见的基础上，对应急预案进行评审。

（1）评审准备。成立应急预案评审工作组，落实参加评审的单位或人员，将应急预案及有关资料在评审前送达参加评审的单位或人员。

（2）组织评审。评审工作应由生产经营单位主要负责人或主管安全生产工作的负责人主持，参加应急预案评审人员应符合《生产安全事故应急预案管理办法》要求。生产经营规模小、人员少的单位，可以采取演练的方式对应急预案进行论证，必要时应邀请相关主管部门或安全管理人员参加。应急预案评审工作组讨论并提出会议评审意见。

（3）修订完善。生产经营单位应认真分析研究评审意见，按照评审意见对应急预案进行修订和完善。评审意见要求重新组织评审的，生产经营单位应组织有关部门对应急预案重新进行评审。

（4）批准印发。生产经营单位的应急预案经评审或论证，符合要求的，由生产经营单位主要负责人签发。

5. 评审要点

应急预案评审应坚持实事求是的工作原则，结合生产经营单位工作实际，按照《导则》和有关行业规范，从以下 7 个方面进行评审。

①合法性。符合有关法律、法规、规章和标准，以及有关部门和上级单位规范性文件要求。

②完整性。具备《导则》所规定的各项要素。

③针对性。紧密结合本单位危险源辨识与风险分析。

④实用性。切合本单位工作实际，与生产安全事故应急处置能力相适应。

⑤科学性。组织体系、信息报送和处置方案等内容科学合理。

⑥操作性。应急响应程序和保障措施等内容切实可行。

⑦衔接性。综合、专项应急预案和现场处置方案形成体系，并与相关部门或单位应急预案相互衔接。

二、应急预案的备案

地方各级安全生产监督管理部门的应急预案,应当报同级人民政府和上一级安全生产监督管理部门备案。其他负有安全生产监督管理职责的部门的应急预案,应当抄送同级安全生产监督管理部门。

中央管理的总公司(总厂、集团公司、上市公司)的综合应急预案和专项应急预案,报国务院国有资产监督管理部门、国务院安全生产监督管理部门和国务院有关主管部门备案;其所属单位的应急预案分别抄送所在地的省、自治区、直辖市或者设区的市人民政府安全生产监督管理部门和有关主管部门备案。其他生产经营单位中涉及实行安全生产许可的,其综合应急预案和专项应急预案,按照隶属关系报所在地县级以上地方人民政府安全生产监督管理部门和有关主管部门备案;未实行安全生产许可的,其综合应急预案和专项应急预案的备案,由省、自治区、直辖市人民政府安全生产监督管理部门确定。煤矿企业的综合应急预案和专项应急预案还应当抄报所在地的煤矿安全监察机构。

生产经营单位申请应急预案备案,应当提交以下材料:

①应急预案备案申请表;

②应急预案评审或者论证意见;

③应急预案文本及电子文档。

受理备案登记的安全生产监督管理部门应当对应急预案进行形式审查,经审查符合要求的,予以备案并出具应急预案备案登记表;不符合要求的,不予备案并说明理由。对于实行安全生产许可的生产经营单位,已经进行应急预案备案登记的,在申请安全生产许可证时,可以不提供相应的应急预案,仅提供应急预案备案登记表。各级安全生产监督管理部门应当指导、督促检查生产经营单位做好应急预案的备案登记工作,建立应急预案备案登记建档制度。

1.2.4 应急预案的实施

一、培训

1.应急培训

培训程序应该遵循所有相关人员都能接受有效培训的原则,有效的培训计划必须标出"做什么"、"怎么做"、"谁来做"。没有受过训练的应急队员,即使具有完成分配任务所必需的知识和技能,应急行动也可能不能成功。提供满足每个角色所要求的训练是应急预案成功的关键,应急训练应该指出预案和相关法规所列出的危险和责任。此外,对非应急人员的重要训练也要写入培训计划中。应急培训计划包括以下内容:

①相关人员熟悉灭火器的使用;

②上岗前对人员进行应急计划和灭火步骤的训练,并在以后每年至少训练一次;

③训练队员帮助相关人员安全、有序地疏散;

④告知工作人员可能有危险物质暴露的危险工艺;

⑤告知承包商、转包商及现场代表应急行动程序、潜在火灾、爆炸、健康、安全和其他危害。

不论行规如何规定,培训都应该包括个人防护设备的使用、危险环境的识别、泄漏警惕信号(气味、烟、声音等)的识别、应急上报程序的运行、疏散和集中程序的使用、灭火器的正确使用等内容。为确保完成培训任务,培训计划者应该对培训计划进行充分准备,并指派专人负责管理培训计划、发展新课程、评论培训的充分性,以保证各个应急职位所必需的培训水平。

2. 预案培训

各级安全生产监督管理部门、生产经营单位应当采取多种形式开展应急预案的宣传教育，普及生产安全事故预防、避险、自救和互救知识，提高从业人员安全意识和应急处置技能。各级安全生产监督管理部门应当将应急预案的培训纳入安全生产培训工作计划，并组织实施本行政区域内重点生产经营单位的应急预案培训工作。生产经营单位应当组织开展本单位的应急预案培训活动，使有关人员了解应急预案内容，熟悉应急职责、应急程序和岗位应急处置方案。应急预案的要点和程序应当张贴在应急地点和应急指挥场所，并设有明显的标志。

二、预案演练

各级安全生产监督管理部门应当定期组织应急预案演练，提高本部门、本地区生产安全事故应急处置能力。经营单位应当制订本单位的应急预案演练计划，根据本单位的事故预防重点，每年至少组织一次综合应急预案演练或者专项应急预案演练，每半年至少组织一次现场处置方案演练。应急预案演练结束后，应急预案演练组织单位应当对应急预案演练效果进行评估，撰写应急预案演练评估报告，分析存在的问题，并对应急预案提出修订意见。

预案演练案例

本部分为案例教学，学生通过矿井救援预案演练实际案例的阅读、结合救援预案的内容分组讨论，教师集中对案例进行评讲，达到学生掌握救援预案演练方法、过程以及案例存在的不足分析，并能编制预案演练计划和演练总结。

案例四：××××年度××矿井救灾演练总结报告

为认真贯彻落实"安全第一、预防为主"的安全生产方针，进一步增强干部职工的安全意识，提高矿井防灾抗灾能力，在矿井一旦发生事故时，能有效防止灾害事故扩大和迅速抢救灾区人员，减少灾害事故损失。按《煤矿安全规程》第 12 条要求，××煤矿于 2004 年 6 月 14 日进行了矿井救灾演练工作。公司及矿领导高度重视此次救灾演练工作，准备充分、组织有力、演练具有针对性、达到了预期目的。对此次救灾演练工作总结如下：

1. 模拟演练时间

模拟演练时间定于 2004 年 6 月 14 日 11：00—14：00。

2. 模拟演练方式

根据××煤矿各种自然灾害对矿井安全生产的威胁程度及矿井历年伤亡事故统计分析，顶板事故对矿井的安全生产影响最大，因此救灾演练模拟井下发生冒顶灾害事故。

3. 组织领导

本次救灾演练工作公司及矿领导给予了高度重视，矿专门成立了救灾演练指挥部。

（1）救灾演练指挥部成员

总指挥：矿长

副总指挥：总工程师

成员：各科室科长、个基层队队长、矿医院院长

（2）救灾演练指挥部设在调度室。

4. 模拟事故地点及其基本概况

事故地点：根据目前井下顶板管理情况，此次救灾演练选择在 16301 工作面。

基本概况：

16301 工作面位于矿井西翼二水平，该工作面为一宽缓向斜构造，顶板为灰岩，平均厚度

4.5 m 属Ⅰ级Ⅲ类顶板。采用单体液压支柱支护,直线点柱方式布置,缓慢下沉法管理顶板。工作面采用走向长壁后退式采煤法,三、四排控顶,最大控顶距4.5 m,最小控顶距3.4 m,放顶步距1.10 m。工作面瓦斯涌出量为1.583 m³/t,全负压通风,供风量为260 m³/min。

因该工作面顶板冒落不及时,大面积悬顶,周期来压时造成压垮型冒顶事故。

5.模拟演练期间各部门职责划分

按《2004年度矿井应急救援预案》的规定,在模拟演练"救灾"过程中各部门的职责及分工如下:

(1)矿长:是处理灾害事故的全权指挥者,在总工程师、安全矿长、矿山救护队队长的协助下,制订抢险救灾、营救遇险人员的方案。

(2)矿总工程师:是矿长处理灾害事故的助手,在矿长领导下组织制订营救遇险人员的处理方案。

(3)各有关副矿长:根据矿长命令分工负责、及时调集救灾所需的设备材料、人力、物力,严格控制入井人员,签发抢救事故入井特别许可证。

(4)通风负责人:按照矿长命令,完成必要的灾区通风工作,并执行与通风有关的其他抢险救灾措施。

(5)事故单位区、队、班长:负责将在现场所见的事故性质、范围和发生原因情况详细如实报告调度室,查明工作面被埋人数,采取措施立即组织现场人员进行施救并随时接受矿长的命令,完成有关抢救和处理灾害的任务。

(6)矿调度值班人员:负责记录事故发生的时间、地点及其他情况,立即将事故情况向矿长报告,按《计划》规定召集有关人员到调度室,及时向下传达矿长的命令,随时调度井下抢险救灾情况。

(7)考勤和矿灯发放负责人:对没有持指定副矿长签发的入井特别许可证的所有人员,不得发给矿灯,并在井口严格检查,制止入井。

(8)供应科长:及时准备必需的救灾物资,并根据矿长的命令迅速运到指定地点。

(9)机电科长:根据矿长的命令,及时抢修或安装机电设备,完成其他有关的任务。

(10)运搬工区区长:负责保证副井正常提升,保证救灾人员和器材能及时运到事故地点。

(11)技术科长:负责准备必要的图纸资料,并根据矿长命令完成测量和其他工作。

(12)医院院长:负责组织对受伤人员的急救治疗,组织护理和药物供应。

(13)行政办公室主任:保证救灾人员的食宿以及其他生活事宜。

(14)保卫科长:负责事故抢救和处理过程中的治安保卫工作,维护正常的秩序,不准闲杂人员入矿,并在井口附近设专人警戒,严禁无关人员逗留、围观。

(15)电话维修工:要保证通信畅通,电话要跟随基地的变更而移动。

6.救灾演练经过

(1)6月14日11:00,16301工作面汇报该工作面下面发生大面积冒顶,有5人被埋在下面。

(2)调度室接到井下"事故"电话后,立即向矿值班领导汇报。

(3)矿值班领导王修利立即报告矿长,并通知安全矿长、总工程师等有关人员。

(4)矿长立即向公司汇报了"事故"情况。

(5)调度室立即召请矿山救护大队。

（6）矿立即成立了以矿长为总指挥的救灾指挥部,有关矿级领导、科室负责人及救护队长为指挥部成员。指挥部成立后首先听取值班领导汇报灾区情况,以及已经下达的命令情况汇报。

（7）成立了井下救灾基地,基地设在16405下材中车场,联系及运输方便,指定安全科长张开贵担任井下救护基地指挥,同时明确井下基地只起到"上传下达"的作用,不得自行发布命令,以免形成多头指挥。

（8）落实井下救护基地的通讯器材、救护器材、医务人员及急救药品等。救灾基地安排电话维修工一名,备用电话一部,担架三副,现场救护医生2名,医疗器具及药品若干。

（9）派救护队携带救灾器材进入16301工作面,救护队于11:35到达16301工作面,测得工作面进风183 m³/min,回风流 CH_4 浓度为0.04%, CO_2 浓度为0.10%。

（10）救护队设法与遇险人员联系,工作面内有5人,均被困在离下出口5米左右的一个木垛附近,其中有一人腿部被压在矸石下面,伤势比较严重。

（11）指挥部根据救护队汇报的"灾情"情况,人员被困地点通风良好,有害气体浓度较低;人员躲避地点有木垛支撑,暂无更大危险;工作面矸石冒落块大,范围大的特点,决定沿煤壁施工一个小洞到人员被困地点,将人员救出。

（12）按照既定"救灾"方案,采二工区人员在救护队的监护下立即施工,进行救护。

（13）13:40,井下救灾基地汇报施工到位,救护队已进入人员被困地点。4名受轻伤人员已救出,被压一人正在进行救护,需用千斤顶将矸石顶起,方可将人救出。

（14）13:50,井下救灾基地汇报,被压一人已救出,右腿小腿部骨折,目前正在进行急救处理,但无生命危险。

（15）13:55,救灾指挥部命令将伤员运送上井,井口救护车准备将伤员送往工人疗养院。

（16）14:00,救灾指挥部宣布救灾演练结束,所有参演人员撤离。

7. 演练吸取经验

（1）本次救灾演练准备充分,措施得力,整个救灾演练组织有序,进展顺利。

（2）本次救灾演练具有真实性与针对性,真正达到演练目的,各参加救灾演练部门和人员能端正思想,高度重视,积极准备。认真地对每个科目进行演练,增强了矿井抗灾、救灾的能力。

（3）各部门都能认真履行职责,相互配合,相互协调,并按照救灾演练指挥部下达的指令,进行认真运作。

8. 存在问题及教训

（1）个别生产单位对《2004年度矿应急预案》组织学习贯彻不力,井下汇报有事故发生时,职工有慌乱现象。

（2）有少数参演人员认识不够,对演练态度不端正,行动迟缓,消极怠工。

（3）矿井医务人员不足,救护器材有短缺现象。

对以上存在问题矿已制订整改落实方案。

三、预案修改

各级安全生产监督管理部门应当每年对应急预案的管理情况进行总结。应急预案管理工作总结应当报上一级安全生产监督管理部门。其他负有安全生产监督管理职责的部门的应急预案管理工作总结应当抄送同级安全生产监督管理部门。地方各级安全生产监督管理部门制订的应急预案,应当根据预案演练、机构变化等情况适时修订。生产经营单位制订的应急预案应当至少每三年修订一次,预案修订情况应有记录并归档。有下列情形之一的,应急预案应当及时修订:

①生产经营单位因兼并、重组、转制等导致隶属关系、经营方式、法定代表人发生变化的;

②生产经营单位生产工艺和技术发生变化的;

③周围环境发生变化,形成新的重大危险源的;

④应急组织指挥体系或者职责已经调整的;

⑤依据的法律、法规、规章和标准发生变化的;

⑥应急预案演练评估报告要求修订的;

⑦应急预案管理部门要求修订的。

生产经营单位应当及时向有关部门或者单位报告应急预案的修订情况,并按照有关应急预案报备程序重新备案。生产经营单位应当按照应急预案的要求配备相应的应急物资及装备,建立使用状况档案,定期检测和维护,使其处于良好状态。生产经营单位发生事故后,应当及时启动应急预案,组织有关力量进行救援,并按照规定将事故信息及应急预案启动情况报告安全生产监督管理部门和其他负有安全生产监督管理职责的部门。

巩固提高

1.国家矿山应急救援体系由哪几部分组成?

2.简述应急救援预案体系的构成。

3.简述应急救援预案评审的意义及方法。

实训教学一

编制应急救援预案:编制给定矿井(学生实习或了解的矿井)岩巷掘进工作面突水事故的现场处置方案。

教学情境 2
矿山救护

在矿山建设和生产过程中,由于自然条件复杂、作业环境较差,加之人们对矿山灾害客观规律的认识还不够全面、深入,有时麻痹大意和违章作业、违章指挥,这就造成发生某些灾害的可能。为了迅速有效地处理矿井突发事故,保护职工生命安全,减少国家资源和财产损失,必须按两大规程(煤矿安全规程、矿山救护规程)的要求,做好救护工作。为此,本教学情境设计达到以下教学目的:

(1)学生知道矿山救护队;

(2)学生知道矿山救护队的管理;

(3)学生能使用和管理救护装备与设施;

(4)学生能组织开展事故应急救援工作。

任务 1 矿山救护队

2.1.1 矿山救护队的作用

矿山应急救援组织在矿山安全生产中的重要作用,主要是通过矿山救护队指战员在处理事故和开展其他各项工作中的英勇拼搏、团结奋战表现出来的。矿山救护队在矿山安全生产中的重要作用。

一、处理矿井灾变事故的主力军

矿井发生灾变事故后,进入灾区抢救井下遇险遇难人员,处理矿井火、瓦斯、煤尘、水和顶板等灾害事故,使矿井早日恢复生产,是矿山救护队的主要任务。在完成矿井抢险救灾任务时,矿山救护指战员是战斗在第一线的主力军。

我国煤矿救护队在建队初期(20世纪50年代),装备落后,救灾经验不足。但是,为了保护矿工和国家财产的安全,使受灾害威胁的矿井早日恢复生产,刚刚走上矿山救护战线的救护指战员,狠抓基本功的训练、过硬作风的培养和规章制度的落实,在抢险救灾、恢复灾区等方面,做了大量的工作,发挥了重要的作用。组建较早的抚顺、阜新、辽源以及北京、峰峰、井陉、阳泉、大同、淄博、淮南、鸡西、鹤岗、双鸭山、北票、开滦、焦作、蛟河、营城等矿山救护队,在处理本矿区和外单位矿井事故时,特别是在进入长期停产的矿井侦察探险、排除隐患、恢复生产的战斗中,做出了特殊的贡献,受到煤矿各级领导和矿工的称赞。

20 世纪 60 年代初,由于"大跃进"造成的不良后果,我国煤矿事故频繁,发生了多次重、特大事故。在处理这些重、特大事故时,矿山救护队团结协作,发扬英勇顽强、吃苦耐劳、舍己为公、不怕牺牲的精神,依靠苦练出的基本功,运用灵活机动的战略战术,有效地控制了灾情的发展,减少了事故造成的人身伤亡和国家财产损失,使受灾矿井提前恢复了生产。应当特别指出的是:1962 年本溪矿务局彩屯矿主井罐木着火,井下 1 300 多名矿工的安全受到严重威胁。在实行全矿井反风的情况下,该局矿山救护指战员佩用氧气呼吸器,用高压水枪在高温浓烟中与烈火搏斗,控制住火势的发展,同时引导井下矿工从安全出口撤出。不仅保住了矿井,而且使全部遇险人员安全脱险,无一伤亡。

"文革"期间,我国煤矿救护指战员经受住了严峻的考验,在保护矿工生命安全和国家财产、处理矿井事故的战斗中,又做出了新的贡献。例如,1968 年山西省阳方口煤矿发生瓦斯煤尘爆炸事故,后又导致矿井发生火灾。这次事故对矿井的破坏十分严重,2 000 多米的运输大巷冒落严重,井口高压线被冲击波冲断,绞车房被摧毁,距井口几千米外的办公楼和家属区的玻璃窗被震坏。在处理这次矿井事故时,煤炭部李建平副部长等领导亲临现场,有 3 个省、8 个局(矿)的矿山救护队共 24 个小队、198 名指战员奉命参战。由于冒落严重,救灾人员难以进入灾区抢救遇难人员,矿山救护队就采取了重开旧火区,掘透灾区巷道,反转风流,从新火区后路救出遇难人员的措施。在抢救过程中,14 个小队轮番从 1 m² 多的独门进入灾区,爬越 2 000 多米的冒落维护区,在火区包围下,将遇难人员搬运出来,这在煤矿矿山救护史上是罕见的。经过半个月的紧张战斗,终于安全地完成了抢险救灾任务。此外,我国煤矿救护队在"文革"期间,还成功地处理了一些重、特大事故,如肥城矿务局曹庄矿、淮南矿务局新庄孜矿、抚顺矿务局胜利矿、平顶山矿务局一矿、新窑矿务局王庄矿的火灾事故;白沙矿务局马田矿、通化矿务局雪塘矿的瓦斯煤尘爆炸事故;焦作矿务局演马庄矿的煤与瓦斯突出事故等。

党的十一届三中全会以后,我国煤矿救护指战员在党的正确路线指引下,精神振奋,斗志昂扬,在矿井抢险救灾战斗中谱写了一个又一个的英雄篇章。其中比较突出的战例是:大同局救护队处理的白洞矿中毒和大斗沟矿火灾事故;平顶山局救护队处理的许家沟矿火灾和韩庄局二矿瓦斯爆炸事故;开滦局救护队处理的付兴矿煤尘爆炸事故;六枝局救护队处理的遵义矿火灾和老屋基矿瓦斯爆炸事故;靖远局救护队处理的魏家地矿瓦斯爆炸事故;淮北局救护队处理的弧山矿透水事故;登封市救护队处理的新新矿火灾事故;抚顺局救护队处理的龙凤矿中毒事故;淮南局救护队处理的新庄孜矿突出和潘一矿火灾事故;大屯公司救护队处理的龙东矿火灾事故;枣庄局救护队处理的柴里矿煤尘爆炸事故;北京局救护队处理的杨坨矿、大台矿火灾事故;北票局救护队处理的三宝矿火灾事故;天府局救护队处理的三汇二矿突出和三汇一矿瓦斯爆炸事故;铜川局救护队处理的通富矿火灾事故;安阳局、鹤壁局救护队处理的铜冶矿火灾事故;新汶局、肥城局、淄博局救护队处理的潘西矿瓦斯爆炸事故;霍州局、汾西局、西山局、阳泉局、荫营局和临汾地区、晋中地区、晋城市、吕梁地区等 9 个矿山救护队联合处理的三交河矿瓦斯煤尘爆炸事故等。

二、为矿山安全生产保驾护航

矿山救护队除完成处理矿井灾害事故,抢救井下遇险遇难人员外,还担负着为煤矿安全生产保驾护航的任务。例如,参加排放瓦斯、震动性放炮、启封火区、反风演练和其他需要佩用氧气呼吸器的安全技术工作；参加审查矿井应急救援预案，有计划地派出小队到服务矿井熟悉巷道、预防检查、做好矿井消除事故隐患的工作；协助矿井搞好职工救护知识的教育等。因此，矿山救护队又被煤矿各级领导和广大矿工、家属称为"煤矿安全生产的尖兵"、"卫士"和"保护神"。据 54 个矿山救护队的统计，1976 年至 1981 年共出动处理各类事故 1.2 万多次，经抢救脱险人员 4 860 人，抢运出设备上万台，派出 10 多万人次参加安全预防检查，发现事故隐患1.2 万多起，协助矿井解决事故 4 192 起。

据 1982—1986 年的不完全统计，全国煤矿救护队共处理各种事故 4 万余次，经抢救脱险人员 1.9 万余人，参加井下预防检查 241 万多人次，发现事故隐患 20.8 万余起，协助矿井及时排除事故 8.4 万多起。

据原中国统配煤矿总公司所属矿山救护队的不完全统计，1987—1992 年出动处理各种事故 2.5 万余次，经抢救脱险人员 1.3 万余人，参加井下预防检查 90 余万人次，发现事故隐患 77万余起，协助矿井排除事故 11 万余起。

据 1993—1995 年的不完全统计，全国煤矿救护队参加井下预防检查共 121 余万人次，发现事故隐患 47 万余起，非紧急出动 5.2 万余次，其中排放瓦斯 35 402 次，震动性放炮诱导突出值班 10 838 次，启封火区 3 389 次，参加反风演练 2 452 次，处理各种事故 16 182 次，经抢救脱险人员 7 162 人。

上述统计数字充分说明，矿山救护队在我国煤矿安全生产中做出个重大的、特殊的贡献。

此外，由于矿山救护队实行军事化管理，佩用氧气呼吸器等设备，有过硬的处理各种灾害的本领。因此，矿山救护队还经常走出矿井，走向社会，参加抗震救灾、地面消防和其他行业各种灾害的抢险救灾战斗。其中比较突出的有：参加唐山地抗震救灾战斗、处理南昌市老福山地下商场火灾事故、处理梨子园铁路隧道运油列车爆炸起火事故、处理焦作市汽年运输公司地面火灾事故、处理渡口市医院氯气罐漏气事故等。特别是 1998 年 7 月 13 日湘黔铁路镇远段朝阳坝隧道内发生货物列车液化气泄漏爆炸事故后，六枝矿务局救护大队与武警消防部队、煤气堵漏专家和铁路职工一起开展联合大会战，冒着液化气罐随时都会再次发生爆炸的危险，进行灭火、探险、排放洞内有害气体并陆续将液化气罐车全部拖出洞外，使一起重大液化气连续爆炸事故被安全排除。在铁道部、贵州省政府联合召开的表彰大会上，六枝局救护队被评为"有功单位"，8 名指战员被评为"有功人员"，并在中央电视台"新闻联播"中播出。这些抢险救灾战斗，不仅锻炼了队伍，减少了其他行业的事故损失，而且证明将我国煤矿救护队建成多功能队伍，走向社会，是完全可行的。

2.1.2　矿山救护队的组织管理

一、矿山救护队

1. 矿山救护队的工作性质

在煤矿生产过程中，经常受到瓦斯的燃烧、爆炸、煤与瓦斯突出、围岩冒落、冲击地压、水、火等灾害的威胁。矿山救护队的工作性质就是协助矿井预防这些灾害事故的发生，或这些灾害事故一旦发生后通过在特殊环境下（高温浓烟、缺氧，充满有毒有害气体等）进行作业来及时抢救遇险遇难人员，减小事故危害直至消灭事故。矿山救护队工作环境的特殊性决定了必须实行军事化管理；必须要求指战人员具有高度的政治觉悟、强烈的责任感和事业心；具有丰富的救护知识和抢险救灾实践经验；具有健壮的体质；具有熟练的救护仪器、装备使用和维护本领。

2 矿山救护队的工作原则

矿山救护队必须坚持"安全第一、预防为主、综合治理"的方针和"加强战备,严格训练,主动预防,积极抢救"的原则,切实做好矿井灾变事故预防和抢险救灾工作。具体的工作原则是在救护工作中,认真执行《安全生产法》《矿山安全法》《煤炭法》《煤矿安全监察条例》《煤矿安全规程》《矿山救护规程》的相关规定。矿山救护队在服务矿井发生事故时,要做到"闻警即到,速战能胜";矿山救护指战员在进行矿井安全预防检查和熟悉巷道工作时,要履行安全检查员的职责,检查出的问题要责令矿方"三定"处理,对于危及矿井安全生产的事故隐患要当场停止生产、撤出人员、协助整改。

3. 矿山救护队的任务

矿山救护队的任务矿山救护队是处理矿井水、火、瓦斯、煤尘、顶板等灾害的专业队伍。

矿山救护队的任务是:①抢救矿山遇险遇难人员;②处理矿山灾害事故;③参加危及井下人员安全的地面灭火工作;④参加排放瓦斯、震动爆破、启封火区、反风演练和其他需要佩戴氧气呼吸器的安全技术工作;⑤参加审查矿山应急预案,协助矿井搞好安全和消除事故隐患的工作;⑥负责兼职救护队的培训和业务指导工作;⑦协助矿井搞好职工的自救、互救和现场急救知识的教育。

兼职矿山救护队的任务是:①引导和救助遇险人员脱离灾区,协助专职矿山救护队积极抢救遇险遇难人员;②做好矿井事故的预防工作,控制和处理矿井初期事故;③参加需要佩戴氧气呼吸器的安全技术工作;④协助矿山救护队完成矿山事故救援工作;⑤搞好矿井职工自救与互救知识的宣传教育工作。

4. 矿山救护队的特点

矿山救护队是处理矿山灾害的专业队伍,矿山救护队员是矿山一线特种作业人员。矿山救护队的工作与矿山其他工作相比,有它本身的特殊性。其突出的特点如下:

(1)矿山救护队在矿井发生事故时,要做到"闻警即到,速战能胜"。大多数矿井事故是突发的,但要求事故抢救要及时有效,这就要求救护队平时要加强战备,严格训练,苦练基本功,战时才能做到"闻警即到,速战能胜"。

(2)矿山救护队实属战备单位,是为矿井安全生产服务的,除紧急出动处理事故和有计划的工作外,没有生产指标的要求,所以对它的管理只能用训练时的严格程度、业务技术的熟练程度、日常管理的细致程度以及在实战中的表现来衡量。

(3)救护队的工作性质特殊,对指战员的年龄、身体素质、技术素质、业务素质有很高的要求。同时,矿山救护队的日常工作比较枯燥,而处理事故过程又非常紧张、危险。稳定救护指战员思想,提高战备意识、风险意识,保证救护工作的连续性,是救护管理工作的一个重要环节。

(4)救护队工作具有明显的紧迫性和危险性。救护队接到事故电话后,不管何时、何地、何种恶劣气候,都必须立即出动。到达事故矿井后,必须立即积极地投入到抢险救灾第一线。这一工作特点,要求救护队昼夜值班,做到"闻警即到,速战能胜"。所谓的危险性,就是在处理事故时,会受到各种各样的安全威胁。返回驻地,不管多么疲劳,都必须整理装备,使其达到良好的救援准备状态。若不具备有高度的思想觉悟和自我牺牲的精神,是不能胜任这一工作的。

(5)救护队青年人多,约占2/3。青年人爱动、思想活跃,要不断地进行思想教育工作,把这些突出的特点正确地引导到救护工作上,充分发挥他们的工作积极性。

以上5个特点和矿山救护队的管理工作关系是非常密切的。管理工作若不适应这些特点和要求,就会脱离救护队的实际,造成思想混乱、纪律松懈、工作拖拉、队伍没有生机,同时也就失去了战斗力。

多年的实践经验证明,要把救护队建成一支特别能战斗的队伍,必须有一个团结战斗的领导班子,建立健全以岗位责任制为中心的各项规章制度,并严格搞好科学化管理等工作。

5.国家对矿山救护队实行资质认定

矿山救护队从事救援技术服务活动,必须进行资质认定,取得资质证书。

根据矿山救护队的编制、人员构成与素质、技术装备、训练与培训设施和救援业绩等条件,矿山救护队资质分为一级、二级、三级、四级。具体见表2-1-1。

表2-1-1　矿山救护队资质条件

等级 条件	一级资质	二级资质	三级资质	四级资质
一、 组织 机构	1.建队5年以上,具有10次以上成功救灾的经验。 2.大队不少于3个救护中队,各中队不少于3个救护小队,小队不少于9名救护队员。 3.坚持24小时值班制度,每天保证有值班小队和待机小队。 4.具有负责战备训练、调度指挥、装备管理、人员培训工作等职能机构。	1.建队3年以上,具有6次以上成功救灾的经验。 2.大队编制不少于2个救护中队,每个中队不少于3个救护小队;独立中队编制的不少于4个救护小队;每个救护小队不少于9名救护队员。 3.坚持24小时值班制度,每天保证有值班小队和待机小队。 4.具有负责战备训练、调度指挥、装备管理、人员培训工作等职能机构。	1.矿山救护队组建1年以上。 2.救护中队编制,不少于3个救护小队,每个救护小队不少于9名救护队员。 3.坚持24小时值班制度,每天保证有值班小队和待机小队。	1.救护队员不少于18人。 2.坚持24小时值班制度。
二、 队伍 素质	1.队长、副队长应熟悉矿山救护业务,从事矿山生产、安全、技术管理工作5年以上或矿山救护工作3年以上,能够佩戴氧气呼吸器。 2.技术负责人具有大专学历或中级职称。 3.救护大队队长、副队长的年龄不应超过55岁,中队队长、副队长不应超过45岁,队员年龄不应超过40周岁。 4.经过专业培训,队长、副队长取得资格证,救护队员取得合格证。	1.队长、副队长应熟悉矿山救护业务,从事矿山生产、安全、技术管理工作5年以上或矿山救护工作3年以上,能够佩戴氧气呼吸器。 2.技术负责人应具有中专以上学历或初级专业技术职称。 3.救护大队队长、副队长的年龄不应超过55岁,中队队长、副队长不应超过45岁,队员年龄不应超过40周岁。 4.经过专业培训,队长、副队长取得资格证,救护队员取得合格证。	1.队长、副队长应熟悉矿山救护业务,从事矿山生产、安全、技术管理工作5年以上或矿山救护工作3年以上,能够佩戴氧气呼吸器。 2.矿山救护队配备有技术负责人。 3.救护中队队长、副队长的年龄不应超过45岁,救护队员年龄不应超过40周岁。 4.经过专业培训,队长、副队长取得资格证,救护队员取得合格证。	1.队长、副队长应当熟悉矿山救护业务,具有相应的矿山专业知识,能够佩戴氧气呼吸器。 2.经过专业培训,救护队长、副队长取得资格证,救护队员取得合格证。

续表

等级 条件	一级资质	二级资质	三级资质	四级资质
三、 救护 装备	1. 所有队员配备使用了正压氧气呼吸器。 2. 大队配置有越野性能好,具有卫星定位与自动导航功能的矿山救护指挥车;中队配备有矿山救护指挥车和矿山救护装备车;每个救护小队配有1辆矿山救护车。 3. 建有气体分析化验室并配有分析化验车。 4. 配置值班录音电话、移动电话和多功能灾区电话。 5. 配有高压脉冲灭火装置、生命探测仪、便携式自动复苏机、多参数气体测定仪、救灾支护与破拆装置、惰气灭火装置或CO_2灭火装置。 6. 配有计算机、传真机、复印机、防爆摄像机、防爆照相机等信息设备,设专用电子信箱。	1. 有50%以上队员配备使用正压氧气呼吸器。 2. 大队所属救护中队不少于2辆矿山救护车;独立救护中队不少于4辆救护车。 3. 配置救灾录音电话、移动电话和多功能灾区电话。 4. 配有高压脉冲灭火装置、多参数气体测定仪、惰气灭火装置或CO_2灭火装置。 5. 配有计算机、传真机、复印机、防爆摄像机、防爆照相机等信息设备,设专用电子信箱。	1. 所有队员全部配备有氧气呼吸器; 2. 每个救护中队不少于2辆矿山救护车。 3. 配置救灾录音电话、移动电话和多功能灾区电话。 4. 配有多参数气体测定仪、高倍数泡沫灭火机。 5. 配有计算机、传真机、复印机等信息设备,设专用电子信箱。	1. 所有队员全部配备有氧气呼吸器。 2. 至少有1辆矿山救护车。 3. 配置救灾录音电话和多功能灾区电话。 4. 配有自动苏生器、灭火器具和气体检测仪器等。
四、 基础 设施	1. 具有调度室、会议室、值班休息室并配备相应设施及设备。 2. 具有可容纳40人以上的教室,配备电脑多媒体和投影仪等教学设备及设施。 3. 具有室内外训练场所、训练设施和综合训练器材。 4. 具有进行高温浓烟综合演练训练的地下演练巷道。 5. 具有面积不少于500 m^2 的室内救援训练与竞赛场馆。 6. 具有车库、器材库等设施。	1. 具有调度室、会议室、值班休息室并配备相应设施及设备。 2. 具有可容纳40人以上的教室,配备相应的培训设备及设施。 3. 具有室内外训练场所、训练设施和综合训练器材。 4. 具有进行高温浓烟综合演练训练的地下演练巷道。 5. 具有车库、器材库等设施。	1. 具有值班室,值班待机休息室并配备相应设施及设备。 2. 具有会议室、学习室、装备室。 3. 具有训练场所、训练设施和综合训练器材。 4. 具有车库、器材库等设施。	1. 具有值班室、值班休息室。 2. 具有装备室、战备器材库。 3. 具有训练场所、训练设施。

续表

等级条件	一级资质	二级资质	三级资质	四级资质
五、综合管理	1.实行准军事化管理，统一着装，佩戴矿山救援标志。 2.坚持开展标准化达标活动，救护队质量标准化不低于一级。 3.坚持组织开展矿山救援业务训练和技术竞赛。 4.坚持开展预防性安全检查，备有服务矿井的有关图纸资料。 5.救护经费有保障，为救护队从业人员办理有工伤社会保险和人身伤害意外保险。 6.实现安全救护，连续5年内未发生因违章指挥、违章作业而导致的救护队员伤亡事故。	1.实行准军事化管理，统一着装，佩戴矿山救援标志。 2.坚持开展标准化达标活动，救护队质量标准化不低于二级。 3.坚持组织开展矿山救援业务训练和技术竞赛。 4.坚持开展预防性安全检查，备有服务矿井的有关图纸资料。 5.救护经费有保障，为救护队从业人员办理有工伤社会保险和人身伤害意外保险。 6.实现安全救护，连续3年内未发生因违章指挥、违章作业而导致的救护队员伤亡事故。	1.实行准军事化管理，统一着装，佩戴矿山救援标志。 2.坚持开展标准化达标活动，救护队质量标准化不低于省级。 3.坚持参加矿山救援业务训练和技术竞赛。 4.救护经费有保障，为救护队从业人员办理有工伤社会保险和人身伤害意外保险。 5.坚持开展预防性安全检查，备有服务矿井的有关图纸资料。	1.实行准军事化管理，重大活动统一着装，佩戴矿山救援标志。 2.坚持参加矿山救援业务训练。 3.救护经费有保障，为救护队从业人员办理有工伤社会保险。 4.坚持开展预防性安全检查，备有服务矿井的有关图纸资料。

说明：1. 根据矿山救护队的编制、人员构成与素质、技术装备、训练与培训设施和救援业绩等条件，矿山救护队资质分为一级、二级、三级、四级。
2. 矿山救护队资质认定的基本单位为独立救护队，救护大队可以申请一级、二级资质，独立中队可以申请二级、三级资质，达不到救护中队编制的可申请四级资质。
3. 任何部门、单位、社会组织设立的为某一区域提供公共服务的矿山救护队应当申请三级以上资质。

二、矿山救护队的组织

1. 矿山救护大队

各矿区生产施工单位应以 100 km 为服务半径，合理划分为若干区域。在每个区域选择一个交通位置适中、战斗力较强的矿山救护队，作为重点建设的矿山救护中心，即区域矿山救护大队。区域矿山救护大队由 2 个以上中队组成，是完备的联合作战单位。

矿山救护大队是本区域的救灾专家、救护装备和演习训练中心，负责区域内矿井重大灾变事故的处理，对直属中队实行领导，并对区域内其他矿山救护队、兼职矿山救护队进行业务领导。

矿山救护大队设大队长 1 人，副大队长 2 人，总工程师 1 人，副总工程师 1 人，工程技术人员数人。矿山救护大队应设相应的管理及办事机构（如战训、后勤等），并配备必要的管理人员和医务人员。矿山救护大队指挥员的任命，应报省级矿山救援机构备案。

2. 矿山救护中队

矿山救护中队距服务矿井一般不超过 10 km 或行车时间一般不超过 15 min。矿山救护中队是独立作战的基层单位，由 3 个以上的小队组成，直属中队由 4 个以上的小队组成。

矿山救护中队设中队长 1 人、副中队长 2 人、工程技术人员 1 人。直属中队设中队长 1 人、副中队长 2~3 人,工程技术人员 1 人。配备必要的管理人员及汽车司机、机电维修、氧气充填、电台话务等人员。

小队是执行作战任务的最小战斗集体,由 9 人以上组成。小队设正、副队长各 1 人。

3.兼职矿山救护队

兼职矿山救护队应根据矿井的生产规模、自然条件、灾害情况确定编制,原则上应由 2 个以上的小队组成,每个小队由 9 人以上组成。兼职矿山救护队应设专职队长及专职仪器装备维修工,负责日常工作。兼职救护队直属矿长领导,业务上受矿总工程师(或技术负责人)和矿山救护队领导。

兼职矿山救护队员应由符合矿山救护队员条件,能够佩用氧气呼吸器的矿山生产、通风、机电、运输、安全等部门的骨干工人、工程技术人员和干部兼职组成。

4.矿山救护指战员

(1)矿山救护队大、中队长应由熟悉矿山业务,具有相应矿山专业知识,从事矿山生产、安全、技术管理工作 5 年以上的人员担任。

(2)矿山救护大队指战员年龄不应超过 55 岁,矿山救护中队指战员不应超过 45 岁,救护队员不应超过 40 岁,其中 35 岁以下队员保持在 2/3 以上。指战员每年进行一次体检,对身体不合格或超龄人员应及时调整。

(3)新招收的矿山救护队员,应具备初中以上文化程度,年龄在 25 周岁以下,从事井下工作 1 年以上。新矿山救护队员必须经过 3 个月的基础培训,再经 3 个月的编队实习,并综合考核合格后,才能成为正式矿山救护队员。

新招收的兼职救护队员必须经过 45 天救护知识培训,经考试合格,才能成为正式兼职救护队员。

(4)矿山救护队员,兼职救护队员每年必须 2 周的再培训和知识更新教育。

三、矿山救护队的管理

(一)矿山救护队的管理体制

实行正确的领导制度是现代化的工业企业管理的客观要求。建立科学的管理机构,是实现工作的组织保证。矿山救护队在发展、壮大过程中,在管理机构上已形成了一套固定的模式。此模式在救护实践中证明是科学的,对提高队伍的战斗力实现有效救援也是非常有效的。

矿山救护队是基层党组织领导下的队长负责制。基层党组织领导下的队长负责制,就是把单位基层党组织的集体领导和行政业务工作上的队长个人分工负责正确地结合起来。基层党组织实行集体领导的原则,所谓集体领导就是一切重要问题均须交委员会讨论,然后分别执行。在实行党组织集体领导的同时,要由个人负责,两者必须结合起来。

1.基层党组织的领导责任

基层党组织行政业务工作的领导责任主要表现在以下 3 个方面:

(1)贯彻执行党的路线、方针、政策,保证全面完成救护工作计划和上级布置的工作任务。

(2)讨论和决定行政业务中的重大问题。所谓重大问题是指党的路线、方针、政策的贯彻执行问题;指国家、单位、职工三者之间的利益结合问题和矿山救护队的实际问题,具体包括:①长远规划、年度计划及实施计划措施;②技术革新及技术装备的更新改造;③本队发展、基本建设计划和方案;④劳动工资、奖励、生活福利等方面的重大问题;⑤主要规章制度的建立、修改和废除;⑥管理机构的设置和调整;⑦本队经费计划及经费使用等。

（3）检查和监督各级行政领导人员,以及本队基层党组织的决议和上级政策的执行情况。

2. 队长对救护队的行政业务工作全面负责

队长对救护队的行政业务工作要全面负责,它包括以下两个方面:

（1）基层党组织对救护队的行政业务重大问题的决议,由队长全权负责贯彻执行;日常的行政业务工作,由队长分工负责处理;对行政业务中的问题,队长有决定权。

（2）在救护队系统指挥中,副队长、总工程师是队长的助手,在队长的领导下负责一个方面的工作。

执行基层党组织领导下的队长负责制应注意以下问题:

①基层党组织在上级党委的领导下,做好队内的党务工作、思想政治教育工作,对队内的行政业务工作起到监督保证作用,不要以党代政。

②队长要自觉地接受和维护党组织的领导,定期报告工作,取得党组织的支持,并敢于负责,注意发挥副职、工程技术人员和各级行政领导的作用。

③领导干部必须努力学习,钻研业务技术,坚决贯彻执行党的方针、路线、政策,遵守党纪国法,大公无私,艰苦奋斗,结合本队实际情况学习科学技术和管理知识,以适应救护技术、装备现代化的要求。

3. 矿山救护队的管理层次

目前,我国矿山救护队根据自己的工作特点,一般分为 3 个层次进行管理,即矿山救护大队、矿山救护中队及小队三级管理。

矿山救护队要根据队伍自身的规模、装备水平、基础设施建设、服务对象以及功能来确定管理模式和管理内容。正确处理各个管理层次的分工关系,明确、具体、详尽地规定每一管理层次的职责和权限。确定管理层次的职责权限时,要注意以下 4 个问题:

（1）职责和权限必须协调一致。既要明确规定每一管理层次应负的管理职责,又要赋予完成这一职责所不可缺少的管理权限。职责与权限必须统一。

（2）有令即行、统一指挥。矿山救护队是一支专业化的队伍,处理矿井事故时是在非正常环境中工作,工作中往往带有一定的危险性,为了战胜事故,救护指战员要养成服从命令、听从指挥的军人素质,在行动中必须做到有令即行,有禁必止。为了保证命令和指挥的统一,一般下级机构只能接受一个上级的命令和指挥,不能多头指挥。例如,小队长只能接受本队中队长的指挥,中队长听从大队长或副大队长的指挥,大队长或副大队长一般不直接指挥小队长进行工作,副职在正职领导下进行工作,对正职负责。一般情况下不应当越级指挥。

（3）上下级之间实行合理分工,对于常规的业务管理工作,应当交给副职去处理,只有遇到特殊情况下,才由主管领导来处理。这种上、下级之间的合理分工,既有利于主管领导摆脱日常事务,专心致志地研究全局性的管理问题,又有利于副职积极地工作。

（4）集权和分权相结合,实行"统一领导,分级管理"的原则。把集权和分权正确地结合起来,是一种积极的管理办法。凡关系到救护队全局性的工作,应当在队务会议上决定。如救护工作方针的制订,财务经费计划,规章制度的制订和修改,机构的变更,人员调动和分配等;同时又要有管理权力的适当分散,使各级都有一定的管理权限和相应的管理责任。

（二）矿山救护队制度建设

矿山救护队的管理就是对整个救护工作活动进行预测和计划、组织和指挥、监督和控制、教育和激励、创新和改造。管理的目标就是把救护队建成一支思想革命化、行动军事化、管理科学化、装备系列化、技术现代化的特别的战斗队伍。矿山救护队要按组织机构进行分级管理,工作中要求做到统一指挥、统一行动、令行禁止。

1. 加强管理、健全管理制度是搞好救护工作的关键和基础

搞好管理的前提条件就是在一个科学管理机构的基础上,根据机构和人员配备,按照管理层次进行科学分工,明确划分职责范围,进行系统管理,并建立健全以岗位责任制为基础的各项管理制度,实行责、权、利相统一的目标管理。矿山救护队主要建立以下17项管理制度:

(1)昼夜值班制度。对值班工作标准、值班人数、活动范围、作息时间、工作内容以及闻警出动程序等内容作出规定。

(2)交接班制度。对交接班时间、内容、形式、装备检查、负责人等相关内容作出规定。

(3)值班工作制度。在昼夜值班制度的基础上对值班小队和值班指挥员在值班期间的工作要求,发生事故后的出动要求,以及作为第一出动小队到达事故现场后的工作要求作出具体规定。

(4)待机工作制度。对指战员在队内待机岗位的工作要求,发生事故后转入值班的程序,随同值班队出动的事故类别、出动要求,以及在事故现场担负待机任务的职责作出规定。

(5)技术装备的检查、维护、保养制度。根据装备的种类和使用要求对装备检查、维护、保养期限,负责人(或单位),装备的战备标准,保养原则,以及确认方法作出规定。

(6)学习和训练制度。对矿山救护理论、技能、仪器装备,以及体能训练的日常学习(训练)时间、周期、内容、队员的掌握标准和考核办法作出规定。

(7)考勤制度。对指战员的上岗时间、上岗要求及在岗情况确认方式,请假、外出的特殊要求等作出规定,确保战备人数。

(8)安全管理制度。对指战员在上下班、上岗、出动过程中,以及抢险救灾期间应注意的安全问题和安全工作要求作出规定。

(9)战后总结讲评制度。对事故抢救全过程、一个阶段工作或某一项工作进行总结讲评的具体情况、内容、时间、要求,以及表扬、批评的范围作出规定。

(10)下井预防检查制度。对每一个矿山救护中队预防检查的地域,检查次数,检查周期,检查内容,针对不同矿井所携带的装备工具,小队分工,检查问题的汇报要求,图纸绘制要求作出规定。

(11)内务卫生管理制度。对内务卫生分工,清理标准、次数、周期,检查方法,负责人等作出规定。

(12)材料装备库房管理制度。对装备、材料的储备数量,放置标准,灯光、卫生标准,防火、防盗,检查周期、次数和负责人,出入库程序等作出规定。

(13)车辆管理使用制度。对车辆的完好状况,油量、水量、灯光,以及维护保养周期,负责人,车辆出动要求作出规定。

(14)计划财务管理制度。根据单位实际需要,对救护队资金、财务、工资等计划的周期、内容、使用以及日常管理作出规定。

(15)会议制度。对矿山救护队应召开的各类会议的召集人、召集单位、时间、周期、会议内容、达到的目的作出规定。

(16)评比检查制度。对矿山救护队日常业务、装备维护保养、内务管理、标准化等检查周

期、负责人、检查形式、评比办法作出规定。

（17）奖惩制度。对在抢险救灾中以及日常管理中作出贡献的集体或个人的奖励范围、形式，以及对违反规定的行为的处罚额度、形式作出规定。

2. 强化岗位责任

《矿山救护规程》对矿山救护队主要岗位和主要工种的职责作出了明确规定。

1）救护队指战员的一般职责

①热爱矿山救护工作，全心全意为矿山安全生产服务。

②发扬英勇顽强、吃苦耐劳、舍己为公、不怕牺牲的精神。

③积极参加科学文化、业务技术学习，加强体质锻炼，苦练基本功。

④自觉遵守《安全生产法》《矿山安全法》《煤矿安全规程》《矿山救护规程》等法规和各项规章制度，制止违章作业，拒绝违章指挥。

⑤爱护公共财产，厉行节约，爱护救护仪器装备，认真做好仪器装备的维修保养工作，使其保持完好的救援准备状态。

⑥按规定参加战备值班工作，坚守岗位，随时做好出动准备。

⑦服从命令，听从指挥，积极主动完成各项工作任务。

2）大队长的职责

①对大队的救援准备与行动，技术培训与训练，日常管理等工作全面负责。

②组织制订大队长远、年度、季度和月度计划，并定期进行布置、检查、总结、评比等各项工作。

③负责组织全大队的矿山救护业务活动。

④处理事故时的具体职责是：及时带队出发到事故矿井；在事故矿井，负责矿山救护队具体工作的组织，必要时亲自带领救护队下井进行矿山救护工作；参加抢救指挥部的工作，参与制订事故处理方案，并组织制订矿山救护队的行动计划和安全技术措施；掌握矿山救护工作进度，合理组织和调动战斗力量，保证救护任务的完成；根据灾情变化与指挥部总指挥研究变更事故处理方案。

3）副大队长的职责

①协助大队长工作，主管救援准备及行动、技术训练和后勤工作，当大队长不在时，履行大队长职责。

②处理事故时具体职责是：根据需要带领救护队进入灾区抢险救灾，确定和建立井下救灾基地，准备救护器材，建立通讯联系；经常了解井下处理事故的进展，及时向抢救指挥部报告井下救护工作进展情况；当大队长不在或工作需要时，代替大队长领导矿山救护工作。

4）大队总工程师的职责

①在大队长领导下，对大队的技术工作全面负责。

②组织编制大队训练计划，负责指战员的技术教育。

③参与审查各服务矿井的矿井应急救援预案或应急预案。

④组织科研、技术革新、技术咨询及新技术、新装备的推广应用等工作。

⑤负责处理事故和技术工作总结的审定工作。

⑥处理事故时的具体职责是：参与抢救指挥部处理事故方案的制订；和大队长一起制订矿山救护队的行动计划和安全技术措施，协助大队长指挥矿山救护工作；采取科学手段和可行的

技术措施,加快处理事故的进程;需要时根据抢救指挥部的命令,担任矿山救护工作的领导;大队副总工程师协助总工程师工作,当总工程师不在时,履行总工程师职责。

5)中队长的职责

①负责本中队的全面领导工作。

②根据大队的工作计划,结合本中队情况制订实施计划,开展各项工作,并负责总结评比。

③处理事故时的具体职责是:接到出动命令后,立即带领本中队指战员赶赴事故矿井,担负中队作战工作的领导;到达事故矿井后,命令各小队做好下井准备,同时了解事故情况,向抢救指挥部领取救护任务,制订中队行动计划并向各小队下达战斗任务;在救援指挥部尚未成立、无人负责的特殊条件下,可根据矿井应急救援预案或应急预案及事故实际情况,立即开展救护工作;向小队布置任务时,要讲明事故的情况,完成任务的方法、时间,应补充的装备、工具和所采取的措施以及救护时应注意的事项等;在整个救护工作过程中,与工作小队保持经常联系,掌握工作进程,向工作小队及时供应装备和物资;必要时,下井领导小队去完成任务;需要时,及时召请其他救护队协同完成救护任务。

6)副中队长的职责

①协助中队长工作,主管救援准备、技术训练和后勤管理。当中队长不在时,履行中队长的职责。

②处理事故时的具体职责是:在事故救援时,直接在井下领导一个或几个小队从事救护工作;及时向抢救指挥部报告所掌握的事故处理情况;当中队长不在时,代理中队长的工作。

7)中队技术人员的职责

①在中队长领导下,全面负责中队的技术工作。

②处理事故时的具体职责是:协助中队长做好处理事故的技术工作;协助中队长制订中队救护工作的行动计划和安全措施;记录事故处理经过及为完成任务而采取的一切措施;了解事故的处理情况并提出修改补充建议;当正、副中队长不在时,担负起中队作战的指挥工作。

8)小队长的职责

①负责小队的全面工作,带领小队完成上级交给的任务。

②领导并组织小队的学习和训练,搞好日常管理和救援准备工作。

③处理事故时的具体职责是:小队长是小队的直接领导,负责指挥本小队的一切战斗行动,带领全小队完成作战任务;了解并向队员讲解本中队和本小队的救护任务;告知队员井上、下基地及抢救指挥部的位置;利用各种方式与布置任务的指挥员或抢救指挥部保持经常联系;领导队员做好战前检查和下井准备工作;进入灾区前,确定在灾区作业的时间和根据队员氧气呼吸器最低氧气压力确定撤离灾区的时间;在井下工作时,必须注意队员的疲劳程度,指导正确使用救护装备,检查队员氧气呼吸器的氧气消耗;如果小队队员中有人自我感觉不良、氧气呼吸器发生故障或受到伤害,应组织全小队人员立即撤出灾区;带领小队退出灾区后,确定摘掉氧气呼吸器面罩(或口具)的地点;从灾区撤出后,应立即向指挥员报告小队任务完成情况和灾区情况。

9)副小队长的职责

①办助小队长工作,当小队长不在时,履行小队长职责并指定临时副小队长。

②处理事故时,是小队长的助手;当小队长不在时,行使小队长指挥本小队一切战斗行动的职责。

10）队员的职责

①遵守纪律、听从指挥,积极主动地完成领导分配的各项任务。

②保养好技术装备,使之达到救援准备标准要求。

③积极参加学习和技术、体质训练,不断提高思想、技术、业务、身体素质。

④处理事故时的具体职责是:在处理事故时,应迅速而正确地完成指挥员的命令,并与之保持经常的联系;了解本队的战斗任务,并熟练运用自己的技术装备去努力完成;积极救助遇险人员和消灭事故;在行进或作业时,要时刻注意周围的情况,发现异常现象立即报告小队长;注意自己仪器的工作情况和氧气呼吸器的氧气压力,发生故障及时报告小队长;在工作中帮助同志,在执行任务时不准单独离开小队;撤出矿井后,要迅速整理好氧气呼吸器及个人分管的装备;根据指挥员的命令,在事故处理时担任电话值班员、通信员、安全岗哨等,履行队员的特别职责。

11）电话值班员的职责

电话值班是救护工作的重要岗位之一,电话值班员由救护队员轮流担任。电话值班员的职责是:

①集中精力,时刻守在电话机旁,不做无关事务。

②听清、记清事故召请电话,做好填写记录,及时传达各种命令。

③发出事故警报并向领队指挥员报告。

④在井下值班时,保持同工作小队和抢救指挥部的联系,并向抢救指挥部报告救护工作小队的停留地点和工作情况。

12）通信员的职责

为保证指挥部同井下基地和井下工作小队的联系,应派熟悉井下巷道情况的队员担任通信员。通信员的职责是:

①知道指挥员的位置和指挥部地面基地、井下基地的所在地。

②在接受指挥员的命令时,应复述一遍,无误后再进行传达。

③完成通信任务后,应向派遣他的指挥员报告任务完成情况。

13）站岗队员的职责

处理事故时,安全岗哨由救护队员担任。站岗队员的派遣和撤离由井下基地的指挥员决定。站岗队员除有最低限度的个人装备外,还应配有各种气体检测仪器。站岗队员的职责是:

①阻止未佩戴氧气呼吸器的人员进入有害气体积聚的巷道和危险地区,阻止佩戴氧气呼吸器的人员单独行动。

②将从有害气体积聚的巷道中出来的人员引入新鲜风流地区,必要时施行急救。

③观测、守卫巷道的情况,并将变化情况(包括有害气体及烟雾的变化)迅速报告抢救指挥部。

14）作战汽车司机的职责

①保证汽车经常处于良好状态。

②坚守岗位,保证按规定的时间出车。

③严格遵守交通规则,保证安全、迅速地将指战员送到事故矿井。

④汽车停在事故矿井时,经常处于出发状态,并负责保管汽车上的装备。

⑤返回驻地后,及时检修车辆,使其保持战备状态。

15）矿山救护队其他工种的职责

矿山救护队的机电修理工、氧气充填工、医生、电台话务员、仓库保管员等人员，都应以救护工作为中心开展各项工作，在相应的职责范围内确保救护工作的完成。

（三）规范日常工作管理

矿山救护队的管理要做到牌板化，使指战员每天能够直观地学习各种岗位职责和工作标准，动态地反映每个小队、每个人的综合工作业绩，营造军事化管理的氛围。同时要注重资料的管理、完善各种记录，随着电子计算机的推广应用，要逐步实现无纸化办公，计算机信息管理。日常管理中必备的资料有：

①各项工作、各种会议记录。

②服务矿区交通图和矿山救护队到达各矿的距离和行车时间表。

③服务矿井的灾害预防及处理计划或应急预案。

④服务矿井的通风系统图。

⑤事故总结、技术资料、图纸等。

为了加强救护业务技术的管理，应建立以下几种记录簿，反映日常管理行为，记录每天的工作动态，为总结、评比、不断推陈出新做准备，并由值班队长或分管队长认真及时填写。

①矿山救护工作日志。

②技术装备检查维护登记簿。

③交接班登记簿。

④学习训练情况和考核登记簿。

⑤事故处理记录簿。

⑥预防检查登记簿。

⑦会议记录。

⑧材料消耗登记簿。

⑨好人好事登记簿。

⑩安全技术工作登记簿。

为实现矿井事故的快速抢救，协调调度矿山救护力量，反馈抢险救灾和日常工作信息，矿山救护大队应建立调度室，中队应建立电话值班室，在调度室和值班室应装备可以直通煤矿和抢险救灾指挥中心的普通电话机，专用录音电话机，事故调度盘，矿井位置、交通显示图，计时钟表，事故紧急出动报警装置等设备和图板，以及调度记录台账和救灾任务通知单。

2.2.3 矿山救护队的军事化管理

一、军事化概述

1. 军事化管理

军事化管理强调严格、科学、高效管理。我国军事化管理摸索出许多成功经验，既有深厚的中华文化积淀，又体现了鲜明的时代特色。要求：三治、三智、三千、三性、三支队伍、四个能力、四个管住，即"严治"使人不能违纪违法；"法治"使人不敢违纪违法；"德治"使人不想违纪违法。小智者治事；大智者治人；睿智者治法（管理者要做"睿智者"）。千军万马抓主官；千头万绪抓根本；千方百计抓落实。管理工作坚持原则性；管理工作允许灵活性；管理工作绝对不允许随意性。发挥军官在管理中的主导作用；发挥士官在管理中的骨干作用；发挥义务兵在管理中的参与作用。要提高管理者运用条令、条例带兵的能力;要提高管理者发现问题和解决问题的能力;要提高管理者严格管理与说明教育相结合的能力;要提高管理者做好个别人思想转化的能力。自己管住自己;党委管住成员;正职管住副职;上级管住下级。

军队军事化管理有 4 个特征:以人为本的民主管理;以法律、法规、规章为依据的法制化管理;科学高效的信息化管理。军队军事化管理理论的基本点:坚持党对军队绝对领导的根本原则和根本制度;坚持军队的基础在士兵的根本原则;坚持从严治军和依法治军的基本方针;坚持严格管理和说明教育相结合的基本方法。军队军事化管理要坚持以下基本原则:依法从严的原则;集中统一的原则;官兵一致的原则;说明教育的原则;按级负责的原则;发扬民主的原则;教养一致的原则;以身作则的原则。军队军事化管理的基本规律:以战斗力为标准;以人员管理为重点;以条令、条例为依据;以作风纪律为核心。军队军事化管理的基本理念:以人为本的理念;以战为本的理念;以法为本的理念;科技为本的理念;以实为本的理念。军事化管理的基本思路:认识要到位;组织要严密;制度要落实;方法要科学。军事化管理强调军事管理创新,主要从以下方面入手:精确管理、素质管理、和谐管理、危机管理、源头管理。

2. 队伍正规化建设

正规化就是以实行统一的指挥、制度、编制、纪律、训练,加强组织性、计划性、准确性、纪律性,建立正规的战备、训练、工作、生活秩序为基本内容,用以条令、条例为主体的法规制度规范军队的各个方面,建立起适应建设信息化军队,打赢信息化战争的组织机构和运行机制。

正规化建设的标准:高度的集中统一;科学合理的体制、编制;完备的法规制度;严整的军容;优良的作风;严明的纪律;正规的秩序。正规化强调统一性、规范性、有序性。正规化建设在军事化管理中的地位十分突出。正规化是军事化建设不可违背的客观规律;正规化建设关系着革命化现代化建设的全面发展;正规化建设关系着军队的形象和战斗力的巩固与提高;正规化建设关系着国防的巩固与党和国家的生死存亡。

实行正规化离不开严格的训练、科学的管理、持久的养成、认真贯彻执行法规制度。

3. 准军事化管理

准军事化管理的内涵与实质是:学习解放军的好思想、好作风、好传统,以严格、规范、统一、高效为特征,建立科学合理、运转协调、具有矿山救援特色的新机制。全面提高矿山救援队伍的整体素质,树立矿山救援队伍的良好形象,形成矿山救援队伍坚强的战斗力。

实行准军事化管理是全面贯彻落实"科学决策,安全施救"指导思想的必然要求,是确保应急救援体制高效运转的必然选择。矿山救援事业成也在人,败也在人,关键在人。实行准军事化管理是一项长期而复杂的系统工程,推行准军事化管理,认识是基础,军训是入门,制度是核心,结合是关键,养成是根本。实行准军事化管理应贯穿于矿山救援工作的全过程。不仅仅局限于队容举止、工作、生活等制度和形式,更重要的是通过制度和形式建立规范的工作秩序。

二、军事化矿山救护队的队容风纪

1. 着装

军事化矿山救护的指战员必须按规定着装下列规定:并保持队容严整。着制式服装时,要遵守下列规定:

①按照规定佩戴帽徽、肩章、领花及有关符号。

②军事化矿山救护队指战员的大檐帽前缘与眉同高,大檐帽的风带不用时,应拉紧并保持水平。从事矿山救护队管理工作的女同志的大檐帽,应稍向后倾。绒(皮)帽护脑下缘距眉约

1.5 cm(女同志约4.5 cm)。大檐帽松紧带不使用时,不得露于帽外,不准戴便帽。

③扣好领钩、衣扣,不得披衣、敞怀、挽袖、卷裤腿。冬夏季服装和毛、布料服不得混穿,内衣下摆不得外露,指挥员着礼服、夏秋服时必须内着制式衬衫。战斗服(工作服)只限于处理事故、训练、体力劳动时穿。

④不得在制式服装外罩便服,不准围围巾。

⑤通常应着制式队鞋,着便鞋(凉鞋)时,只准穿黑、灰、棕色鞋,鞋跟高度(指战员)不超过3 cm,从事管理工作的女同志鞋跟不超过4 cm。除工作需要外,不准着拖鞋。

⑥季节换装的时间和着装要求,由各救护队统一规定。

⑦参加队列训练、检阅、比赛时,要扎腰带,其他场合和时间可不扎腰带。特殊情况需要扎腰带时,由区域救护大队以上单位领导、指挥员决定。

担负着生产、勤杂及服务于救护第一线的其他人员,工作时间应着工作服或便服。救护指战员非因公外出,从事救护管理工作的女同志在怀孕期间及其他勤杂人员外出采购时,应着便服。战斗员探亲期间可着便服。指挥员乘公共汽车或骑自行车上下班时,往返途中可着便服。矿山救护队的制式服装不准变卖,不得擅自拆改或借给非矿山救护人员。指战员因工作需要调离救护系统或服役合同期满时,帽徽、肩章、领花和有关的符号一律上交。

2.仪容

军事化矿山救护指战员不准留大包头、大鬓角和胡须,蓄发不得露于帽外,帽檐下发长不得超过1.5 cm。女同志发辫不得过肩,不准烫发。区域救护大队以上的领导可在规定的发型内决定所属人员蓄一种或几种发型。从事管理工作的女救护指战员着制式服装时,不准戴耳环、项链、领饰、戒指等饰物,不得描眉、涂口红、擦胭脂、染指甲,除工作需要和眼病外,不准戴有色眼镜,不准文身。救护指战员只准佩戴国家和本系统内统一颁发的饰物,不得描眉、涂口红、擦胭脂、染指甲,除工作需要和眼病外,不准戴有色眼镜,不准文身。救护指战员只准佩戴国家和本系统内统一颁发的勋章、奖章、证章、纪念章,不准佩戴其他徽章。

3.称呼和举止

救护指战员之间通常称职务,或姓名加职务、职务加同志、姓名加同志。上级对部属和下级以及同级间的称呼,可称姓名或姓名加同志。在公共场所和不知道对方职务时可称队衔加同志或同志。战斗员听到指挥员呼唤自己时,应立即回答"到"。在领受口述命令、指示后,应回答"是"。战斗员进入指挥员室内前,要喊"报告"或敲门,进入同级或其他人员室内前,应敲门,经允许后方可进入。救护指战员在室内要脱帽。因特殊情况不适宜脱帽时,由在场的最高指挥员临时规定。救护指战员必须举止端正,精神振作,姿势良好。不准袖手、背手和将手插入衣袋,不准边走边吸烟、吃东西、扇扇子,不得搭肩挽臂。救护指战员外出,必须遵守公共秩序和交通规则,尊重社会公德,自觉维护矿山救护队的声誉。不准围集街头,不准嬉笑打闹,不准携带违禁物品。乘坐车、船和飞机时,要按次序上下,不准争抢座位。乘坐公共汽车、电车时,主动给上级、老人、幼童、孕妇和伤、病、残人员让座。救护指战员不准擅自参加地方组织的舞会,不准酗酒、赌博、参加迷信活动。救护指战员参加集合、晚会时,必须按规定的时间和顺序入场,按指定的位置就座,遵守会场秩序,不迟到早退。散会时,依次退场。救护指战员不准着制式服装摆摊设点,叫买叫卖,不准以军事化矿山救护指战员的名义、肖像做商业广告。

4.队容风纪的检查

军事化矿山区域救护大队要设置队容风纪检查机构或指定单位负责。对违反队容风纪规定者,应当令其立即改正,对不服从纠察和严重违反队容风纪者,应给予批评教育,必要时予以扣留并通知所在单位负责人领回严肃处理。

三、军事列队训练

1.军事训练的目的和要求

①通过训练,提高救护指战员的军事素质和修养;

②严肃队容风纪,提高组织性、纪律性,增强战斗力;

③指战员参加军训时,要严格要求自己,认真操练,服从命令,听从指挥。

各级指挥员必须进行军事口令的训练。训练的具体内容和要求,按照矿山救护队军事规范的规定执行。队列操练要求全队人员参加,着装统一整齐,队列操练由领队指挥员在场外整理队伍,跑步进入场地内开始至各项操作完毕。领队指挥员向首长请示后,将队伍跑步带出场地结束。指挥员在带领队伍操练中要做到姿态端正,精神振作,动作准确熟练,口令准确、清晰、洪亮。有关规定及说明:纵队跑步从入口处进场,进场后停止在出口侧;进行间队列操练时,进行距离不少于10 m;纵队跑步出场。在各项操练过程中,不许再分项布置任务与提示动作要求。

2.具体操作步骤

①指挥员整理队伍后,从入口处把队伍跑步带入场地内,在出口侧立正、看齐。

②领取、布置任务。领队指挥员整好队伍后应跑步到首长处报告及领取任务,再返回向队列人员布置任务。报告前和领取任务后应向首长举手礼。领队指挥员在报告和向队列人员布置任务时,队列队员成立正姿势,不允许做其他动作。指挥员报告词:"报告!××救护队,操练队列集合完毕,请首长指示,报告人:队长××。"首长指示词:"请操练!"接受指示后问答:"是!"行礼后同到队列前。领队指挥员返回后可向队列人员简要布置操练的项目等。

③解散。队列人员听到口令后要迅速离开原位散开。

④集合(横队)。全队人员听到集合预令,应原地面向指挥员成立正姿势站好。听到动令,应跑步按口令集合(凡在指挥员后侧的人员均从指挥员右侧绕行)。

⑤立正、稍息。按要领要求分别操练,姿势正确,动作整齐一致。

⑥整齐。向右看齐、向左看齐、向中看齐。在整齐时,先统一整理服装一次(整理队帽、上口袋盖、军用腰带、下口袋盖等)。

⑦报数。报数时要短促、洪亮、转头(最后一名不转头);报数要准确。

⑧停止间转法。向右转、向左转、向后转、半面向右转、半面向左转动作要准确,整齐一致。

⑨齐步走(横队)。队列排面整齐,步伐一致。

⑩正步走(横队)。队列排面整齐,步伐一致。

⑪跑步走(横队)。队列排面整齐,步伐一致。

⑫立定。在齐步走、正步走、跑步走时分别做立定动作,动作要整齐一致。

⑬步伐变换。齐步走变跑步、跑步变齐步、齐步变正步、正步变齐步按要领规定,排面整齐,步伐一致。

⑭行进间转法。均在齐步走时向右转走、向左转走、向后转走,队列排面要整齐,步伐一致。

⑮纵队方向变换。停止间左转弯齐步走,停止间右转弯齐步走,行进间右转弯齐步走,行进间左转弯齐步走,队列排面要整齐,步伐一致。

⑯队列敬礼(停止间)排面要整齐,动作一致。指挥员口令:"半面向左转,敬礼!礼毕。敬礼!礼毕。"指挥员向首长请示完后,跑回队列前,把队伍带出场地。

2.1.4 矿山救护队的计划管理

矿山救护队的各项工作,是按本行业的要求和需要,制订出自己的工作方向。具体来说,就是计划安排,通过计划的落实来实现其发展的目的。

一、计划管理的重要性

计划管理是社会发展的产物,矿山救护队的计划管理是煤炭事业发展的需要,它的重要性将随着救护技术、装备的现代化而愈来愈突出,它要求救护队必须有一个统一周密的计划来指导各项工作的开展。

矿山救护队要想达到有条不紊的发展,必须有一个合理的计划。没有计划,现代化的救护工作就不可能搞好。工作中出现的盲目性,混乱状态,是计划不周或无计划的结果。因此说,计划管理是救护工作活动的实质,救护队各项工作的开展,必须按照救护队工作特点,用计划组织起来,协调工作,完成救护事业的发展目标。

二、长远规划

长远规划,一般指 3 年以上的规划。我国制订的 5 年发展计划,以 5 年一个阶梯的发展。60 年来,使新中国成立初一穷二白的国家,已逐步走向小康。有计划方有奋斗方向,没有计划则视为盲目。矿山救护队的长远规划,就是矿山救护队的奋斗方向。

1. 长远规划的意义

在救护队计划管理工作中,编制长远规划有其重要意义。这就是说,救护队在一定时期内的发展方向,主要业务技术水平应达到的目标,激发救护指战员有的放矢地工作,使其成为推动救护工作的动力。

2. 长远规划的内容和要求

①随着我国现代化建设的需要,作为我国主要能源的煤炭工业会得到迅速发展。为确保煤矿安全生产,矿山救护队的建设相应要发展壮大。因此,救护队的长远规划应根据本矿区的发展来制订。

②为提高救护队的战斗力及抗灾能力,增加处理事故的手段,需要有技术革新和引进新技术及先进设备的项目。

③为巩固队伍和发展队伍,要把精神文明和物质文明纳入规划。

④将安全文化的理念引入矿山救护队伍的管理工作中,推行科学化、精细化、规范化管理,培育具有矿山救护队自身特色的管理文化。

三、年度计划

年度计划,是具体指导救护工作活动的重要计划形式,是年度内工作行动的纲领。因此,在制订年度计划时,要慎重细致、全面,年度计划的内容及要求如下:

1. 队伍建设计划

矿山救护队是一支综合队伍,由救护指战员和后勤人员组成。对指战员的具体素质要求很强,每年要有体格检查计划,对不合格队员要进行调整、对指战员的年龄、身体状况、技术水平、思想表现进行摸底,填写指战员服务卡,并存入档案。矿山救护队 35 岁以下队员经常保持 2/3,以保持救护队员的年轻化。因此,救护力量的调整计划几乎年年有。

根据矿区的发展和救护网点布置的需要,如果增设新中队,应向有关部门提出申请,计划投资,组织培训,购置救护仪器及装备等。

2. 教育与培训计划

根据矿山救护队的性质,每年应制订出切实可行的教育与训练计划,要有明确的目的和要求,具体要做到年有计划,季有安排,月有图表,并建立考核检查记录。

3. 技术装备管理计划

①矿山救护队的装备,即大队、中队和指战员个人装备,每年都要进行定期检查,掌握现有装备的数量及完好状况,建立装备使用档案。

②对在用装备的使用管理,要达到维护标准要求;对各类装备的合格率要提出明确要求,要制订出装备使用管理责任制。

③技术装备的更新及备品、备件的补充;每年都要有计划;报废的设备要及时提出报告,以免延误战机。

④建立健全技术装备、备品、备件领用制度。库房要干净卫生,设备存放要整齐,做到账、卡、物三统一。

4. 矿井预防检查计划

矿山救护队必须有计划地对所服务的矿井进行预防性的检查,坚持"加强战备、严格训练、主动预防、积极抢救"的原则。要把这一工作作为矿山救护队的日常工作认真去抓。

5. 内务管理计划

内务工作管理的好坏,体现在一个救护队的面貌上,从一个队的环境布局、队部的管理,就能看出一个队的领导善不善于管理。如果在管理上杂乱无章,这个队的战斗力一定很差。所以,不重视内务管理工作或忽视内务管理工作,都要影响整个队伍的建设;相反,内务管理搞好了,给指战员创造一个舒适的学习、工作、休息环境,人心舒畅,工作才有干劲。总之,只有把内务管理、精神文明搞好了,队伍的素质才能提高。

6. 劳动工资及财务计划

矿山救护队的基本工资及附加工资,应根据在职职工人数作出全年劳动工资计划。财务计划包括:办公费、差旅费、烤火费、书报费、汽车养路费、设备购置费、劳保福利费、技术措施费、车辆修理费、石油购置费,以及其他费用等,应作出年度计划,报上级财务部门审批拨款。

7. 设备维修计划

编制设备维修计划的目的,是使所有技术装备处于良好状态,充分发挥设备的效能,保证救护工作顺利进行。在设备维修计划中,要规定设备维修的种类,如大修、中修、小修的工作量,备品、备件的需要量,以及修理所需的资金等。

季度计划是根据年度计划的安排制订的,它比年度计划更具体,更详细,它的作用是指导一个季度的工作,也就是说,该季度应完成的计划。

根据季度计划,作出月"工作日程图表",就是把救护队每天所做的工作填写入图表,有条不紊地组织实施。"工作日程图表"对季度和年度计划的实施起到保证作用,这一形式便于救护工作的组织领导和开展日常工作。

2.1.5 矿山救护队的技术管理

矿山救护队工作的特殊性决定了矿山救护工作是一项技术性很强的工作,矿山救护指战员不但要掌握救护业务技术知识,还须掌握和了解煤矿生产中的采掘知识、机电运输知识、通风安全知识等,一旦发生事故,就能够采取措施,正确处理。同时,煤矿事故的一个重要特性就是突发性,虽然每一起事故发生的地点、性质和处理方法都不完全相同,但对于一种事故来讲,都有其普遍的规律性。从日常技术管理入手,在总结救护实战经验的基础上,将《煤矿安全规程》《矿山救护规程》具体化,融入日常的救护技术管理当中,使救护指战员熟知各类矿井事故的特性和处置方法,明白各类矿山救护技术装备的使用条件和方法,从而能够在突发事故面前有的放矢,很快找到切入点,提高救护的有效性。

一、技术管理的任务和要求

科学技术是生产力,现代科学技术为煤矿生产技术的进步开辟了广阔的道路。科学技术的发展只有有科学的管理作保证,才能使先进的科学在生产中发挥作用,忽视科学管理,煤矿就会发生事故。因此,加强对煤矿事故的性质和处理事故手段的研究,对于提高救护技术,保证更好地消灭煤矿事故有着重要的意义:

①大力开展救护科学技术的研究,革新改造技术装备,使救护技术、装备更适合于救护工作的需要,发挥积极的作用。

②重视救护技术资料的收集整理工作,建立健全各项技术管理规章制度,对技术性的文件、图纸、印刷品、总结资料、经验与教训材料、处理事故的总结报告等,都要注意收集整理,妥善保管。

③对救护队服务矿井的地质、生产、通风、安全及五大灾害的预防措施等基本概况和有关技术资料,要进行收集整理,存案备查。

矿山救护队要总结自己的经验,形成自己的一套科学管理方法和救护技术。同时,还要善于学习别人的长处,吸取别人成功的经验和失败的教训,特别是要从救灾自身伤亡事故案例中吸取教训,检查对照自身的工作,避免发生同样的事故。要加强国际救援技术交流,及时获取矿山救护技术信息,积极借鉴国外的救援理念,把外国的好经验、好技术、好装备引进来。

二、做好抢险救灾措施的编制工作

矿山救护队抢险救灾措施分为两部分,即抢险救灾一般技术措施和针对不同事故特点的特殊技术措施。由此构成完整的技术措施,使矿山救护队在行动过程中遵循科学,确保安全性,减少盲目性。

1. 抢险救灾一般性技术措施的制订

矿井事故的突发性决定了矿山救护队的行动突然性,矿山救护工作不可能像煤矿其他工作一样制订完善、科学的符合现场实际的技术措施,使得技术工作的指导作用难以得到充分发挥。因此,在日常工作中,矿山救护队技术负责人要组织工程技术人员根据服务矿井的灾害特点,结合矿井应急预案和矿井灾害预防处理计划,制订出能够指导不同类别事故抢救的一般性技术措施。措施包括如下内容:

①服务矿井的总体概况,包括瓦斯、自然发火、煤尘、顶板、水文地质情况,矿井产量,提升、运输方式等,分析矿区灾害特点以及矿井事故的普遍规律。

②根据矿井的分布明确在事故发生后救护队的调度程序和出动顺序,特别是第一出动队

的调动要体现快速的要求。

③规定不同的矿井事故救护队应当携带的技术装备,装备检查内容和要求。

④规定小队从入井到出井沿途行走或乘坐不同交通工具的安全注意事项。

⑤规定不同矿井事故抢救的基本方法控制事故扩大措施,特别是第一出动小队到达现场后应采取的措施。

⑥规定采取不同通风手段控制事故时救护队的监测内容、离灾区的条件做出具体规定。

⑦对灾区侦察内容、要求、图纸绘制、现场描述作出明确规定,对不同工作环境和不同用途的设施构建标准作出明确技术要求。

⑧制订行动过程中的安全、技术、组织措施。

2. 抢险救灾特殊性技术措施的制订

一般性技术措施对某个具体的工作地点,只是根据事故的类别有普遍的指导意义。抢险救灾特殊性技术措施是在的基础上制订的,事故发生后根据事故区域的特点对一般性措施进行针对性的补充和完善。首先,由先期到达的救护指挥员根据对事故性质和区域的了解,在布置具体任务的过程中强调技术措施和安全措施;其次,救护小队入井后,在进入灾区前,带队指挥员要根据已了解的信息进行进一步补充和完善;再次,在灾区情况完全掌握后,救护队技术负责人要组织技术人员制订书面的技术措施,并组织参战指战员进行讨论、补充和完善,并为后续入井小队进行贯彻。

在每一次事故抢救结束后,救护队技术负责人要通过对事故的总结、讲评组织对一般性技术措施进行补充、完善,使其更具有指导性。

三、技术档案和资料管理

技术资料要分名别类的建立档案,其内容有:

①供指战员学习的科技书、教材及其他学习资料。

②收集整理的外地兄弟单位经验材料。

③救护队服务矿井的各种矿图及有关资料。

④服务矿井的灾害预防措施或应急预案和避灾路线图纸等。

⑤每年的救护工作总结和救护比武资料。

⑥历年的事故处理总结及事故地点示意图。

⑦设备仪器更新的记录。

用记录和报表管理救护技术工作,实践证明是一种好办法。健全各项记录,便于总结工作,查证问题,这是矿山救护队行之有效的管理办法。要建立指战员身体、技能档案,便于在人员调度过程中选拔技术过硬的队伍去完成任务;要建立预防检查记录,掌握服务矿井的生产状况,事故隐患,完善一般性技术措施;要建立技术装备维护保养和装备完好状况记录,在事故过程中充分利用技术装备去改善救灾手段;要建立矿井抢险救灾过程记录,便于针对性地完善技术措施和事故后进行系统、科学的总结;为事故处理提供经验。

记录的建立和管理,要做到切实可行,根据本队情况,把记录和报表建立起来,其最根本的要求是要及时认真地进行填写,只有这样才能发挥记录和报表的作用。

救护队的技术负责人要定时组织技术例会,组织工程技术人员学习,提高其素质。了解掌握国内外先进的技术装备,为不断改善抢险救灾的技术手段提供依据。要开展矿山救护技术科研、技术革新和技术研讨,营造技术氛围,提高队伍的技术素质。

四、矿山救护队的装备管理

从使用范围来分,矿山救护队的技术装备有个人防护装备、气体检测装备、化验分析设备、通信设备、灭火设备、排水设备及运输设备等。按技术组合来分,矿山救护队的装备有个人装备、小队装备、中队装备、大队装备等。救护技术装备的管理,从工作内容来说,包括技术装备运作的全部过程的管理,即从设备到位到投入使用,以及在使用中维护、保养及补偿,直至报废退出服务救护工作的全过程。

1.装备管理的意义和任务

技术装备是矿山救护队处理煤矿灾变事故的武器和工具,是救护队战斗力的重要组成部分。技术装备的管理对于保证救护队顺利完成处理事故任务,保证指战员生命安全,及时抢救遇难人员,防止在抢救事故中扩大事故,都起着重要作用。技术装备的管理,是救护队管理工作中的一个重要方面。加强技术装备的管理,能保证救护队正常而有秩序的工作。用现代化技术装备武装起来的矿山救护队,很多救护工作是靠救护指战员操作技术装备,由技术装备直接完成的。加强技术装备的管理,使技术装备经常处于良好状态,才能保证救护工作的正常进行。救护队在处理事故中所发生的自身伤亡事故,不少是由于技术装备管理不善造成的。因此管理好技术装备,具有极其重要的意义。

矿山救护技术装备管理的任务,就是要保证为救护工作提供良好的技术装备,使救灾工作建立在良好的物质基础上,具体任务有以下3点:

①根据技术先进、经济上合理的原则,正确的选购救护装备仪器。

②保证技术装备始终处于良好的状态,这就是说,技术装备投入使用后,要在节约维护费用的前提下,保证技术装备的完好率。

③对先进技术的装备,要尽快地掌握操作和维修技术。

对技术装备的管理要求是:一般性的装备,要建卡立账;对固定资产的大型装备,要建立技术档案和装备定期检查记录。这样,有利于掌握装备的技术性能,对装备出厂的使用说明书、合格证要妥善保管,一旦装备有重大问题或技术性能不合乎要求时,可作为追究厂家责任的依据,以和产品质量的提高。

2.装备的维护保养

为了加强装备的管理,使装备经常处于良好的状态,就必须对使用装备的人员有一个严格的管理维护要求,做到人人遵守装备管理、维护保养和修理制度。在装备管理中,要根据各种装备的具体情况和技术特点,提出明确的管理维护标准,并做到尽职尽责认真执行。装备的维护保养情况,要记入检查登记簿内,根据不同类型的装备,应分级管理,属中队或小队的装备,应由中队或小队负责人签字后,方可投入抢险救灾工作。

在装备使用和维护保养过程中,矿山救护队指战员和维护保养人员要寻找装备存在的优点和不足,为新装备的补充提供借鉴。对存在不足的装备要及时向生产厂家反馈信息,与生产厂家一同制订解决、改进方案,促进装备不断优化,提高救援工作的可靠性。

任务 2　矿山救护技术装备

矿山救护技术装备是指矿山救护队在处理灾害事故时使用的仪器和装备的总称。按照处理井下事故分类有:处理井下水、火、瓦斯、煤尘和顶板事故的装备;按照救护队管理层次分类有:个人装备、小队装备、中队装备和大队装备;按照使用功能分类有:个人防护装备、抢救遇险人员装备、救灾通讯装备、环境参数检测装备、灭火装备、破拆、支护装备等方面的救护装备;按照使用场所分类有:地面、井下、高空和水下装备。

2.2.1　矿山救护队的技术装备标准

一、矿山救护队的装备

矿山救护队必须配备能够处理矿井各种灾害事故的技术装备和救灾训练器材。装备、器材的主要类型包括:车辆、通讯器材,个人防护装备,灭火装备,检测仪表,装备工具,设施,材料、药剂。

矿山救护队使用的装备、器材、防护用品和安全检测仪器,必须符合国家标准、行业标准和矿山安全有关规定。纳入矿用产品安全标志管理目录的产品,应取得矿用安全标志,严禁使用国家禁止的和淘汰的产品。

矿山救护队应根据技术和装备水平的提高不断更新装备,并及时对其进行维修和保养,以确保矿山救护设备和器材始终处于良好状态。各级矿山救护队、兼职救护队及救护队指战员的基本装备配备清单见表 2-2-1、表 2-2-2、表 2-2-3、表 2-3-4、表 2-2-5。

表 2-2-1　矿山救护大队(独立中队)基本装备配备标准

类别	装备名称	要求及说明	单位	大队数量	独立中队数量
车辆	指挥车	附有通讯警报装置	辆	2	1
	气体化验车	安装气体分析仪器,配有打印机和电源	辆	1	1
	装备车	4~5 t 卡车	辆	2	1
通讯器材	移动电话	指挥员 1 部/人			
	视频指挥系统	双向可视、可通话	套	1	
	录音电话	值班室配备	部	2	1
	对讲机	便携式	套	6	4
灭火装备	惰气(惰泡)灭火装置	或二氧化碳发生器(1 000 m³/min)	套	1	
	高倍数泡沫灭火机	BGP400 型。	套	1	1
	快速密闭	喷涂、充气、轻型组合均可。	套	5	5
	高扬程水泵		台	2	1
	高压脉冲灭火装置	12 L 储水瓶 2 支;35 L 储水瓶 1 支	套	1	1
检测仪表	气体分析化验设备		套	1	
	热成像仪	矿用本质安全或防爆型	台	1	1
	便携式爆炸三角形测定仪		台	1	1

续表

类别	装备名称	要求及说明	单位	大队数量	独立中队数量
其他	演练巷道设施与系统	具备灾区环境与条件	套	1	
	多功能体育训练器材	含跑步机、臂力器、综合训练器等	套	1	
	多媒体电教设备		套	1	1
	破拆工具		套	1	1
信息处理设备	台式计算机	指挥员1台/人			
	笔记本电脑	配无线网卡	台	2	1
	传真机		台	1	1
	复印机		台	1	1
	数码摄像机	防爆	台	1	1
	数码照相机	防爆	台	1	1
	防爆射灯	防爆	台	2	1
材料	氢氧化钙		t	0.5	
	泡沫药剂		t	0.5	
	煤油	已配备惰性气体灭火装置的	t	1	

表 2-2-2 矿山救护中队基本装备配备标准

类别	装备名称	要求及说明	单位	数量
运输通讯	矿山救护车	每小队1辆		
	移动电话	指挥员1部/人		
	灾区电话		套	2
	程控电话		部	1
	引路线		m	1 000
个人防护	4 h氧气呼吸器		台	6
	2 h氧气呼吸器		台	6
	便携式自动苏生器		台	2
	自救器	压缩氧	台	30
	隔热服		套	12
灭火装备	高倍数泡沫灭火机	BGP-200或BGP-400型	套	1
	干粉灭火器	8 kg	个	20
	风障	≥4 m×4 m	块	2
	水枪	开花、直流各2支	支	4
	水龙带	直径2.5和2英寸(63.5 mm和50.8 mm)	m	400
	高压脉冲灭火装置	12 L储水瓶2支;35 L储水瓶1支	套	1

续表

类别	装备名称	要求及说明	单位	数量
检测仪表	氧气呼吸器校验仪		台	2
	氧气便携仪	数字显示,带报警功能	台	2
	红外线测温仪		台	2
	红外线测距仪		台	1
	瓦斯检定器	10%,100%各2台	台	4
	一氧化碳检定器		台	2
	风表	机械中、低速各1台;电子2台	台	4
	秒表		块	4
	温度计	0~100 ℃	支	10
	干湿温度计		支	2
装备工具	液压起重器	或起重气垫	套	1
	液压剪刀		把	1
	防爆工具	锤、斧、镐、锹、钎等	套	2
	氧气充填泵		台	2
	氧气瓶	40 L	个	8
		4 h呼吸器备用1个/台		
		2 h呼吸器备用	个	10
	救生索	长30 m,抗拉强度3 000 kg	条	1
	担架	含2副负压多功能担架	副	4
	保温毯	棉织	条	3
	快速接管工具		套	2
	手表	副小队长以上指挥员1块/任		
	绝缘手套		副	3
	电工工具		套	1
	工业冰箱		台	1
	瓦工工具		套	1
	灾区指路器	或冷光管	支	10
	绘图工具		套	1
设施	演习巷道		套	1
	体能训练器械		套	1
药剂	氢氧化钙		t	0.5
	泡沫药剂		t	1

表 2-2-3　矿山救护小队基本装备配备标准

类别	装备名称	要求及说明	单位	数量
通信器材	灾区电话		套	1
	引路线		m	1 000
个人防护	矿灯	备用	盏	2
	氧气呼吸器	2 h,4 h 氧气呼吸器各 1 台	台	1
	自动苏生器		台	1
	紧急呼救器	声音≥80 dB	个	3
灭火装备	灭火器		台	2
	帆布水桶		个	2
	风障	4 m×4 m	块	1
检测仪器	呼吸器校验仪		台	2
	光学瓦斯检定器	10%、100%各 1 台	台	2
	一氧化碳检定器	检定管不少于 30 支	台	1
	氧气检定器	便携式数字显示,带报警功能	台	1
	多功能气体检测仪	检测 CH_4,CO,O_2 等	台	1
	矿用电子风表		套	1
	红外线测温仪		支	1
装备工具	氧气瓶	2 h,4 h 氧气备用	个	4
	灾区指路器	冷光管或灾区强光灯	个	10
	担架		副	1
	采气样工具		套	1
	保温毯		条	1
	液压起重器	或起重气垫	套	1
	刀锯		把	2
	铜顶斧		把	2
	两用锹		把	1
	矿工斧		把	2
	瓦工工具		套	1
	电工工具		套	1
	皮尺	10 m	把	1
	卷尺	2 m	把	1
	钉子包	内装钉子各 1 kg	个	2
	信号喇叭	一套至少 2 个	套	1
	绝缘手套		副	2
	救生索	长 30 m,抗拉强度 3 000 kg	条	1
	探险棍		个	1
	充气夹板		副	1
	急救箱		个	1
	备件袋		个	1
	记录本		本	2
	圆珠笔		支	2
其他	个人基本配备装备	不包括企业消防服装,见表 2-2-5		

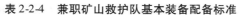

表 2-2-4 兼职矿山救护队基本装备配备标准

类别	装备名称	要求及说明	单位	数量
通信器材	灾区电话		套	1
	引路线		m	1 000
个人防护	氧气呼吸器	4 h 氧气呼吸器各 1 台/人		
		2 h 氧气呼吸器	台	2
	自动苏生器		台	2
	压缩氧自救器		台	20
灭火装备	干粉灭火器		只	20
	风障	4 m×4 m	块	1
检测仪器	呼吸器校验仪		台	2
	光学瓦斯检定器	10%,100% 各 1 台	台	2
	一氧化碳检定器	检定管不少于 30 支	台	1
	氧气检定器	便携式数字显示,带报警功能	台	1
	温度计		支	2
装备工具	采气样工具		套	1
	防爆工具	锤、斧、镐、锹、钎等	套	1
	两用锹		把	1
	氧气充填泵		台	1
	氧气瓶	40 L	个	5
		4 h	个	20
		2 h	个	5
	救生索	长 30 m,抗拉强度 3 000 kg	条	1
	担架		副	2
	保温毯		条	2
	绝缘手套		副	1
	铜顶斧		把	2
	矿工斧		把	2
	刀锯		把	2
	起钉器		把	2
	电工工具		套	1
	手表	指挥员 1 块/人		
药剂	氢氧化钙		t	0.5

表 2-2-5　矿山救护指战员(含兼职救护队)个人基本装备配备标准

类别	装备名称	要　求	单位	数量
个人防护	氧气呼吸器	4 h	台	1
	自救器	压缩氧	台	1
	战斗服	带反光标志	套	1
	胶靴或胶鞋		双	1
	线手套		双	1
	毛巾		条	1
	安全帽		顶	1
	矿灯	双光源、便携	盏	1
检测仪器	温度计		支	1
装备工具	灯带		条	2
	背包	装战斗服	个	1
	联络绳	长 2 m	根	1
	氧气呼吸器工具		套	1
	粉笔		支	2

　　矿山救护队值班车上基本装备配备和进入灾区侦察时所携带的基本装备配备,必须符合表 2-2-6、表 2-2-7 的规定。矿山救护小队进入灾区抢救事故时必须携带的技术装备,由区域矿山救护大队根据本区情况、事故性质作出规定。

表 2-2-6　矿山救护队值班车上基本装备配备标准

类别	装备名称	要　求	单位	数量
个人防护	压缩氧自救器		台	10
装备工具	负压担架		副	1
	负压夹板		副	1
	4 h 呼吸器氧气瓶		个	10
	防爆工具		套	1
检测仪器	机械风表	中、低速各 1 台	台	2
药剂	氢氧化钙		kg	30
其他	小队基本装备	见表 2-2-3	套/小队	1

表 2-2-7　　矿山救护小队进入灾区侦察时所携带的基本装备配备标准

类别	装备名称	要求及说明	单位	数量
通信器材	灾区电话		台	1
	引路线		m	500
个人防护	2 h 氧气呼吸器		台	1
	自动苏生器	放在井下基地	台	1
检测仪器	光学瓦斯检定器	10%、100% 各 1 台	台	2
	一氧化碳检定器	检定管不少于 30 支	台	1
	氧气检定器	便携式数字显示,带报警功能	台	1
	温度计	0 ~ 100 ℃	支	1
装备工具	采气样工具		套	1
	担架		副	1
	保温毯	可放在井下基地	条	1
	4 h 氧气瓶		个	2
	刀锯		把	1
	两用锹		把	1
	铜顶斧		把	1
	探险棍		个	1
	灾区指路器	或冷光管	个	10
	皮尺	10 m	个	1
	急救箱		个	1
	记录本		本	2
	圆珠笔		支	2
	电工工具		套	1
其他	个人基本配备装备	见表 2-2-5	t	0.5

注①急救箱内装止血带、夹板、红汞、碘酒、绷带、胶布、药棉、消炎药、手术刀、镊子、剪刀以及止痛药和止血药等。

②备件袋内装鼻夹 2 个,各种垫圈每种 10 个及其他呼吸器易损件等。

二、矿山救护队的设施

矿山救护队应有下列建筑设施:电话接警值班室、夜间值班休息室、办公室、学习室、会议室、娱乐室、装备室、修理室、通讯室、氧气充填室、矿灯充电室、化验室、战备器材库、汽车库、演练训练设施、运动场地、单身宿舍、家属宿舍、浴室、食堂、仓库等。

矿山救护队住宅区要集中,距队部以不超过 500 m 为宜,并安有电铃,大、中队指挥员住宅要安设电话。

兼职救护队应有下列建筑设施:电话接警值班室、夜间值班休息室、办公室、学习室、装备室、修理室、氧气充填室、战备器材库等。

三、对救护装备与设施的管理、使用和维护的规定

1) 矿山救护队配备的装备、器材、防护用品和安全检测仪器、仪表,必须符合国家标准或行业标准。

2) 矿山救护队所有技术装备必须专人管理,定期检查维护,保持完好状态。

氧气呼吸器连续 3 个月没有使用的,清净罐内的二氧化碳吸收剂必须重新更换。矿山救护队所使用的氢氧化钙及氧气,必须按规定进行化验。氧气纯度不得低于 98%,其他要求应符合医用氧气的标准。二氧化碳吸收剂每季度化验 1 次,确保二氧化碳吸收率不低于 30%,二氧化碳含量不大于 4%,水分保持在 15%～21%。严禁使用不符合标准的氢氧化钙和氧气。氧气瓶必须按国家压力容器规定标准,每 3 年必须进行除锈清洗、水压试验,达不到标准的氧气瓶不准使用。

3) 高部数泡沫灭火机、惰性气体发生装置、水泵等矿山救护的大型设备,应每季检查、演习 1 次,使其达到技术标准。

4) 矿山救护车必须严格管理,做到专车专用;要制订车辆维修计划,定期对车辆进行保养维护,使其经常保持战斗准备状态。

5) 氧气充填泵必须专人管理,必须按操作规程操作;确保氧气充填泵在 200 MPa 压力情况下不漏油、不漏气、不漏水。充填室内储存的大氧气瓶不得少于 5 个,其压力在 10 MPa 以上空氧气瓶和充满的氧气瓶应分别存放。

新购进或经水压试验后的氧气瓶,必须进行 2 次充、放氧气后,方可使用。

6) 矿山救护队的化验室应配备色谱仪和专职化验员,能准确分析化验矿井灾区空气成分。

7) 矿山救护队应有自备矿灯充电室,并指定专人管理,保证救灾用灯。

2.2.2 矿山救护队员个体防护装备

所谓个体防护装备,就是在危险的环境条件下使用的个人自身安全保护的装备。矿山救护队是处理矿井五大灾害的专业性队伍,所从事的是在急、难、险、重等危险环境下的救护工作。矿山救护队员的个体防护装备主要是指参加抢险救灾工作时佩戴的氧气呼吸器。

一、氧气呼吸器的发展简史、现状与发展趋势

1. 氧气呼吸器的发展简史

氧气呼吸器是矿山救护人员必不可少的基本救护装备,它能保证矿山救护人员免遭外界有毒有害气体的侵害,维持正常的呼吸循环,在灾区中执行抢险救护工作。从某种意义上说,氧气呼吸器就是救护工作人员的生命。

世界上发明氧气呼吸器最早的国家是比利时。远在 150 多年前(1854 年),比利时耶秋大学的生理学家秀恩教授首创了世界上第一台氧气呼吸器。此后,各国也相继开始研究制造各式各样的氧气呼吸器,并不断更新换代,从原理、结构、性能等各个方面予以革新和改进,使氧气呼吸器在生理参数、战术性能、结构参数等方面日趋完善,逐渐形成标准化、系列化。

1928 年,前苏联首次自行设计试制成 P-12 型氧气呼吸器。从 20 世纪 40 年代开始致力于缩小呼吸器的尺寸、减轻重量和提高呼吸器的工作性能,并取得了很大进步,研究设计生产了第二代氧气呼吸器(P-27 型)。1979 年全苏矿山救护科学研究所成功研制了 P-30 型氧气呼吸

器,并在 1980 年由顿涅茨矿山救护仪器厂生产,装备到前苏联各矿山救护队。P-30 型呼吸器质量减轻到 11 kg,使用时间为 4 h。它保持了 P-27 型的优点,并进一步改进了外壳结构,改善了清净罐的空气动力特性,降低了呼吸阻力,对冷却器也做了改进。为了保证救护队员在灾区工作的安全,配置了面罩。因此,P-30 型氧气呼吸器被认为是目前世界上最优秀的负压氧气呼吸器之一。1977 年后,MSA 公司根据美国联邦法的要求,开始研制正压系统的呼吸器。这是近年来世界上对呼吸器发展上进行的一项重大的革新尝试。德国、英国和日本也都在进行着这个方面的探索和试验,并把这一原理开始移植到自救器方面上来。

我国的矿山救护仪器研制事业起步较晚,但有着较快的发展。1953 年试制成功国产的AHG-4 型和 AHG-2 型氧气呼吸器(仿前苏联 P-27 型),1986 年试制成功 AHY6 型氧气呼吸器(仿前苏联 P-30 型)。1997 年以来,我国的抚顺安全仪器厂、虹安、神瑞等厂家生产了仿美国的呼吸仓式正压呼吸器;河南方圆公司、抚顺新科公司、抚顺煤科院、重庆煤科院等厂家生产了仿德国的储气囊式正压呼吸器。目前我国生产的正压呼吸器还处于发展进步阶段。

2. 氧气呼吸器的现状与发展趋势

目前世界各国矿山救护队使用的氧气呼吸器,以大气压力为基准划分,有负压氧气呼吸器和正压氧气呼吸器两大类。其中负压氧气呼吸器按其用途又分为救护工作型、抢救型和逃生型 3 种。按储气容器划分,有呼吸仓式和气囊式呼吸器两大类。以"氧源"划分,基本为"压缩氧"呼吸器、"液态氧"呼吸器和"化学氧"呼吸器 3 种类型,从使用的规格型号与数量上比较,"压缩氧"呼吸器占绝对的多数。现在我国救护队员使用的"压缩氧"呼吸器(氧源是使用储存在高压器瓶内的压缩氧气)压力有 150 MPa,200 MPa,300 MPa 3 种(多数采用 200 MPa 压力的气瓶)。为了缩小呼吸器的体积和质量,压缩氧气瓶开始向耐高压及轻质合金材料方向发展。

在有毒有害气体环境中,为了安全、可靠、舒适地佩戴氧气呼吸器工作,改进呼吸器结构,使呼吸器能更好地适应救护工作中人体生理要求,是当前氧气呼吸器发展中的一个总趋势。概括说来,主要是改善呼吸气体的成分、温度、湿度,呼吸流量与呼吸阻力,提高呼吸保护系数,改进呼吸仪器结构、操作及使用性能。

在整个氧气呼吸器系统中,供氧系统乃是它的核心部分,它要保证人体所需要的足够的供氧量,保证佩戴者有效的保护时间。在压缩氧呼吸器的高压氧气系统中,目前已出现了各种预充氧装置、缺氧报警装置、泄漏闭塞装置、安全阀门等一些新的结构。氧气呼吸器的高压系统,除为佩戴者提供氧源之外,还执行着氧气供给分配的功能。目前多数压缩氧呼吸器的供氧分配方式都是定量供氧、自动供氧及手动供氧 3 种。定量供氧量由过去的 1.1 ~ 1.3 L/min 已逐渐改变为 1.4 ~ 1.6 L/min 及其以上的大定量流量。过去的无补偿正作用式(顺流式)减压器,现已经被补偿正作用式、反作用式和膜盒调节式的减压器所取代。高压系统的氧气自动补给装置也是一个重要部件。目前的自动补给装置的改进都倾向于提高灵敏度、增加补给量。

为了提高二氧化碳吸收剂效率,进一步降低二氧化碳含量及呼吸阻力,与气体流向相垂直的清净罐的截面积较大,罐体结构和吸收剂也都有改进。目前除常用的氢氧化钙吸收剂和氢氧化钠吸收剂外,美国正在研究氢氧化锂吸收剂,它的吸收率比氢氧化钙吸收剂高 1.43 倍,并且在降温条件下使用比前两种效果都好。在国外还有研究在清净罐中添加硅胶、沸石等材料,以吸收水分和降低吸入空气的温度。

为了改善呼吸生理条件要求,呼吸器的改进还侧重于降低吸气的温度,增设降温装置。当工作需要时,在降温盒里装入干冰(即固体二氧化碳)或者磷酸氢二钠结晶盐作为冷却剂(它们的特点是可以重复使用)。德国的 BG4 型正压呼吸器则采用普通的冰水作为冷却剂。呼吸器加装冷却剂后吸入的空气温度下降,在重劳动或高温环境作业时可有助于吸收人体潜热,减轻疲劳和改善呼吸器舒适性能。目前提高呼吸器密封可靠性仍然是各国呼吸器发展改进的一个重要课题,面罩的形状、材质、密封结构等也不断地进行变化。

氧气呼吸器是在环境变化复杂的事故情况下使用的。因此,如何使佩戴人员更好地了解周围环境情况,彼此联系,操作方便,也正在改进提高。如目前推广采用大视野全面罩、防雾镜片、通舌膜片、快速接头、快速背带扣等,都在力求完善与提高之中。

当今矿山救护队的呼吸装置的发展主要还是集中在以工作型压缩氧呼吸器为主导的方向上。同时不断地完善呼吸器的技术标准及检验规程,提高呼吸器的系列化、标准化、通用化水平,相立的发展适应特种战术要求的液氧呼吸器、化学氧呼吸器、空气呼吸器等品种,以满足日益复杂的救护工作所面临的艰巨任务,确保救护人员的自身健康安全,顺利的应付各种灾变事故,有效地完成各项抢险救灾任务。

二、正压氧气呼吸器

所谓正压氧气呼吸器,就是依靠其减压供气特性使佩戴者在呼吸时,其呼吸系统内的气体压力始终大于外界工作空间大气压力的氧气呼吸器。目前,国内外矿山救护队使用的正压氧气呼吸器有呼吸仓式和气囊式两大类。

(一)呼吸仓式正压氧呼吸器

所谓呼吸仓式正压氧呼吸器,是指在其呼吸系统中的储气容器为刚性体的正压氧呼吸器。国内使用的呼吸仓式正压氧气呼吸器的型号及技术参数见表 2-2-8。

表 2-2-8　呼吸仓式正压氧气呼吸器技术参数

技术参数 ＼ 产品型号	BIOPAK240LW	HAY-240	HYZ4	ZYHS-240
1. 基本参数:				
额定防护时间/min	＞270	≥240	240	≥240
气瓶额定工作压/MPa	20.8	20	20	20
储氧量/L	596	540	600	540
质量/kg	15.3	13	15	14
外形尺寸(长×宽×高)/mm	630×401×178	580×395×170	560×405×170	580×385×165
2. 防护性能:				
呼吸保护系数	≥20 000	≥20 000	20 000	20 000
吸气中 O_2 浓度	≥25%	≥23%	≥21%	≥23%
吸气中 CO_2 浓度:				
呼吸量为 30 L/min	3 h＝0;4 h＜0.5%	3 h＝0;4 h＜0.5%	3 h＜0;4 h＜0.5%	3 h＝0;4 h＝0.3%
呼吸量为 50 L/min	3 h＜0.5%;4 h＜1%	3 h＜0.5%;4 h＜1%	3 h＜0.5%;4 h＜1%	3 h＜0.5%;4 h＜1%

续表

技术参数＼产品型号	BIOPAK240LW	HAY-240	HYZ4	ZYHS-240
3. 吸气温度（环境温度为40 ℃） 降温介质 冷却剂质量/kg	≤35 蓝冰，使用中不需更换 1.5	≤36 高吸水性树脂，使用中不需更换 0.7	≤42 化学药剂，使用中不需更换 1.5	≤35 低冰点高效冷却剂 0
4. 供氧性能： 定量供氧/($L \cdot min^{-1}$) 自供氧量/($L \cdot min^{-1}$) 手供氧量/($L \cdot min^{-1}$) 供氧管路	1.78 ± 0.13 ＞100 ＞100 2条铜管	1.65 ± 0.15 ＞100 ＞80 2条铜管	1.5 ± 0.1 ≥100 ≥80 多条分散管路	1.6 ± 0.2 ≥100 ≥80 2条铜管
5. 自补开启压力/Pa	50～70	50～150	50～170	20～90
6. 排气阀开启压力/Pa	550～650	400～700	400～700	400～700
7. 呼吸阻力（呼吸量为50 L/min） 呼气阻力/Pa 吸气阻力/Pa	＜720 ＞0	650 0	700 0	500 0
8. 正压系统： 正压方式 结构特点 正压弹簧位置 呼吸舱容积/L	弹簧在硬舱内膜片支承板上加载 硬舱 呼吸舱膜片中央 ＞3.5	弹簧在硬舱内膜片支承板上加载 硬舱 呼吸舱膜片中央 ＞3.5	弹簧在硬舱内膜片支承板上加载 硬舱 呼吸舱膜片中央 3.5	弹簧在硬舱内膜片支承板上加载 硬舱 呼吸舱膜片中央 3.5
9. 过滤系统： 整体结构 结构特点 CO_2吸收剂质量/kg	圆盘形置于呼吸舱上部 紧凑表面积大 1.8	圆盘形置于呼吸舱上部 紧凑表面积大 1.8	圆盘形置于呼吸舱上部 紧凑表面积大 1.8	圆盘形置于呼吸舱上部 紧凑表面积大 1.8
10. 报警： 报警方式 缺氧报警	机械气动式 有	机械气动式 有	机械气动式 有	机械气动式 有
11. 压力表： 控制方式 限制压力/($L \cdot min^{-1}$)	限流器 0.5	限流器 0.6 ～0.8	自动关闭阀气体关闭	限流器 0.6～0.8

续表

技术参数 ＼ 产品型号	BIOPAK240LW	HAY-240	HYZ4	ZYHS-240
12.材料： 外壳 面罩	阻燃改性聚苯醚 硅橡胶	阻燃抗静 ABS 硅橡胶	ABS 天然橡胶	ABS 天然橡胶
13.软管连接方式	螺纹接头迅速方便、安全可靠	螺纹接头迅速方便、安全可靠	金属连接专用工具	螺纹接头迅速方便、安全可靠

表 2-2-8 中的 BIOPAK240 型正压氧气呼吸器是 20 世纪 90 年代我国从美国引进并推广使用的正压氧气呼吸器,其他品牌是国内生产厂家研究、借鉴 BIOPAK240 型正压氧气呼吸器的基础上制造的。下面以 BIOPAK240 型正压氧气呼吸器为例介绍呼吸仓式正压氧气呼吸器。

1.呼吸仓式正压氧气呼吸器整机工作原理

(一)BIOPAK240 型正压氧气呼吸器结构如图 2-2-1 所示。

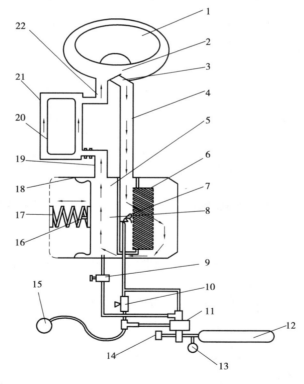

图 2-2-1　BIOPAK240 型正压氧气呼吸器结构

1—面罩;2—吸气阀;3—呼气阀;4—呼气软管;5—呼吸仓;6—清净罐;7—定量供氧装置;8—自动补给阀;9—手动补给阀;10—警报器;11—减压器;12—氧气瓶;13—气瓶压力表;14—气瓶开关;15—肩挂压力表;6—排气阀;17—加载弹簧;18—膜片;19—连接软管;20—冷却芯;21—冷却罐;22—吸气软管

（2）工作原理:打开氧气瓶,高压氧气通过减压器将 20 692.03 kPa 的氧气压力减压至 1 843.650 kPa。减压后,氧气通过供氧管流入流量限制器(定量孔),并以一定流量进入呼吸仓,通过吸收剂盒,再由呼吸腔的边缘进入下呼吸仓,通过连接管流入冷却罐,被冷却后的气体通过吸气软管进入面罩。呼气时,气体通过呼气软管进入呼吸仓,与定量孔供给的氧气混合后经过清净罐除去 CO_2 后,再由呼吸腔边缘进入下呼吸仓,形成封闭式的循环系统。

2. 呼吸仓式正压氧气呼吸器的适用条件

①适用于无氧、缺氧及任何有毒气、烟气、蒸汽等污染的环境中。

②适用于温度为 – 20 ~ + 60 ℃、相对湿度 0 ~ 100%、大气压力为 70 ~ 125 kPa 的大气环境中。

3. 呼吸仓式正压氧气呼吸器的特点

①采用正压原理,使呼吸系统(包括面罩)内的压力始终高于外界环境大气压力,有效阻止了外界有毒有害气体进入呼吸系统。

②安全保护系数大于 20 000,与负压式(安全保护系数小于 10 000)呼吸器相比,安全系数提高了一倍多。

③使用时不受环境大气成分限制。

④宽视野全面罩,镜片上设有防雾保明装置,使用时不上雾气。

⑤面罩内设有发话器。

⑥有供气报警和余压报警装置。

⑦使用时间长,中等劳动强度下,可维持使用 5.5 h。

⑧CO_2 吸收剂效率高,呼吸器内的 CO_2 浓度很小,呼吸的气体纯净。

⑨背带柔软,配重合理,零部件设计结构紧凑,整机质量合理分布在臀、腰、肩 3 部分,佩戴舒适。

⑩设有冷却剂滤毒罐,采用"蓝冰"作冷却剂,吸气温度不超 35 ℃。

⑪整机只有一个氧气瓶开关,更换氧气瓶不用扳手。

⑫各接头采用螺扣式或压扣式,连接方便、安全可靠。

⑬操作、维护、保养简单、方便。

4. 呼吸仓式正压氧气呼吸器的使用及安全注意事项

1)正压呼吸器的佩戴方法

①将呼吸器面朝下,顶端对着自己放置。

②放长肩带,使自由端伸延 50 ~ 75 mm。

③抓住呼吸器壳体中间,把肩带放在手臂外侧。

④把呼吸器举过头顶,绕到后背并使肩带滑到肩膀上。

⑤稍向前倾,背好呼吸器,两手向下拉住肩带调整端,身体直立,把肩带拉紧。

⑥扣住扣环,并把腰带在臀部调整紧。

⑦松开肩带,让重量落在臀部,而不是肩部。

⑧连接胸带,但不要拉得过紧,以免限制呼吸。

⑨佩戴好面罩后将呼吸软管接上。

⑩面罩佩戴连接好后,逆时针方向迅速打开氧气瓶阀门,并回旋 1/4 圈。当打开氧气瓶时,若听到报警器的瞬间鸣叫声,说明瓶阀开启,仪器进入工作状态。

2. 佩戴正压呼吸器工作时的安全注意事项

①呼吸器严禁沾染油脂,呼吸器距暖气设备及热源不得小于 1.5 m,室内空气中不应含有腐蚀性的酸性气体或烟雾。

②压缩氧气危险,氧气瓶始终要轻拿轻放,以防破裂。不允许油、油脂或其他易燃材料同氧气瓶或瓶阀接触。在有明火或火花的地方勿打开瓶阀,以防着火造成人身伤亡。

③在明火附近或在辐射线热中勿使用本呼吸器。

④发音膜使用时要注意说话声音比平时大些,但不要喊叫,讲话要清楚缓慢。

⑤当氧气瓶内的氧气压力剩下 25%（5±1）MPa 时,报警器以大于 82 dB 的声强鸣响为 30 ~ 60 s 报警。当报警器鸣响时,佩戴人员应立即撤离工作现场。

⑥在自动补给阀和定量供氧装置出现故障或呼吸舱内的呼吸气体供应不足而呼吸阻力增大时,可按手动补给阀按钮,每次按 2 s,所补给的氧气直接进入呼吸仓,可根据需要增加手动补给次数,以便维持有充足的呼吸气体供给。

⑦呼吸器发生故障,如管路堵塞。使用手动补给阀供氧,撤离灾区,更换呼吸器。

⑧压力表管路断开,撤离灾区,更换呼吸器。

⑨若自动补给阀动作过频,应调整面罩或更换面罩。如果解决不了,应退出灾区,更换呼吸器。

⑩当使用者感到恶心、头晕或有不舒服的感觉,吸气或呼吸感到困难,压力表出现压力急剧下降等症状时,必须立即撤出灾区。

⑪在灾区内如果减压器发生故障,则应立即关闭氧气瓶阀门,迅速撤离灾区,然后每呼吸 5 次,要瞬间打开和关闭氧气瓶。

（二）气囊式正压氧气呼吸器

储气囊式正压氧呼吸器是指在其呼吸系统中的储气容器由可塑性材料制造的正压氧气呼吸器。目前国内使用的储气囊式正压氧气呼吸器的型号及技术参数见表 2-2-9。

表 2-2-9   各种气囊式正压氧气呼吸器技术参数与性能

产品型号 技术参数	BG4	HY240	PB4	KF-1 型	HYZ4G	HYZ4T-G
1. 基本参数:						
额定防护时间/min	≥240	≥240	240	240	240（中等劳动	240（中等劳动）
O_2 瓶额定工作压力/MPa	20	20	20	20	20	20
储气量/L	530	440	480	400	500	400
质量/kg	14.5	8.9	11	12	10	11.3
外形尺寸（长×宽×高）/mm	593×450×185	465×375×165	520×375×175	550×380×160	550×420×170	540×420×145

续表

技术参数 ＼ 产品型号	BG4	HY240	PB4	KF-1 型	HYZ4G	HYZ4T-G
2. 吸气温度:环境温度为 25 ℃时/℃ 环境温度为40 ℃时/℃	≤30 ≤35	≤36 ≤44	≤36 ≤44	作业地点温度超过35 ℃装冰	≤38 ≤42(中等劳动以下)	≤38 ≤42(中等劳动以下)
降温介质	水冰每2 h换一次	水冰每2 h换一次	水冰每2 h换一次	水冰每2 h换一次	水冰每2 h换一次	水冰每2 h换一次
冷却剂重量/kg	1.7	1	0.8	0.8	0.8	0.8
3. 供气性能: 定量供气/(L·min⁻¹)	1.7±0.2	1.4±0.1 (可调)	1.4±0.1 (可调)	1.4~2.1	1.4~1.6	1.4~1.6
自补供气量/(L·min⁻¹) 手补供气量/(L·min⁻¹) 供气管路	>80 >50 塑料管	150 80 集成化无管路	80 >80 多条分散管路	50~60 >80 多条分散管路	>100 >80 多条分散管路	>100 >80 多条分散管路
4. 自补开启压力/Pa	0~50	0~100	不确定	-150~250	50~100	120~180
5. 排气开启压力/Pa	500~6 000	<700	<700	<700	400~700	400~700
6. 呼吸阻力(呼吸量为50 L/min) 呼气阻力/Pa 吸气阻力/Pa	<700 >0	<700 >0	<700 >0	<700 >0	<700 >0	<700 >0
7. 正压系统: 正压方式 结构特点 正压弹簧位置 呼吸仓有效容积/L	弹簧在软气囊上加载负荷 软囊 气囊两端 5.5	弹簧在软气囊上加载负荷 软囊 气囊两端 5.7	弹簧在软气囊上加载负荷 软囊 气囊两端 5	弹簧在软气囊上加载负荷 软囊 气囊两端 5	弹簧在软气囊上加载负荷 软囊 气囊两端 5	弹簧在软气囊上加载负荷 软囊 气囊两端 5
8. 过滤系统: 整体结构 结构特点 吸收剂质量/g	长筒形通过管路与气囊连接 结构松散 2.5	长筒形通过管路与气囊连接 结构松散 2	长筒形通过管路与气囊连接 结构松散 2	长筒形通过管路与气囊连接 结构松散 2.1	长筒形通过管路与气囊连接 结构松散 2	长筒形通过管路与气囊连接 结构松散 2

续表

技术参数 \ 产品型号	BG4	HY240	PB4	KF-1 型	HYZ4G	HYZ4T-G
9.报警: 　报警方式 　缺氧报警	电子式 有	气动式 有	无 无	机械气动式 有	机械气动式 有	无 无
10.材料: 　外壳 　面罩	阻燃混合 材料 天然橡胶	工程阻燃 ABS 天然橡胶	ABS 天然橡胶	ABS 天然橡胶	ABS 天然橡胶	无 无
11.软管连接方式	塑料快速 插入简便 易行	金属螺纹 接头O形 密封圈 连接	金属螺纹 接头O形 密封圈 连接	塑料螺纹 接头专用 工具	金属螺纹 接头O形 密封圈 连接	金属螺纹 接头O形 密封圈 连接

表 2-2-9 中的 BG4 型正压氧气呼吸器是 20 世纪 90 年代我国从德国引进并推广使用的正压氧气呼吸器,其他品牌是国内生产厂家在研究、借鉴 BG4 型正压氧气呼吸器的基础上制造的。下面以 BG4 型正压氧气呼吸器为例介绍气囊式正压氧气呼吸器。

1.BG4 型正压氧气呼吸器工作原理

(1)BG4 型正压氧气呼吸器结构如图 2-2-2 所示。

(2)工作原理如图 2-2-3 所示。打开氧气瓶开关,高压氧气经减压器后,以稳定流量进入面罩,供佩戴者呼吸使用。佩戴时通过面罩与头部的呼吸连接而与外界隔绝。呼气时,呼出的气体经呼吸接头内的呼气阀、呼气软管而进入装有 CO_2 吸收剂的清净罐内,呼出气体中的 CO_2 气体被吸收剂吸收后,其余气体进入气囊,气囊内的气体与减压器定量供出的氧气在降温器的出口处混合。呼气时、由于吸气阀关闭。此呼出的气体只能进入装有 CO_2 吸收剂的清净罐内。吸气时,吸气阀开启,呼气阀关闭,气囊中的气体以及定量供给的氧气经降温器、吸气软管、吸气阀、面罩进入人体肺部,从而完成整个呼吸循环。

2.BG4 型正压氧气呼吸器的适用范围

BG4 型正压氧气呼吸器适用于环境温度为 6 ~ 40 ℃、大气压力为 125 ~ 900 kPa、相对湿度为 0 ~ 100% 的环境中。

3.BG4 型正压氧气呼吸器的主要特点

(1)使用过程中,整个呼吸系统的压力始终高于外界环境气体压力,能有效地防止外界环境中的有毒有害气体进入呼吸系统,保护佩戴人员的安全。

(2)先进技术及新型材料的应用,使整机质量较轻(不大于 12.8 kg)。

(3)按人体工程学原理设计的背壳以及新型舒适的快速着装方式,使得整机质量合理分布在背部,佩戴更为舒适、方便。

(4)气体降温器及低阻高效的 CO_2 清净罐,使得呼吸相当舒适。

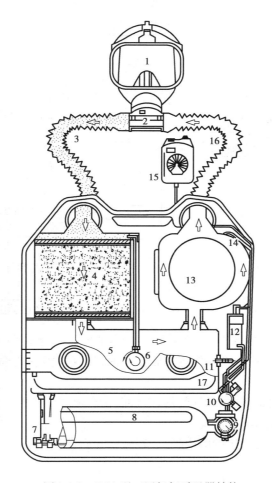

图 2-2-2 BG4 型正压氧气呼吸器结构

1—面罩;2—呼吸接头;3—呼吸软管;4—清净罐;5—气囊;6—排气阀;7—排水阀;

8—氧气瓶;9—瓶阀;10—减压器;11—自动补给阀;12—模拟窗主机;13—降温器;

14—定量供氧;15—模拟窗显示器;16—呼吸软管;17—压力传感器

（5）BG4 型正压氧气呼吸器整机结构简单,不需任何工具就可进行各部件的拆装,便于维护。

（6）采用了世界上先进的"模拟窗"电子报警、测试及压力显示系统,该系统具有如下功能:①图示、数字显示及声光报警;②高压及腔压气密性检测;③定量供氧量检测;④气瓶余压报警;⑤缺氧报警。

（7）仪器与环境直接接触的材料均采用高效阻燃材料,仪器能在火灾环境下使用。

（8）仪器在短时处于直立状态下进入到 1 m 深的水中,可以正常使用。

4.BG4 正压氧气呼吸器的使用及安全注意事项

（1）佩戴顺序:

①打开腰带。

②将仪器直立放置,并把呼吸软管摆在保护盖一面。

③双臂穿过肩带,将仪器提起。

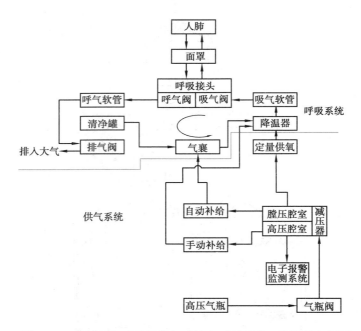

图 2-2-3　正压氧气呼吸器供气系统和呼吸系统工作原理方框图

④将仪器过头部,并使头处在两根呼吸软管之间,让仪器沿着背部下滑,直到肩带接触到肩部为止。

⑤均匀地拉紧两根肩带,使腰带软垫落在臀部上;合上并调整腰带扣,使其连接可靠;拉动腰带两端,使仪器牢固地落在臀部上。

⑥将腰带两端穿进左右两边的圈内,然后轻微松开肩带。

⑦佩戴连接面罩。

⑧打开瓶阀,注意至少旋转两周。

(2)摘脱仪器。关闭氧气瓶,摘下面罩。打开腰带,同时按下两侧锁紧爪将腰带扣拉开,将呼吸软管翻过头顶,使其落在身后的仪器上盖上。打开两肩带,用大拇指向上扳动锁紧夹,让仪器沿着背部慢慢下滑,并将其直立放置,不能让仪器摔下。

(3)打开气瓶阀,"模拟窗"电子报警器将会在气压达到 1 MPa 时自动启动自动电池测试。

(4)按照明键打开照明灯(短时间后可自动熄灭)持续按键 3 s 以上,显示从开始使用到现在的使用时间。

(5)检查氧气供给,每隔 15 min 观察一次显示器,检查氧气量。

(6)低压报警。当气瓶压力降到大约 5.5 MPa 时发出第一次低压报警。当气瓶压力降到大约 1 MPa 时发出最后一次报警,此时必须停止作业,立即撤离。

(7)在紧急情况下的处理方法。若气体过度消耗,呼吸困难或供氧功能失效,按手动补给阀,可向呼吸系统补充额外的氧气。在上述情况下,立即撤离危险区。

(8)注意事项:

①氧气瓶在充气时,严禁接头及瓶阀沾染油和油脂,以免发生爆炸。

②严禁在有爆炸危险的区域进行安装、更换电池。

③必须使用指定型号的电池。

④如果"模拟窗"电子报警器发生故障,红灯常亮,仪器不能使用。

⑤避免暴露在直射阳光下以及臭氧中。

2.2.3　灾区通信装备

所谓灾区通信,主要是指井下新鲜风流基地与进入灾区工作的救护小队之间的通信联系。按照《煤矿安全规程》规定,救护小队在进入灾区前,必须在基地设置好灾区电话,基地指挥员利用灾区电话与进入灾区工作的救护小队保持不间断的联系。通过灾区电话询问和回答,基地指挥员不仅可以及时地掌握进入灾区救护小队的工作情况,而且在需要时,派出基地待命的小队去支援他们。目前,我国矿山救护队灾区通信使用的灾区电话分为有线和无线通信两种,其中有线通信又分为声能电话和语言直接通话。

一、有线通信

（一）声能电话机

所谓声能电话机,就是只使用声能而没有电源的一种特殊通讯设备。多年来,声能电话机的投入和使用,已成为矿山救护队佩戴负压氧气呼吸器进入灾区工作时专用的通讯设备。

1. 结构

PXS-1 型声能电话机有手握式对手握式和手握式对氧气呼吸器面罩式两种操作方式。

①手握式电话机由发话器、受话器、发电机组成。

②组成无源通话。面罩中由发话器、受话器组成。通话时为便于多人收听可配备扩大器、对讲扩大器。分两种安装形式:在抢险救灾时,可选用发话器、受话器全部安装在面罩中,扩大器固定在腰间的安装形式,如图 2-2-4(a)所示;日常工作联络或指挥所用时,可选用手握式电话机的安装形式,如图 2-2-4(b)所示。

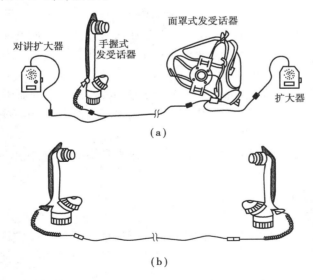

图 2-2-4　电话机的安装形式

（a）发受话器都装在面罩中的安装形式;（b）手握式电话机的安装形式

2. 工作原理

PXS-1 型手握式声电话由发话器、受话器组成。可配备救护仪器面罩、扩大器、对讲扩大器。道话时,发话器中与平衡电枢连接的金属膜片发出振动,产生输出电压,这个信号在接话端的受话器中由模拟转能器转换成音频信号发出,同时音频信号进入扩大器中放大,使周围人员也能听到声音。当 PXS-1 型声能电话组装成第二种安装方式时,还增加了呼叫系统(声频发电杠),用手轻轻拨动时,可发出 0.6~1.50 kHz 的调制信号,电压 1.5 V 电流 0.5 mA 音频信号。

3 操作程序及注意事项

1)操作程序

①该电话机在操作时按以下顺序进行:连接—敷设电话线—通话或发射信号—收线。

②按照正确的连接形式进行连接,采用手握式与手握式连接时,通话双方可用手直接持有发受话筒,将扩大器固定在腰间。采用手握式对呼吸器面罩式连接时,非呼吸性气体环境中的一方,可将发话器、受话器全部装在面罩中,然后将装有发话器、受话器的面罩带在头上,并将扩大器固定在腰间,打开扩大器,面罩插件接在输电组一端,面罩另一插件接在扩大器上。

③连接完毕后,基地方人员留在基地,灾区方一人携带电话线滚敷设电话线,持话机人负责接听信号,与小队一起向灾区前进。

④由持话机人向基地传递侦察小队的情况,并接听基地的指示。

⑤通信结束后,在返回的途中将电话线缠绕在线滚上收回。

2)注意事项

①扩大机电池只能使用 6F22 型 9 V 方块电池,不得随意更换使用其他型号电池,否则将影响本机寿命和本质安全性能。

②在非呼吸性气体或浓烟环境中,必须配用全面罩通讯结构进行通话,不得通过口具讲话。

③话机引出线必须连接牢固,两线间不得有短路现象。

④明确通讯目的,确定电话的连接方法。如果通话双方都处于呼吸性气体环境中,可采用手握式对手握式的连接方法;如果通话双方有一方处于非呼吸性气体或烟雾环境中,则必须采用手握式对氧气呼吸器面罩式的连接方法。

⑤有多头工作点时,多台电话机可平行连接在同一线路上与基地通讯。

⑥在通话不清或在紧急情况下,可用手握式受话器呼叫对方时,用手轻轻转动下部声频发电机,按规定的声响次数进行联络。

⑦当电话机损坏中断一切信号时,可用电话线作为联络绳使用,在返回的时候也可将电话线作为引路线使用。

⑧妥善保存,防止腐蚀性气体侵蚀。

(二)电能救灾电话

所谓电能救灾电话,就是利用蓄电池的电能进行通话联系的防爆灾区电话。它是与正压氧气呼吸器配套使用的通讯设备,并适用于所有环境下的通讯使用。它能使进入灾区现场抢救的救护小队与新鲜风流基地指挥员直接通话,保证通讯畅通无阻。目前有很多种电能救灾电话已投入救护市场,下面以 JZ-I 型救灾电话为例进行介绍。

1. 系统的组成与特点

JZ-I 型救灾电话由两台或多台救灾电话通信盒(以下简称通信盒)、一台或多台绕线架(含 500 m 通信电缆)组成。JZ-I 型救灾电话结构紧凑、使用方便,同时具有防爆功能。

1）电源通信盒面板

①前面板。仪器前面板有 4 个器件，从左到右依次为报警开关、耳麦插座、电源开关、电源指示灯。

②后面板。仪器后面板共有 5 个部件，从左到右依次为通信 1 插座、充电插座、尾线开关、通信 2 插座、尾线指示灯。

2）绕线架

绕线架由 500 m 通信电缆、绕线盘采用硅胶密封的电缆插座，开关及支架组成。绕线盘上 500 m 电缆、两个插座、开关是按如图 2-2-5 方式连接的。

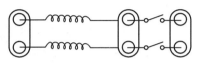

图 2-2-5　绕线盘器排列图

2. 仪器的主要功能

①非语言手动报警功能。

②仪器可以在具有甲烷和煤尘环境下使用，防爆形式为矿用本质安全型。

③双站距离延伸；多站双向接力通信功能。

④多站接力具有连续通信功能。

⑤电池多次充电功能（充电必须在地面安全场所进行）。

⑥绕线盘具有摇把收、放线，手动收放线功能。

3. 主要操作方法

前一级通信盒的通信两插座是通过 500 m 电缆，经过绕线盘上的开关，输出插座，双插座短电缆，连到下一级通信盒的 T1 插座。当 500 m 电缆不够时，在接第二盘电缆前应将第一盘上的开关打到"关"的位置，通话中断，输出插座上不带电；此时，可以将双插座短电缆从第一绕线盘上拔下，将第二盘 500 m 头部插座插入，而把刚拔下来的双插座短电缆插到第二盘的输出插座上，打开两台绕线盘上的开关则可进行 500～1 000 m 的双站通话。重复以上操作，可以完成第三、第四绕线架的距离延伸操作，从而延伸双站通话距离。

本系统在收、放线过程中也可以通话、报警，但需要手动收、放线方式。在允许中断通话的情况下，可以将通信盒从绕线盘输出插座上拔下，采用摇把式收、放线，但在拔、插插座时应将绕线盘的开关打到"关"的位置，以保证在拔、插插座过程中输出插座上不带电。

需要指出的是，在多站接力通信时每盘线都使用一台通信盒，其尾线开关就可完成以上功能，因此增加绕线盘时不需要以上工作。

4. 安全注意事项

①在有爆炸危险区域内，外壳须套上皮套，以防止静电引起爆炸。

②通信盒电源充电必须在地面安全场所进行。

③通信盒通信 1 插座不用时，在易爆环境下不应暴露在外面，应该用非金属帽拧上；通信 2 插座不用时，只要不打开尾线开关就可以了。

④用户只能在非爆炸环境下给电池充电。

⑤定期检查通信电缆外皮、插头、引线的绝缘性能，出现绝缘性能减低或漏电一定要排除故障后再接入系统工作。

ⓒ充电时,将专用充电器交流插接上 220 V 交流电源,直流插头插入通信盒充电插座即可,一次需要 8 ~ 10 h。

二、灾区无线通讯系统

该救援通讯系统由一个设置在地面指挥部的远程控制装置,一个设置在井下的基站和若干个便携式无线电手机组成。专门用于灾害事故情况下的救灾通讯。它可以由一个基站和若干个便携式无线电手机组成井下无线通讯系统,帮助基地和进入灾区工作的救护小队建立有效的通讯联系;还可以与地面程控交换机相连,构成全矿井的救灾指挥通信系统。

(一)系统构造及工作原理

1 系统构造及作用

该系统由一个基站,一个远程控制装置(RCU)和 3 个便携式无线电手机,环形天线等组成(见图 2-2-6)。当井下发生事故时,基站安装在使用便携式无线电手机地点的就近安全位置。远程控制装置安装在地面的操作室中(如调度室),并通过一对专用电线与基站连接。建立与地面的连接后,便携式无线电接收器便可以开始移动工作。

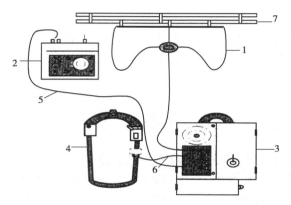

图 2-2-6 系统构造
1—环型天线;2—远程控制器;3—基站;4—无线电手机;
5—电缆线;6—生命线;7—电缆或水管

2. 工作原理

(1)矿用无线电通讯系统在需要无线电通讯的矿井巷道中使用,它通过电缆和管道的感应在低频(340 kHz)段工作。

(2)通过基站的环形天线、手机的子弹袋天线与管道和电缆结构的感应,无线电信号可完成手机与基站之间的传递,通讯范围为 500 ~ 800 m。

以下条件具备时,可达到最大通讯范围:①子弹带天线与管道或电缆平行;②靠近管道和电缆;③天线平面对着管道或电缆。

(3)在没有管道或电缆的地方,便携式手机之间的通讯距离应在 50 m 以内(以地面为例)。

(二)使用注意事项

①BC2000 的铅酸电池充电器不是本质安全型的,应在地面使用。

②生命线由一条阻抗约 1 300 Ω 的双芯软电缆组成,电缆的终端接在与便携式无线电手机相连的生命线适配器上,可以使通话效果达到最佳。

③为了测试便携式无线电手机是否能正常运作,可将该手机远离地下铺设结构(天线、生命线、管道、电缆等),与基站进行通讯。手机应可以同样接受到来自其他手机的信号。

④该系统或系统的任何一部分不能正常工作时,应首先检查电池,电池的终端电压应该为7 V左右。

⑤如果远程控制装置与基站通讯正常,但无法与便携式无线电手机进行通讯,应检查音频线路是否断路或短路。另外,检查远程控制装置到基站的电压(从RCU到PTT需要10 V的电压)。

三、矿山应急救援视频通讯系统

1.应急救援视频通讯系统用途和特点

①通过应急救援视频通讯系统可进行视频、语音的双向传输,能保证救援现场与后方指挥中心实时的进行音、视频交流。

②该系统能够全天候使用,不受地域、自然环境以及灾害影响。

③系统安装、使用便捷,事故现场人员能够快速建立与外界的通信联系。

④系统能够方便的与现有视频会议系统进行连接,使召开多方参与事故现场会议。

⑤在地面通信网发生灾害故障时,YJ-NET可以及时替代完成通信工作。

2.应急救援视频通信系统基本组成

应急救援视频通信系统主要由6部分组成:

①卫星室外单元。主要设备为卫星天线。该天线为单偏置抛物面天线,其结构特点是:反射面由6片组成,采用快速锁扣连接,避免了安装工具的携带及螺钉紧固;馈源支杆轻巧稳定,俯仰、方位均可调整锁定;支腿可灵活展开;整个天线结构设计合理,各部件拆装方便,整体装箱收藏。该天线焦距短、体积小、质量轻、稳定性好、便于携带。

②卫星室内单元。主要设备为DW7000小站——宽带卫星路由器。

③音、视频信号处理。主要包括网络视频服务器和网络视频解码器。通过嵌入式解码器无须PC平台即可将数字音视频数据从网络接收解码后直接输出到显示器和电视机,同时能与编码器进行语音对讲。

④计算机局域网。

⑤系统外围设备。包括笔记本电脑、摄像机、麦克风、液晶电视、车载电视、8口交换机。

⑥移动机箱。主要用途是把DW7000小站、网络视频服务器、网络视频解码器、交换机组合为一体,保护设备的安全,方便携带。

3.应急救援视频系统的日常维护

应急救援系统的设备维护极为重要,由于平时不经常使用,因此需要定期进行人员演练和设备维护。对于编解码器的演练,可以采用两台小站网络交换机互联的方式演练。

2.2.4　灭火装备

一、高倍数泡沫灭火机

(一)概述

1.发泡机的种类

高倍数泡沫发生装置,简称发泡机。它是产生高倍数泡沫的主要设备,有许多种类。

(1)按发泡机的允动方式来分,可分为5类:

①电力驱动的发泡机；

②水轮驱动的发泡机；

③内燃机驱动的发泡机；

④水力冲式的发泡机；

⑤水力引射式的发泡机。

（2）按发泡机的特性、尺寸及发泡量的不同，可分为3类：

①大型发泡机：它的体积和重量都较大，发泡量一般在 $500 \sim 1\,000\ \mathrm{m^3/min}$，多设置在固定的地点或拖车上，属于大空间场所的专用设备，适用于快速扑灭大空间火灾。

②中型发泡机：它的结构简单，材质轻，便于搬用，机动性强，安装快，使用范围广，发泡量一般在 $100\ \mathrm{m^3/min}$ 以上，目前我国煤矿中使用的多为这种类型。

③小型发泡机：它具有体积小，重量轻，使用方便，机动灵活的特点，多为手持式，一般发泡量在 $100\ \mathrm{m^3/min}$ 以下，适用于小空间场所的灭火。

此外，按照使用条件的要求，可分为防爆型与非防爆型。以防爆电机或水力驱动的发泡机均属于防爆型，以一般电动机或内燃机驱动的发泡机属于非防爆型的。

总之，各种类型的发泡机都具有各自的技术特性与使用条件，在使用时应根据具体条件和实际情况适当选用，以达到安全有效的灭火目的。

2. 发泡量与喷液量的计算

高倍数泡沫的每个泡里都包裹着一定量的空气，因此计算泡沫发生量时首先需确定风机供风量，两者之间的关系用下式表示：

$$\frac{Q_\mathrm{f}}{Q_\mathrm{p}} = K_0$$

式中　　Q_f——风机供风量，$\mathrm{m^3/min}$；

Q_p——发泡量，$\mathrm{m^3/min}$；

K_0——风泡比，1.2～1.3。

假如风机供风量 Q_f 为 $240\ \mathrm{m^3/min}$，取风泡比为 1.2 时，求得产生发泡量为：

$$Q_\mathrm{p} = Q_\mathrm{f}/K_0 = \frac{240\ \mathrm{m^3/min}}{1.2} = 200\ \mathrm{m^3/min}$$

试验证明，当泡沫剂配方确定的，泡沫的含水量、倍数、稳定性也就确定了。配方泡沫液浓度为 2.4%，要求含水量为 $1.25\ \mathrm{kg/min}$ 时，用上述公式可求得耗液量和泡沫剂耗量：

$$Q_\mathrm{r} = 200 \times 1.25\ \mathrm{kg/min} = 250\ \mathrm{L/min}$$

$$Q_\mathrm{g} = 250 \times 0.024\ \mathrm{L/min} = 6\ \mathrm{L/min}$$

粉态泡沫剂在使用时需要配液，所以 Q_S 值应减去配制抽吸用泡沫液所需的水量，一般按粉与水之比为 1:3 配制成泡沫液，则：

$$Q_\mathrm{S} = Q_\mathrm{r} - 3Q_\mathrm{g} = 250 - 3 \times 6 = 232\ \mathrm{L/min}$$

式中　　Q_r，Q_g，Q_S——发泡机喷液量、发泡剂耗量、发泡供水量，$\mathrm{L/min}$。

（二）BGP-200 型发泡机

这种发泡机是属于防爆可移动式的中型发泡机，主要适用于扑灭煤矿井下巷道及其他地下或半地下建筑物（油罐）等有限空间的煤炭、木材、油类及织物等明火火灾。这种发泡机可拆卸抬运，安装方便，主要由 3 部分组成：对旋式轴流内机、泡沫发射器、潜水泵等供液系统。

工作原理:通过潜水泵排出的泡沫溶剂(泵吸水口同时吸水和泡沫剂),以一定压力 0.1～0.14 MPa 经旋叶喷嘴,均匀地喷洒在棉线织成的双层发泡网上,借助于风机风流的吹动,即连续地产生大量的空气机械泡沫。其泡沫性能稳定,输送泡沫的能力较强,在 6 m² 断面水平巷道中输送泡沫距离可达 250 m 以上,试验时达到 340 m,其工艺流程如图 2-2-7 所示。

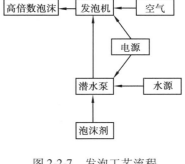

图 2-2-7 发泡工艺流程

1. 发泡机的构造

1)风机

对旋式轴流风机,它不同于一般轴流式风机,它没有导流装置。风机的主要技术特征是:

工作轮直径:500 mm;

风轮转速:2 900 r/min;

风筒内径:504 mm;

风量:150～250 m³/min;

全风压:900～2 400 Pa。

2)泡沫发射器

泡沫发射器直接影响发射量和泡沫质量,是发泡机的关键部件。为了便于在矿井中安装和运输,用金属活架和人造革外壳做成折叠式发射器,方形出口,易于嵌入临时密闭中,其结构如图 2-2-8 所示。

(1)泡沫喷嘴是泡沫发射器产生泡沫的主要部件。其结构如图 2-2-9 所示。

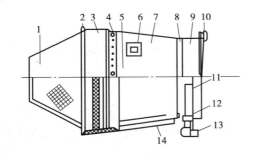

图 2-2-8 泡沫发射器结构示意图

1—发泡网组合件;2—固定销;3—网框;4—薄钢带;
5—人造革风筒;6—U 型管水计接头;7—观察窗;
8—喷嘴;9—圆筒;10—连接卡子;11—连接管;
12—锁紧螺母;13—水带接头;14—活节支架

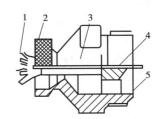

图 2-2-9 泡沫喷嘴

1—叶轮;2—调节套;3—心轴;
4—支架;5—本体

喷嘴叶轮是借助于压力水流的冲击使叶轮旋转的,共有 10 个叶片,每个叶片扭角为 30°,在叶轮旋转离心力的作用下,泡沫溶液能均匀地喷射到网面上,与所供风流分布相吻合,即产生大量泡沫。因为叶片工作时处于高速旋转状态,不易被水中的煤屑、沙粒等障碍所堵塞,这是此种喷嘴的独特之处。另一特点是工作水压较低,例如在 90 kPa 水压时,便达到正常喷洒的要求。

（2）发泡网，也是产生高倍数泡沫的主要部件。其结构如图 2-2-8 所示。

在安装时，第二层网在外面，两层网之间的距离为 25～30 mm。

3）供液系统

供液装置以采用潜水泵为主，对潜水泵的性能要求，扬程在 5 m 以上，流量不小于 15 m³/h。为了保证按比例抽吸泡沫液，将潜水泵的原环形吸水口改成一根吸水管，并在吸水管上装设滤网、吸药管和控制阀门。具备静压管条件提供 4 kg/cm² 以上压力水时，可使用负压比例混合器来供给泡沫液，取消潜水泵。

BGP-200 型发泡机的技术特征：

发泡量：190～200 m³/min；

喷嘴工作水压：0.1～0.14 MPa；

喷液量：250～350 L/min；

泡沫液浓度：2.4%（TFP-1 泡沫剂）；

泡沫倍数：700～800；

驱动风压：1 670 Pa；

风泡比：1.5～1.25；

电动机功率：2×4 kW；

出口尺寸：650 mm×650 mm；

全机质量：255 kg（可拆分四件搬运）；

浓液成泡率：95% 以上。

2. 发泡机的保养

①发泡机是轻质材料制造，在搬运过程中要轻抬轻放，以防损伤机体，影响正常使用。

②发泡机使用过后，水带和发泡网等部件要清洗干净，以防沤烂。

③发泡机的活节部位要涂油防锈。

④潜水泵和比例混合器使用后，要抽吸清水清洗，防止残液滞留其中锈蚀机体。

⑤喷嘴里的旋叶易损坏，要注意保护，经常检查，及时更新。

⑥要特别注意保护观测驱动风压值的玻璃管水柱计。

3. 在发泡过程中常见的问题和解决办法

泡沫灭火是一项综合性的灭火技术，影响产生泡沫量和泡沫质量的因素较多，因此在使用过程中对每一环节、每一个影响因素都必须给予足够的重视，否则就得不到理想的泡沫，影响灭火效果。

（1）随着发泡时间的增长，泡沫量增多，对出口处密闭的压力增大，常常会出现漏泡沫现象，严重时会影响正常发泡。因此，一旦发现有漏泡沫地方，应立即堵严。

（2）在发泡过程中，有时出现泡沫稀稀拉拉，有飞泡现象，泡沫量小，稳定性差。其原因有以下 3 点：

①风泡比失调，主要是风速大，应调小风机进风量，减少进风，使风泡比配合相当。

②药剂浓度低于配方下限范围。主要原因：一是配药时比例不对，加水过多，有效药量减少。这时就要开大吸药阀门，增加吸药量来补救；二是吸药量太小，控制阀开的小或接头有漏气现象，检查吸药管滤网是否堵塞；三是比例混合器及喷嘴等被堵塞，或水压过大，不但不吸药，有时还会出现倒水现象，应注意观察压力表，除去堵塞物。

③泡沫稳定性差,脱水快,发出的泡沫很快破损。原因:一是配药时,忘加稳定剂,应补加稳定剂;二是喷嘴叶轮不转,水成股流喷出,应调节叶轮,使其正常旋转;三是泡沫剂质量差,适当提高药剂浓度;四是温度低于15 ℃,药剂溶解差,应提高泡沫剂温度。

(3)不发泡或泡沫量很少。喷嘴叶轮碰坏或磨损冲掉,不能发泡。发泡网久用腐蚀,吹破或不牢固被吹掉,不发泡。这种现象出现时,水柱计会突然下降。

(4)泡沫喷嘴偏移发泡网中心,使喷洒液在网面上出现不均,影响风泡比,泡沫量少,而且质量不好。

(5)潜水泵吸水口靠近水池边影响吸力。此时应将潜水泵吸口放于池中间。

(6)吸药管未完全插入药剂桶中,或只吸沫没有吸液造成吸入假象,影响泡沫质量。

4.操作程序及注意事项

泡沫灭火与其他灭火技术一样,都不是万能的灭火方法,一定要注意使用条件。在灭火时当大量的泡沫将明火扑灭后,必须配合其他方法将残余火彻底扑灭。使用时,必须考虑电源、水源以及泡沫输送通道等。当采用风筒输送泡沫时,在发射器出口安装大小头连接筒,并要控制进风量。在使用泡沫灭火时,首先要选择合适的发泡位置,发泡机应装设在水源、电源方便,距离火区较近的地方。如果井下没有存水点就将潜水泵放在盛水的矿车内。地点选定后开始配泡沫剂、打密闭、安装发泡机。同时要把泡沫通向火区沿途的支巷全部封闭,切断通向火区的电源。当一切准备好时,开动风机,供水、供药,开始发泡。在发泡过程中,要注意观察驱动风压水柱计上升情况。正常发泡时,水柱计随着泡沫塞阻力增加是逐步上升的。当泡沫到达火区与火相搏斗时,由于温度升高,泡沫大量消失,这时水柱计会出现平衡状态。在泡沫越过火区时,随着泡沫塞在巷道输送长度的增加,阻力加大,水柱计又开始连续升高,这说明泡沫已把火灭掉又继续前进。再发一段时间即可停止发泡,停止时,要先停风,后停水,并将风机入风口堵死,以防进风破坏已形成泡沫塞的密封作用。

实践经验证明,用泡沫灭火时,应避免间断发泡,连续作战灭火效果好,又节省泡沫剂的消耗。在往密闭墙上安装发泡机时不要硬撬,以免损坏折叠支架等。

(三)BGP-400型高倍数泡沫灭火机

1.用途

适用于扑灭煤矿井下、隧道、仓库、地下商场、船舶等有限空间的大面积明火火灾。

2.主要技术参数

①电源:380~660 V;

②总功率:18.5 kW;

③发泡量:350~400 m³/min;

④喷药量:360~450 L/min;

⑤泡沫倍数:700~900;

⑥泡沫浓度:1.3%~2.4%;

⑦风机风量:480~510 m³/min;

⑧风机风压:1 270~1 570 Pa;

⑨喷嘴压力:0.12~0.2 MPa;

⑩发泡机出口直径:φ820;

⑪外形尺寸:1 620 mm×820 mm×1 080 mm;

⑫发泡机质量:250 kg。

3.操作方法

此型号发泡机与BGP-200型发泡机的操作顺序基本一致。因此,不作详细介绍。

二、惰气发生装置

惰气发生装置是利用燃油燃烧产生氮气来降低火区的氧气含量,从而抑制瓦斯爆炸,达到扑灭火灾的目的。它是高瓦斯矿井惰性化的理想新型灭火装备,适用于矿山井下、隧道、车库、地下商场等封闭场所,扑灭有限空间的大面积火灾。目前我国矿山救护队使用的惰气发生装置有EQ-150型及DQ-400/500型。下面以DQ-400/500型惰气发生装置为例进行介绍。

1.工作原理及其构造

①工作原理以普通民用煤油为燃料,在自备电动风机供风的条件下,特制的喷油室内适量喷油,通过启动点火,引燃从喷油嘴均匀喷出的油雾,在有水保护套的燃烧室内进行燃烧,高温燃烧产物经过在烟道内喷水冷却降温,即得到符合灭火要求的惰性气体。

②装置的构造该装置由供风装置、喷油室、风油比自控系统、燃烧室、喷水段、封闭门、烟道、供油系统、控制台及供水系统等部分组成,如图2-2-10所示。

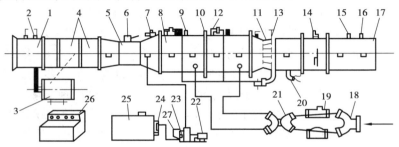

图 2-2-10　DQ-400/500 型惰气发生装置

1—进风筒;2—自控传感器;3—电机;4—风机;5—正流段;6—点火线圈;7—点火器;
8—燃烧室;9—安全阀;10—快卸环;11—喷嘴;12—压力传感器;13—水环;14—封闭门;
15—温度传感器;16—取气管;17—烟道;18—分水器;19—滤水器;20—水漏;21—三通管;
22—电动机;23—油泵;24—油电机与开关;25—油箱;26—操作台;27—回油铜管

2.使用方法及注意事项

DQ-400/500型惰气发生装置,属非防爆型的灭火装置,在井下使用时,必须安装在有电源、水源,巷道平直长度不小于 15 m、断面大于 4 m^2 的入风侧,并且巷道风量不小于250 m^3/min,操作区的瓦斯含量不得大于0.5%,粉尘浓度应控制在规定的范围内。

1)操作程序

①在整机连接安装(在巷道里应采取后退式安装)好后,首先检查风机、水泵及油泵的转向。

②开机时,油门角处于最大位置5 s后,启动水泵供水。当水套充满水,喷水环处有压力时,开始点火。随后启动油泵供油燃烧,由于燃烧火焰及喷水的作用产生阻力,使风量减小,经通风油自控系统,油门可随之关小(整个启动过程是由时间继电器控制的,按一下按钮即可完成启动全过程)。

③在整机启动后正常发气时,注意观察水压、油压和油门角度,以及出气温度表的变化。在操作过程中,当油门角为20°~40°或油压在2.5~4 MPa时,即可判断燃烧状态(风油比)的

变化情况。

④停机顺序(发气结束时)。先停油泵、风机,2 min 后关水泵,并立即关闭烟道中的封闭门,防止停机后空气进入火区助燃。如果在启动或停止过程中,需要风机、水泵、油泵单项试运转时,按强制钮即可得到单项运转或停止。

2)注意事项

①在连接供油泵系统时,首先开油泵循环 10 s,将油泵和管路充满油后,再将出油管接到喷嘴上。

②所有供油系统接头处不得漏油,一旦漏油不得开机,防止影响燃烧和引起着火。

③注意观察油位指示器液面界线值,及时往油箱里补充燃油。注意过滤,确保油质,以防堵塞喷油嘴。

④机器开动后注意巡视,发现问题及时处理。

⑤不得随意扭动多圈调位器位置。

⑥安装点火器时,必须把引燃管安牢。

三、二氧化碳发生器

二氧化碳发生器采用普通碳素结构钢制成高压容器,通过化学反应产生 CO_2 气体。CO_2 惰气成分中无氧气,CO_2 浓度大于 98%,出气温度低于环境温度。构造如图 2-2-11 所示。

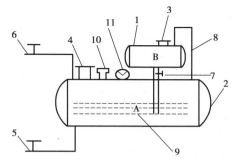

图 2-2-11　CO_2 发生器的构造
1—B 物料(浓硫酸)容器;
2—A 物料(硫酸氢铵)容器;3—B 物料装料口;
4—A 物料装料口;5—反应排料口;
6—CO_2 输出阀;7—控制阀;
8—压力平衡管;9—B 物料分布管;
10—安全阀;11—压力表

1. 主要用途及原理

CO_2 发生器具有抑爆和灭火作用,既能防止火区瓦斯爆炸,又能扑灭井下内因火灾和外因火灾。它通过浓硫酸(B 物料)和碳酸氢铵(A 物料)发生化学反应,产生纯 CO_2 气体,并从反应生成物中收集 CO_2 进行预防和灭火。其化学反应式如下:

$$H_2SO_4 + 2NH_4HCO_3 \rightleftharpoons (NH_4)SO_4 + 2H_2O + 2CO_3$$

2. 设备安装步骤

①设备安装前要进行定位,要打好水泥混凝土基础,基础要求高出地面不少于 200 mm。

②设备的装配要正确。

③排气口设在 A 容器的上部,排污口设在 A 容器的底部。

④紧固件螺丝要牢固、齐全。

⑤并联件之间要加密封垫,要紧固严密、不漏气。

⑥管路连接完成后,对系统要进行压力试验,要保证不漏气、不卸压。

3. 设备操作方法

①设备使用前,先检查发生器上的所有阀门、连接件,所有阀门应处于关闭状态,并要保持连接件密封良好,无漏气现象。

②将 250 kg 碳酸氢铵加入到 A 容器,另加入 200 kg 水,使碳酸氢铵溶解,然后关闭 A 容

器进料口。

③将 155 kg(98%)或 165 kg(93%)浓硫酸加入 B 容器中,然后关闭 B 容器进料口,打开排气阀。

④将 A,B 容器之间的控制阀打开,B 容器内的浓硫酸流入 A 容器内的碳酸氢氨中,两物料反应生产 CO_2。然后,打开排气阀通过管路把 CO_2 送至火区。化学反应结果使 A 容器压力升高,当压力超过 0.55 MPa 时安全阀应自动开启,保护设备安全。

⑤该装备制气过程在 5 min 之内完成,并产生常温常压下 76 $m^3 CO_2$ 气体。制气反应结束后,首先,关闭 A 容器与 B 容器之间的控制阀。其次,确定容器内无残存压力,即压力表显示为"零"(与大气的相对压力)时,方可关闭排气阀。最后,打开排污阀进行排污,同时打开 B 容器装料口,装入浓硫酸。排污工作结束后及时关闭排污阀,再打开 A 容器装料口,装入碳酸氢氨。

⑥使用两台设备交替制气不间断产生 CO_2 气体,不间断地向火区注气。各台设备制气过程将重复上述操作程序,使产气量达到或超过 1 000 m^3/h,并输送到火区内进行灭火。

⑦每次反应的残留物要全部放出,然后才可第二次加料。

⑧残留物用专用工具盛装,可回收作为农用肥料。

⑨工作结束时用清水将发生器冲洗 3 遍,清洗干净,关闭全部阀门,所有转动部件注入黄干油,并对设备重新进行防腐处理。该设备在异地再次使用时要按压力容器使用的规定重新打压检验,符合压力容器的有关规程后方可使用。

4 使用的安全注意事项

①使用过程中,压力表压力超过极限安全值,安全阀不启动时,应立即关闭控制阀,停止制气,手动开启安全阀。同时打开输出阀或排污阀将容器内的 CO_2 气体卸压。待压力表指示零后,更换新安全阀。

②运输使用浓硫酸时,一定要按运送、使用浓酸危险品的方法来运送和安全使用,要根据现场制订专门的措施后方可使用。

③设备运输过程要严防强烈冲击,高空坠落造成设备变形或结构受损。设备搬运要用汽车、火车、矿车等运输工具,用吊车装卸,严禁采用坠落式装卸。

④设备长期不用时,要贮存在仓库中,每年要对设备内外进行一次防腐处理。

5 设备维修保养

设备要定期检查、保养和维修,设备不使用时每年检查保养两次。对使用过程中经常开启的控制阀门要进行班检及使用前检查,对损坏部件要进行维修和更换,特别是装料控制阀要定期更换石棉铅粉盘根或改用石墨盘根,要保持良好的密闭性,对压力容器使用应按国际规定按时检验。设备要保持清洁,外表的粉尘要清除干净,设备内外要定期进行防腐处理。

2.2.5 检测仪表

一、呼吸器校验仪

(一)AJH-3 型氧气呼吸器校验仪

在对矿山救护队指战员配备的氧气呼吸器进行性能检查或校验时,可采用 AJH-3 型氧气呼吸器校验仪。

1．检查呼吸器的整机及组件的性能

①在正压和负压情况下的气密程度。

②自动排气阀和自动补给阀的启闭动作压力。

③呼吸器定量供氧和自动补给氧气流量。

④呼气阀在负压和吸气阀在正压情况下的气密程度。

⑤清净罐的气密程度。

⑥清净罐装药后的阻力。

2．AJH-3 型氧气呼吸器校验仪的主要技术特征

①压力检测参数：测量范围为 −980 ~ +1 176 Pa；精度为 2.5 级。

②流量检测参数：测量范围，大流量计为 100 L/min，小流量计为 2 L/min；精度为 2.5 级；测量比为 1:10。

③手摇泵供气流量为 12 L/min（以 40 次/分往复计）。

④定量供气流量为 0 ~ 60 L/min。

⑤质量（不包括附件及备件）为 8 kg。

⑥外型尺寸为 360 mm ×210 mm ×190 mm。

3．构造

AJH-3 型氧气呼吸器校验仪由上部流量单元和下部供气单元组成，如图 2-2-12 所示。

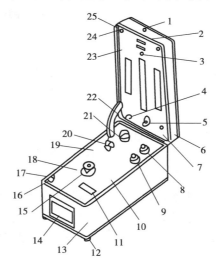

图 2-2-12　AJH-3 型校验仪外形及构造图

1—扣锁按钮；2—气压抵抗器接头；3—水柱压力计接头；4—小流量计接头；

5—水柱调零手轮；6—上箱盖；7—大流量计接头；8—减压器调节旋钮；

9—外接氧气瓶接头；10—手摇泵摇把；11—铭牌；12—垫脚；13—下箱体；

14—提手；15—换向阀旋钮；16—弹力垫；17—手摇供气接头；18—下护板；

19—定量供气接头；20—流量阀调节旋钮；21—氧气压力表；

22—支架；23—上护板；24—护板螺钉；25—垫圈

1）测量单元

在测量单元装有下列仪器：

①2 L/min 的玻璃管转子流量计；

②100 L/min 的玻璃管转子流量计；

③ -980 ~ +1 176 Pa 液体压力计(能兼作气压底抗器)。

上述仪器分别用螺丝、支柱、卡环等固定在刻有长方形观察孔的上护板上,组成一个测量系统。这个系统再由位于保持板四角的螺丝将其仪器外壳的上箱盖连接在一起,组成了仪器的上部。

2. 供气单元

在供气单元装有下列装置:

(1)手摇供气系统。这个系统由手摇泵单向阀、换向阀和手摇供气接头通过气管连接构成。这个系统由仪器外壳的底板及其下面的螺钉将其固定。为了操作方便,换向阀的旋钮、手摇泵的摇把及手摇供气接头露在仪器的下护板外面。

(2)定量供气系统。这个系统由外接氧气瓶接头、减压器、压力表、流量阀、定量供气接头,按照各部工作压力的大小,分别用不同的气管连接组成,由螺钉安装在仪器的下护板上。整个下护板也是由四角的螺丝及连接支柱固定在仪器外壳的底板上。仪器的各接头均有带垫圈的管口帽加以保护,在接头附近,设有表示该接头名称的标志牌。仪器的各调节旋钮也有表示它们各自名称的标示牌,牌上有箭头或符号指示着调节方向。

仪器的上下部由折页连接,使用时按住扣锁的按钮向上抬起仪器上部,支架即可使仪器的上部与下部水平面垂直。使用后合盖时,需预先将支架向上向前抬起,以避开支架上的防止倒转结栓。仪器在使用时,下部应水平放置。

4. 使用方法

1. 氧气呼吸器的检查方法

氧气呼吸器在整机状态下的 5 个主要性能指标,是救护队指战员在日常战备维护和作战间隙中必须检查的项目。

(1)在正压情况下氧气呼吸器的气密性检查

在氧气呼吸器的自动排气阀上先安装一个垫环,使自动排气阀门在气囊内压力增高时不致开启。然后用口具接头 3 和两根条带螺纹接头的橡皮单管 2,4 把氧气呼吸器的口具与校验器的手摇供氧接头 1 和水柱气接头 5 连接好,并将抵抗器接头 6 打开(见图 2-2-13),把换向阀旋钮 8 转到"+"后,摇动手摇泵将空气压入呼吸器系统内,到水柱压力计内液柱上升至大于 980 Pa 为止。同时,将换向阀的旋钮 8 转到"0",水柱平衡时即观察其下降速度。

氧气呼吸器在 1 000 Pa 的压力下,保持 1 min 压力下降不得超过 30 Pa。向呼吸器系统输气时,整理气囊,使气体能顺利充满,以保证测量的准确性。

(2)在负压情况下氧气呼吸器的气密性检查

连接方法与上述完全相同,如图 2-2-13 所示。

将换向阀旋钮 8 转到"-"后,摇动手摇泵,把呼吸器系统内的空气抽出,直至水柱压力计中的水柱降到 -780 Pa 为止,并将换向阀旋钮 8 转到"0"。观察水柱上升速度,每分钟不超过 29 Pa,为合格。

(3)自动排气阀的启闭动作压力检查

连接方法同上,如图 2-2-13 所示。

把安装在排气阀上的垫环去掉,将换向阀的旋钮 8 转到"+",用手摇泵向呼吸器系统输气,当气囊充满时将换向阀的旋钮转到"0"后,打开被检查呼吸器的氧气瓶开关,根据水柱液面的高度,确定自动排气阀的开启动作压力。

当呼吸器在水平位置时,自动排气阀开启动作压力应在 +190 ~ +294 Pa 范围内,否则需要调整排气阀。

（4）自动补给阀的启闭动作压力检查

连接方法同上,如图 2-2-13 所示。

换向阀的旋钮 8 转到"－"后,打开被检呼吸器的氧气瓶开关,一边利用手摇泵从呼吸器中向外抽气,一边观察水柱压力计的液面高度。当被检查的呼吸器在水平位置时,自动补气阀的开启动作压力应在 －147 ~ +245 Pa 范围内。这时补给的氧气不断输入,手摇泵继续抽气,水柱液面高度应无显著变化。

若自动补给间开启时的负压不在上述范围内,需调自动补给阀。

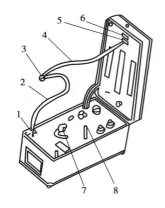

图 2-2-13　呼吸器整机性能的检查
1—手摇供氧接头;2—单管;3—口具接头;
4—单管;5—水柱计接头;6—抵抗器接头;
7—手摇泵摇把;8—换向阀旋钮

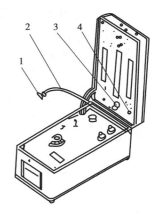

图 2-2-14　定量供氧流量检查
1—M20 接头;2—单管;
3—M10 接头;4—小流量计接头

（5）呼吸器定量供氧流量检查

呼吸器定量供氧流量检查,即测定通过被检呼吸器的供氧装置的节流孔所排出的氧气流量是否正常。连接方法如图 2-2-14 所示。

在拆下被检呼吸器的气囊,用 M20 接头 1、单管 2 和 M10 接头 3 将被检呼吸器的供气装置（自动肺或减压器的输出接头）与检验仪的小流量计接头 4 连接上。

检查时,打开被检呼吸器的氧气瓶开关,根据小流量计浮子上升到平衡位置时的指示值,读出被检呼吸器定量供氧流量值。

中等体力劳动条件下使用呼吸器时,一般应根据佩戴者呼吸量的大小将其氧气呼吸器的定量供氧流量调整到 1.1 ~ 1.3 L/min。

2）氧气呼吸器主要部件的检查

在定期检修呼吸器时,需要对其主要部件进行检查,检查项目如下:

①呼吸器自动补给氧气流量的检查;

②呼气阀在负压（吸气）情况下的气密程度检查;

③吸气阀在正压（呼气）情况下的气密程度检查;

④清净罐的气密程度检查；

⑤清净罐装药后的阻力检查。

5. 保管与维护

①仪器应放在干燥通风的室内，存放的环境中不应有引起仪器腐蚀的杂质。

②仪器使用完毕后，应用附属管口帽将各接头密封好，用干布擦净表面，然后扣上机锁，并将全部校验工具、接头等整理好，放入工具袋中。

③水柱压力计注水时，应先将零位调节旋钮全部退出，以便使调零胶球中的气泡完全排出，然后用调零旋钮将液面大致调到零位。

④使用水柱压力计时，应调水柱到零位。

⑤仪器使用前，需检查其气密性。方法是：用 M10 接头和单管把仪器的手摇供气接头和水柱计接头连接，然后用手摇泵输气加压，直到水柱计指示为 1 176 Pa 时，将换向阀旋钮转到"0"位。1 min 内水柱下降不超过 29 Pa 为合格。

⑥使用仪器时，应无油脂操作，手、工具等应先用肥皂洗净。

⑦水柱压力计和流量计的玻璃管，若有污迹应及时拆洗。

⑧手摇泵的密封毡圈和换向阀的密封环等，发现不气密时应予更换。

⑨流量阀下的过滤镍网及螺旋导管两端的过滤镍网，应定期拆洗或更换，以免异物堵塞。

（二）OHT-1 氧气呼吸器检验仪

1. 用途

这种仪器主要用于检验各种正压氧气呼吸器及负压氧气呼吸器的技术性能，为救护队进行氧气呼吸器的修理及日常检验时判断其可靠性提供保证。

2. 检验项目

①校对压力表的准确性；

②正压氧气呼吸器的正压特性；

③安全阀开启性能；

④减压器内部压力检验；

⑤定量孔孔径检验；

⑥自动补给量检验；

⑦手动补给量检验；

⑧低压气密检验（正负压）；

⑨排气阀开启压力检验；

⑩自动补给压力检验。

二、快速测定器

快速测定器是由测定管和吸气装置两部分组成。

（一）测定管的结构与原理

测定管的结构如图 2-2-15 所示。它是由外壳 1、堵塞物 2、保护胶 3、隔离层 4 及指示胶 5 等组成。外壳是由中性玻璃管加工而成。堵塞物用的是玻璃丝布、防产棉或耐酸涤纶，它对管内物质起固定作用。保护胶是用硅胶作载体吸附试剂制成，它的作用是除去对指示胶变色有干扰的气体。隔离层一般用的是有色玻璃粉或其他惰性有色颗粒物质，它对指示胶起界限作用。指示胶是以活性硅胶为载体，吸附化学试剂经加工处理而成，被测气体的浓度便由它来显示。

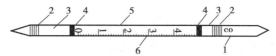

图 2-2-15 测定管

1—外壳;2—堵塞物;3—保护胶;4—隔离层;
5—指示胶;6—被测气体浓度的刻度

测定管的工作原理:当被测的气体以一定的速度通过测定管时,被测气体与指示胶发生有色反应,根据指示胶变色长度来确定浓度,称为比长式测定管。用于煤矿的测定管有 O_2,CO_2、H_2S 及 NO_2 等几种。

(二)吸气装置

1.构造

J-1 型采样器的构造如图 2-2-16 所示。它是由铝合金管及气密性良好的活塞所组成,抽取一次气样为 50 mm。在活塞杆 4 上有十等份刻度,并标有吸入试样的毫升数。采样器的前端有一个三通阀,当阀把 3 平放时,是吸取气样位置。取样地点采样器不便进入时,可在气样入口处接胶皮管吸取,将阀把 3 置于垂直位置时,可将吸入的气样通过孔 2 压入测定管,而阀把 3 处于45°位置时,则是密闭状态。

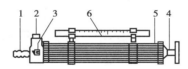

图 2-2-16 采样器

1—采样入口;2—测定管插孔;3—三通阀把;4—活塞杆;
5—吸气筒;6—温度计

2.测定方法

1)采样与送气

不同的测定管要求不同的采样和送气方法。对于不活泼的气体,如 CO,CO_2 等,一般是将气体吸入采样器。在采样时,应在测定地点将活塞柱抽送 2 次到 3 次,使采样器内原有的空气完全被气体取代。打开测定管两端的封口,把测定管标"0"的一端插在采样器的插孔 2 上,然后将气样按规定的送气时间以均匀的速度送入测定管。如果是较活泼的气体,如 H_2S,则应先打开测定管的两端封口,把测定管的浓度标尺上限一端插在采样器的气样入口 1 上,然后以均匀的速度抽气,使气体先通过测定管后进入采样器。在使用测定管时,不论是送气或抽气采样,都应按照测定管使用说明要求准确采样。

2)读取浓度值

测定值上印有浓度标尺。浓度标尺零线一端称为下端,测定上限一端为上端。送气后由变色柱(或变色环)上端所指示的数字,可直接读取被测气体浓度。根据变色柱的状况有 4 种度量方法。

①变色柱界限与"0"线平行,清楚无虚影,则变色柱所指示的数字 C 便是被测气体的浓度。

②变色柱界限与"0"线不平行,则应以变色柱界限所示的两个数字的平均值作为测定

结果。

③变色界限为凹面,则应以凹面的最低点和最高点所示的两数值的平均值为其测定结果。

④变色界限不清楚、有虚影。变色柱往上颜色逐渐变浅消失,这一段称为变色柱的虚影。应以变色柱长度加虚影的一半作为测定结果。

3. 高浓度的测定

如果被测气体的浓度大于测定管的界限(即气样还未送完,变色已满管时),应首先考虑测定人员的防毒措施,然后采用下述方法进行测定。

①稀释被测气体。在井下测定时,先准备一个装有新鲜空气的胶皮囊,测定时先吸收一定量的待测气样,再用新鲜空气稀释至1/2～1/10,送入测定管,将测得的结果乘以稀释的倍数,得出被测气体的浓度值。例如,用二型 CO 测定管进行测量,先吸取气体 10 mL,后用 40 mL 新鲜空气稀释,用 100 s 的时间,均匀送入测定管,测得浓度为 0.04%,被测气体的实际浓度按下式计算:

$$0.04\% \times (10 + 40)/10 = 0.2\%$$

②采用缩小送气量和送气时间进行测定。如采样量为 50 mL,送气时间为 100 s 的测定管,测高浓度时,使采样量为 50 mL/N,送气时间为 100 s/N,这时:

$$被测气体的浓度 = 测定管读数 \times N$$

对于采样量为 100 mL,送气时间为 100 s 的测定管,N 可取 2 或 4;如果要求采样量为 50 mL,送气时间为 100 s,N 最好不要大于 2,因 3 过大,采样量太少,容易产生较大的误差。

4. 低浓度的测定

如果被测气体浓度低,结果不易度量,可采用增加送气次数的方法。

$$被测气体的浓度 = 测定管上读数/送气次数$$

例如,用二型 CO 测定管进行测定,按送气量为 50 mL,送气时间为 100 s,连续送气 5 次,测定管上显示的数值为 0.002%,这时被测气体中 CO 的浓度为:

$$0.002\% \times 1/5 = 0.000\ 4\%$$

三、BMK-1 型便携式煤矿气体可爆性测定仪

(一)用途

BMK-1 型便携式煤矿气体可爆性测定仪,是煤矿井下使用的隔爆兼本安型携带式仪器。矿山救护队员携带该仪器进入灾区,可监测作业环境中是否存在爆炸危险。在仪器显示屏上直接显示"爆炸三角形",达到或接近报警界限时,能发出声、光信号。

(二)技术特性

(1)可测气体量程:

O_2:3%～21%;

CH_4:0.5%～50%;

CO_2:0～10%(计算值)。

(2)响应时间≤45 s。

(3)电源:8 节可充电镍氢电池,2 节 24 V 为气泵电源,6 节 7.2 V 为其他部分供电,一次充电可连续工作 8 h。

(4)使用环境:

温度:-5～40 ℃;

湿度：<98%；

压力：85～110 kPa。

（5）气泵抽气量：≥100 mL/min。

（6）氧气传感器寿命：大于 28 个月。

（7）液晶显示屏：型号为 MGLS12864，显示尺寸为 46 mm×63 mm。

（8）爆炸三角形：CH_4:0～50%；O_2:0～20.9%

（9）质量：2.2 kg。

（10）外形尺寸：56 mm×191 mm×161 mm。

（三）结构与原理

1. 仪器结构

测爆仪由可充电池组、气泵、检测元件、键盘、单片机及液晶显示屏 6 部分组成。仪器面板共有 5 个按键：

①复位键：整机复位，初始化。

②采样键：采样检测。

③显示键：显示检查结果及爆炸三角形。

④清洗键：用当前环境的气体清洗传感。

⑤上挡键：复用控制键，本键与上面 3 个键联用有如下功能，即按住上挡键不松分别按以下各键，各自具有的功能为：

● 采样键：用 CH_4 标准气样校准仪器。

● 显示键：校准 O_2 或 CH_4 的零点。

● 清洗键：进入自动循环检测操作。

2. 工作原理

检测时，由气泵抽取气样通过 O_2 及测 CH_4 元件产生电信号，进行放大后由模拟开关对检测信号选通，模拟信号经 A/D 转换，将模拟转换成数字信号送到单片机，所接收的数据由软件运算程序进行数据处理，清除非线性因素进行温度补偿，以校正值在液晶显示屏上显示出 O_2，CH_4 及 CO 浓度，由键盘控制操作可显示爆炸三角形及坐标点位置，达到或接近爆炸界限时发出声、光报警信号。

（四）操作方法

（1）接通测爆仪整机电源，预热 15 min 后便可使用。

（2）按复位键，使仪器初始化，液晶显示屏上显示"准备"两字。

（3）按清洗键，气泵开始工作，用被测的气样清洗并替代传感器中原来的气样，30 s 后自动停泵。

（4）按采样键，气泵开始工作，液晶显示屏上显示"正在采样"，经过 30 s 采样后，气泵由单片机控制自动停止，再过 15 s 液晶显示屏上显示出分析结果并判定爆炸性，如果有爆炸性或接近爆炸区则在显示屏下部位显示"爆炸"二字，并发出声光报警信号。显示结果 30 s 后自动初始状态，显示屏上显示"准备"二字。

（5）需要显示爆炸三角形时，按显示键，液晶显示上先显示检测结果及爆炸性，30 s 后自动显示爆炸三角形、爆炸性和坐标点，30 s 后自动返回初始状态，液态显示屏上显示"准备"二字。

（6）重复第三步，进行下一次检测。

（7）需要进入自动进行循环检测操作时，按住上挡键再按清洗键直至显示出"正在采样"为止，自动循环按下面的顺序进行操作：采样，计算浓度、判爆→显示结果→显示三角形退出自动进行循环检测操作有两种方法：

①在显示三角形时按住"清洗键"，直至显示出"准备"字样时，及时松手。

②在显示结果或显示三角形时，按"复位键"即可退出。

（8）检测结束时，关闭仪器电源。

（五）充电

关闭电源后，将测爆仪放在电器上，打开充电器电源开关，"充电"指示灯亮，自动进行充电，充足电后，"充满"指示灯亮。整个过程需 12 ~ 14 h。充电结束后，应及时关闭充电器电源，取下测爆仪，避免长时间过充，影响电池寿命。

（六）注意事项

①如长期不用时，会造成氧传感器永久失效，因此每月至少通电 1 d，以免损坏氧传感器。

②充电必须在井上安全场所进行。

③在井下不得打开仪器。

④检修时，不得改变电路中元器件的规格型号及电路参数。

⑤使用时避免直接淋水。

（七）故障及维修

（1）液晶显示屏变暗或无字。

原因：可能电源供电不足。

处理：重新充电。

（2）CH_4 显示值与标准气误差太大。

原因：仪器内部漏气或元件失效；校 CH_4（零点或标样）没能在标准温度下进行，不能自动进行温度补偿。

处理：更换元件；重新校正。

（3）O_2 检测值在大气中显示低于 20%。

原因：O_2 传感器灵敏度下降。

处理：重新校 O_2 的零点及灵敏度。

（4）O_2 检测值总是零或某一固定数。

原因：传感器失效。

处理：更换 O_2 传感器，重新标定。

四、BQ-2 型便携式色谱仪

（一）用途

本仪器可对氢、氨、氧、一氧化碳、二氧化碳、甲烷等气体进行常规分析，并利用高级便携计算机计算处理后，显示爆炸三角形以及变化趋势，为抢险救灾和处理事故制订措施提供可靠的依据，主要供矿山救护队在救护基地使用。

（二）主要技术参数

①色谱仪完成一个气样分析时间：3 min。

②可测气体组分浓度：0.5% ~ 100%。

③色谱仪外形尺寸:260 mm×190 mm×125 mm。

④计算机的外形尺寸:295 mm×213 mm×5 mm。

⑤质量:自重2.5 kg,加 AD 总重为4 kg。

五、氢氧化钙吸收剂技术参数测定仪

在救护队员使用的氧气呼吸器清净罐中装有氢氧化钙药品,它是专门用来吸收救护队员在佩机工作时呼出的二氧化碳气体。为了保证氢氧化钙药品的质量,矿山救护规程规定:对于新入库的氢氧化钙药品进行检查,检查。氢氧化钙药品吸收率应大于30%,对于库存的氢氧化钙药品,每季度至少进行一次,药品含二氧化碳应小于5%,药品含水分应在15%～21%。只有这3个指标都符合规定后,救护队员才能使用。

(一)药品吸收率测定装置构造(见图2-2-17)

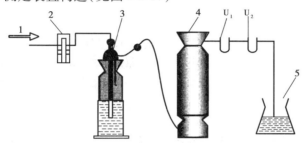

图 2-2-17　吸收率测定装置
1—二氧化碳气体流向;2—气体流量计;3—洗气瓶;
4—内装无水氧化钙的干燥塔;5—三角烧瓶

1.操作仪器安装

首先称量在后半部分已装好有氯化钙的 U_1 吸收管的质量;然后再将5～6 g氢氧化钙试样装入 U_1 的前半部分,再进行称量;最后将 U_1 吸收管的两侧分别接在干燥塔和干燥管 U_2 之间的接头处(U_1 所装氯化钙的主要作用是为了吸收反应过程中产生的水分。如果这部分水分流失就会使所计算的二氧化碳的吸收率偏低,造成分析误差)。

2.吸收率检测

安装完毕,首先检查整个仪器的气密性,然后打开仪器系统内的夹子与活塞,扭开钢瓶上的开关,使通过洗瓶的气泡保持在每秒在2～3个。通气过程中,二氧化碳将仪器内二氧化碳气体全部赶出后,吸收管 U_1 的前半部分就会开始发热,这表明氢氧化钙试样开始吸收二氧化碳。这时仅能看见浓硫酸洗气瓶中的气泡,而看不见锥形瓶中气泡的出现。通气后称重,然后再继续重复通气10 min,直到不增重为止。氢氧化钙试样的吸收率用下式计算:

吸收率 =(U_1 管吸收二氧化碳后质量 − U_1 管吸收二氧化碳前的质量)/试样重×100%

(二)二氧化碳含量的测定

测定氢氧化钙吸收剂中二氧化碳的含量仪器结构如图2-2-18所示。

一般情况下,在测定时,以四分法取平均试样。将取好的吸收剂试样放在表面皿上混合,从其中取20～25 g放在瓷乳钵中研成粗糙的粉末,然后倒在具有磨口塞的称量瓶中。为了避免呼出的空气对试样有所影响而歪曲分析结果,在采样和粉碎时不准朝着试样喘气。

这种仪器由下列基本部件组成:50 mL 容量的全刻度量管,量管的上部是十字形四通活塞,活塞内部都为"厂"形通路。量管刻度分成100 等份,每一刻度相当于0.5 mL,量管的细刻

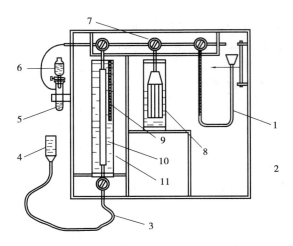

图 2-2-18　测定二氧化碳的含量仪器结构

1—压力计;2—支架;3—胶管;4—水准瓶;5—氢氧化钙试样;6—盐酸;
7—三通活塞;8—二氧化碳吸收器;9—温度计;10—量管;11—水套

度精密度为 0.1%。

（三）水分的测定

测定氢氧化钙吸收剂水分时,从包装桶里取出平均试样之后(如果超过 3 h 未能进行测定,必须重新取样。因为在空气中暴露时间过长,会使水分蒸发)。

将取好的氢氧化钙试样倒在一片纸上,并从其中用小勺在各点上采取 5~6 g,装入预先在天平称量好并带磨口塞的称量瓶中,然后再称取称量瓶与吸收剂的总质量。将装吸收剂的称量瓶放在预先加热到 200°~215° 的烘箱里,在这个温度条件下干燥 50 min。

干燥过后将称量瓶的塞子盖上,从烘箱里取出放在玻璃保干器里。冷却 30 min,然后称量。重复干燥几次直到获得恒量为止。经过干燥以后的质量差就是水分含量。水分的百分含量 W 月下列公式进行计算:

$$W = (b_1 - b_2) \times 100/a \tag{12-5}$$

式中　　a——氢氧化钙试样的质量,g;

b_1——称量瓶干燥前的质量,g;

b_2——称量瓶干燥后的质量,g。

取两个结果的平均值,二者之间的差不应超过 0.5%。

（四）GD-Ⅰ,Ⅱ型石膏灌注机

石膏灌注机是矿山井下构筑石膏密闭墙和石膏防爆密闭墙用以封闭火区或采空区的专用设备,亦可用来灌注泥浆、粉煤灰浆、石灰水直接灭火。

1.使用前的准备

(1)石膏灌注机必须由经过专门培训的救护小队操作使用。小队人员不应少于 7 人,其中小队长(或指挥员)1 人,司机 1 人,石膏装料员 2 人,软管检查员 1 人,密闭灌注质量检查员 1 人,密闭灌注堵漏员 2 人。

(2)石膏灌注机安设位置应根据构筑密闭墙的位置来确定。在无爆炸危险条件下构筑密闭墙时,石膏灌注机应设在距密闭墙较近的地点,其巷道断面不应小于 4 m²。为了便于操作,应尽量将机器安设在巷道断面大、支架良好、底板平坦、风速较小的新鲜风流地点。在有爆炸危险时,为了保证施工人员的安全,可以选择在距密闭墙(或防爆墙)较远的地点,但不能超过设备的最大输送能力(GD-Ⅰ,Ⅱ型灌注机最大输送距离为 150 m,输送高度为 10 m)。灌注机应水平安设,在倾斜巷道中安设应搭设平台。

2. 操作程序

石膏灌注机安装好后,在灌注前,应进行调试。首先接通电源、水源、铺设好输送软管后使设备运转。电动机启动正常后,打开供水阀,开到最大位置,并观察输送软管送水情况。发现供水不正常应进行调整,发现软管扭曲、漏水应进行整理或更换。当水到达密闭处后,打开主机出料口的三通阀,关闭通向输送软管的阀门,使水从三通阀口流出。开始灌注石膏浆。首先从漏斗处倒入石膏粉,然后,逐渐调小供水量,观察从三通阀口流出的石膏浆,当配合比达到要求时,应停止调整供水阀。这时,可以开始灌注,即打开输送软管阀门,关闭三通阀,使石膏浆沿着软管输送到密闭墙。

3. 注意事项

①构筑石膏密闭的救护队员,应佩戴面罩式氧气呼吸器,以防止石膏粉呼吸到人的肺部影响健康,应穿好内衣、围好毛巾、戴好手套,以防止石膏粉腐蚀皮肤。

②矿井发生火灾时会产生大量可燃性气体(再生瓦斯),为了防止可燃性气体爆炸,石膏灌注机及其辅助设备(如开关、变压器、接线盒、控制器等)必须是防爆型的,并在安装使用前进行防爆检查。

③在机器搬运过程中应注意防止碰撞。在低窄巷道中搬运时,应将压力表、漏斗等易碰撞件卸下,到达指定地点后再进行组装。长途搬运时,应将主机及辅助设备装箱,以防机件丢失和损坏。

④石膏灌注机在使用前,应对提供的水源进行流量、压力、水质测定。其流量不应小于 $10 \text{ m}^3/\text{h}$,压力不应低于 $9.8 \times 10^4 \text{ Pa}$,并保持稳定。水质应用试纸进行酸碱度测定,呈中性或微酸微碱性并无沉淀物和杂质的水方可使用。

⑤应选择强度高、杂质少的石膏粉(硫酸钙含量在 80% 以上)。井下灾区现场封闭火区使用的石膏粉,其粒度在 120 目以上,摊开直径大于 280 mm,初凝时间应在 15~20 min。在水温为 20 ℃时,新出厂的石膏粉初凝时间不应超过 5 min。

⑥构筑石膏密闭墙时,必须先修建两巷木板闭。2 个板闭的内侧要全部钉满纤维布,并用板条封严。在外侧板闭上应留几个观察孔(供检查员观察灌注情况)。板闭四周不应留有漏洞。在灌注前,需检查巷道四周掏槽部分,不得残留纤维布。灌注管和排气管应安装在外侧板闭最高处。根据实际需要安装的惰气灌注导风筒、采取气样管、消火管等,均应在灌注前安装好。

⑦石膏粉与水的配合比应控制在 0.6∶1~0.7∶1(体积比),不允许为了增加输送距离而增大水分,造成密闭强度降低。特别是在施工防爆密闭墙时,更应严格控制配合比。

⑧石膏浆开始灌注后,应随时观察灌注情况。如石膏浆中水分过大,应逐渐调整,切不可突然减少供水,以防输送困难,造成管路堵塞。石膏粉要及时供给,不得间断。漏斗内不得有存留量,以保持石膏浆配合比稳定。灌注过程中如发现密闭墙有漏洞,石膏浆流出,应及时封堵。当灌满密闭墙的石膏浆从排气孔流出时,应继续灌注 1~2 min,使石膏浆能更好地接顶,然后再拔出灌注管,堵住排气管。

⑨为了防止石膏浆在输送管路中凝固,开机后,不得随意停电、停水、停机。由于故障而停

电、停水、停机,如不能立即开机,应迅速拆下输送管,将石膏浆从管路中倒出,并用水冲洗机内及管路中的残存石膏浆。

⑩密闭建成后,应停止向石膏灌注机中加入石膏粉,开大供水阀,冲洗灌注机及输送软管,待冲洗干净后,方可停机,撤出设备。

⑪石膏密闭墙灌注工作结束 24 h 拆除外板闭墙,观察石膏密闭成型情况。如有漏洞、裂纹,应用和好的石膏浆封堵。若围岩有漏风裂隙,可在围岩中打小直径钻孔,采用小型泥浆泵,将槽牛用 1:1(石膏粉与水)的配合比混合好的泥浆,用软管注入钻孔内,封堵裂隙。泥浆泵的压力应大于 0.5 MPa,以使石膏浆能沿着较小裂隙流动,达到较好的封堵效果。

六、生命探测仪

1.工作原理

DKL 心跳探测器扫过人体电场时,会产生瞬间极化现象,也就是产生正负极,进而产生力矩,推动侦测杆,使操作者感觉到"侦测"的结果。DKL 配备特殊电波过滤器,可将其他异于人类之动物,诸如狗、猫、牛、马、猪等不同于人类之频率加以过滤去除,使 DKL 心跳探测器只会感应到人类所发出频率产生之电场。生命探测仪的构造如图 2-2-19 所示。

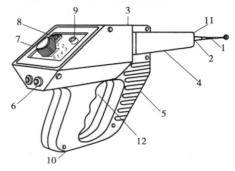

图 2-2-19　生命探测仪构造
1—伸缩天线;2—天线底部;3—镭射开关;4—侦测杆总成;
5—本体;6—保留功能按钮;7—选择按钮;8—计算机开关;
9—计算机灯;10—电瓶充电口;11—镭射;12—扳机按钮

2.操作方法

1)预备动作

首先将仪器拿出来,把选择钮设定在 1—6 的任何位置(初学者置于 1),然后将天线拉至最长的位置,握住仪器后,手臂垂下以做"清除"动作。最后将手臂弯曲,向上举起,将仪器置于胸前,完成预备姿势。此时仪器保持水平向下 1°~2°,使地心引力对侦测杆的影响降至最低。

2)开始操作

练习时,请你的同伴站在你的正前方 3 m 处。首先做从"清除"姿势到"预备"姿势。如果你惯用右手,请从右向左移动仪器。当侦测到有人体电场,侦测杆会向右偏移,此时再从左向右移动仪器,如果有侦测到人体电场,侦测杆会向左偏移。等到使用者感应到左边与右边的电场后,将侦测杆置于两个电场中央,则侦测杆会自动指向这两个电场最强的部分,并"自动"锁定目标。

如果侦测成功,侦测杆在锁定目标的同时,也会跟着目标移动。重复上述动作直到熟练为止。

3.安全注意事项

（1）闪电暴风雨时不要在开放空间使用金属天线。

（2）戴手套会降低生命探测器的灵敏度。

（3）在有爆炸危险的环境中探测,严禁开关镭射灯。

（4）本仪器为精密仪器,不得碰撞、摔击。

（5）移动DKL作侦测时,请注意动作必须成一直线,不可成弧形,否则会导致侦测失败或发生误差。

（6）移动的速度太慢,极化现象亦可能失败,因无法产生足够的力矩推动侦测杆;若移动太快,会让侦测杆因使用者摆动过剧而摆动,也会导致侦测失败。

（7）必须在工作范围内操作,即:

①有效距离:DKL配备两种不同侦测杆,长距离侦测杆距离可达500 m,短距离侦测杆为20 m,在碰到障碍物诸如钢筋混凝土墙、钢板等时,侦测距离会减少。

②垂直角度:没有障碍物时上下各60°,总计120°;有障碍物时上下40°,总计80°遇到重金属时上下各20°总计40°。

③水平角度:左右各两度,总计4°。

（8）如需再重新侦测,请回复到"清除"姿势,"清除"会将原先之"极化"消除。

（9）应保持防尘防灰,使用后要用干净湿布擦拭。

（10）充电14～16 h可连续正常使用12 h,超时充电会损坏电池寿命。

（11）仪器不要放在高磁场所。

（12）每次使用后,应把选择挡位调到最低挡位。

七、人体搜寻仪

事故发生后,在搜救遇险人员时,遇难人员的搜寻过程及方法也同时开展,在此就不一一赘述。下面就遇难人员搜寻仪器——人体搜寻仪进行介绍。

1.构造和工作原理

人体搜寻仪由一个感应器(内存识别卡)、一个导电器和一个振荡器(指向装置)组成。当这些器材和人体相连时,即可发挥定位功能。

当携带大量正电荷的人体作用于识别卡产生的振荡频率以垂直方向移动,与所要搜寻的物质形成的低频磁场对齐时,就会发生共振并产生排斥现象。这个排斥现象迫使人体中大量的正电荷同时转向,由此产生的磁吸引拉动人体搜寻仪指针转向操作者空手一侧。如果训练有素的操作者正确地平衡了指针,并在指针转向身体时及时停住,其肩膀便可以和目标磁场基本对齐。通过矩形搜索我们就可以轻松做到将目标物锁定在5～10 m的范围内,甚至更为精确。人体搜寻仪的物理依据为:

①马可尼的晶体共振理论:当一对匹配石英晶体的波长彼此相交时,会产生共振。

②库仑原理:静电经过导线时,能使导线分子转向,因为此时导线实际上变成了一个磁体。

③人体天然是带电的,人体中80%是水,H_2O含有H原子,H原子是弱磁性的,含有弱磁电荷。

④磁共振成像系统(MRI)。

2.人体搜寻仪的操作步骤

正确操作人体搜寻仪是成功地完成遇险遇难任务的必要条件,要求操作人员必须掌握以下要领。

1)把持手柄

人体搜寻仪的手柄应该以垂直位置并相当"放松"地把持在手上。当使用右手时,把小指放在手柄的下面,相邻两个手指放在两个凹痕(手枪式所握把)上,使仪器保持水平的位置。对那些习惯使用左手的人来说,把持方式和右手模式相同。

把天线拉到最长并调整到与手柄成一直角,注意在拉伸天线的时候,要确定能够自由转动并和枢轴基座上的塑料手柄相接触,否则将接收不到信号。

2)操作人员的姿态

①静态时,操作人员的身体自然站立,完全放松。操作时,前臂应向你的正前方伸直,并和地面保持平行,身体放松是搜索成功的关键要素。

②当握着仪器往前走时,集中精神保持手的稳定,试着将自己的手腕"锁住",不让它倾斜,这是可以做到的,否则仪器天线由于重力或摆动而往回旋转。

③当你掌握了把持手柄的技巧时,在缓慢前行中,为了保证仪器的平衡,要集中精力注意力观察天线的端点,同时不要主观臆想目标到底在哪个方位。

3 保持较好的信号接收效果的技巧

为了得到较好的接收信号的效果,操作者应该保持一个"空肩状态",让你的身体置于目标和仪器之间产生的磁场内,天线将跨过你的身体显示场力线(因为人的身体会对所接收到的信号放大,就好比你触摸收音机或电视接收天线一样)。否则,由于身体不在磁场内,接收到信号将会较弱,但是天线也会指向正确的方向。这两种加强信号接收的方法,都能使你在搜索的时候确保你的身体能够位于磁场内,一种是换手继续进行搜索;另一种是行走一段距离,然后原路返回再搜索一次。

另外,操作者必须保持正常的呼吸状态。因为呼吸产生静电和放大接收强度,屏住呼吸都会影响信号的接收和搜寻的效果。人体静电在操作人员疲倦或有压力时会降低,使探测准确率降低。为增加人体静电,可以用脚底多摩擦地面几下或用手摩擦头发即可使静电突然增加,从而使操作人员能够正常工作。

4)双人操作

当一个人操作时,天线发生转向就意味着可能发现目标,但目标不在天线所指的位置,而是肩膀对齐的位置。当转过头去看,本能地你会扭曲你的躯干和转动肩膀,那么目标就不和肩膀对齐了。在可以肯定已经找到了目标的情况下停住,必须保持身体静止,转动头部,这样才能锁定目标,但这样操作身体很不舒服。两个人一同操作,一个人操作,另一个人帮你观察肩膀的方向和观测结果,这样就容易多了。

5)系统的"锁定"

锁定就是系统找到了目标,锁定后即使风也不能吹动,风可能会使天线偏离,但天线会反抗。

6)检测天线的"锁定"

有几种方法可以检测,最快的方法是故意摇晃天线,使它摆动,保持身体静止。通常情况下,锁定状态不会持续超过 30 s,因为这种锁定是由静电保持住,静电会流入你周围的空气里,所以你需要立即在停止行走后作检测,之后,假如天线脱离了锁定状态,你可以重重地呼吸几次,对自己的身体重新充电。如果是锁定状态,天线会再次回到原来的位置。另外一种方法是倒退,重新再做一次搜索,看是否在相同位置再次锁定。第三种方法是从你现在所在的位置到怀疑为锁定位置,沿着一个圆形行走,如果你获得的是正确锁定,天线会再次转向并锁定。记住天线显示的是场力线两个方向中的一个方向。

7)确认目标区域和提高效率

在搜索一区域时,你需采取走四边形的方法,在走完四条边后,为了进一步确定你所找出的区域是准确的。你可沿着直角处走斜线,走一直角或两个直角处甚至4个直角处,来进一步确定中心区域。

3.仪器的一些简易故障的处理

①在使用仪器的过程中,如果发生连接导线断裂,应及时更换备用的连接导线。

②在使用仪器的过程中,如果发生指针折断或者严重变形,应及时更换备用的指针,否则影响到指针转动的灵敏度。

③一旦发生仪器运转失灵,则应对操作手柄和感应主机进行检测或更换。

八、矿山搜救机器人简介

(一)矿山搜救机器人及其应用

所谓矿山搜救机器人,就是在矿井发生灾害事故时,可以承载多种传感、探测、救援设备(甚至人所不能携带的设备),代替救护队员进入危险区域勘察的一种多功能的智能救护装备。此时,搜救队员则停留在安全地域。在人的控制下,矿山搜救机器人依靠其移动能力、感知能力、作业能力完成搜救探测,是人的能力在危险场合的延伸和实现。无论是在矿难发生后,还是在开采过程中,矿山救援探测机器人在减少人员伤亡和财产损失方面发挥着重要的作用,其典型应用包括以下几方面:

(1)由于矿难原因和矿难现场情况不明,救援人员在抢救中遇难的情况时有发生,探知事故现场情况是展开救援的先决条件。在救援前,搜救机器人探入矿井探测矿难位置和矿难现场情况,并实时将信息传输到救援指挥中心,就能为救援决策提供科学依据,以便快速、准确地制订救援方案,从而在确保救援人员安全的前提下实施高效率救援,最大限度地减少人员和财产损失。

(2)在矿山开采过程中,特别是对高含硫矿层的开采,出现"火点"的巷道会产生大量的一氧化碳等有害气体,为了保证安全,需要对其进行封闭。在重新开采前若派人员进入封闭巷道检测是否符合人员作业条件是非常危险的,曾多次出现安检人员死亡的重大事故。搜救机器人可以代替人进行现场检测。

(3)定期进入长期停用的封闭的巷道进行情况观察,对可能发生的瓦斯泄漏、透水等险情进行监视,避免矿难的发生。

(4)在矿难救援过程中,由于塌方等原因导致救援人员无法通过的地段,可利用搜救机器人的运动能力先行通过,进行危险度检测(有害气体浓度、温度、水深)、搜索生还者、运送救生设备(防毒面具、氧气、水、食物等)。

(5)配置作业工具、完成辅助救援作业。机器人所必须具备的能力包括:①采集环境信息(数据、图像),并将采集到的信息实时传输到指挥中心;②具有复杂环境的高通过能力和越障能力;③具有防爆、防水、抗振、抗高温、耐冲击力;④能在一定时间内在危险环境中连续可靠工作;⑤具有自主定位与半自动导航能力。

（二）国内外矿山搜救机器人相关技术发展现状与趋势

由于发达国家对煤炭能源依靠程度低,且煤炭开采自动化程度和安全生产管理水平高,安全性好。因此,对矿山救援探测自动化装备的需求不迫切,相关研究主要集中在废弃或正常作业的矿井内绘制地图等方面。如澳大利亚研制了一种矿井内行走的轮式机器人,利用矿井内的固定标志引导该机器人绘制矿井坑道二维地图;美国卡耐基梅隆大学研制出了利用激光扫描技术绘制废弃矿井三维结构图的矿井探测机器人。但是这些在确定环境中行走的机器人均没有解决自主定位与导航问题,也没有远程数据传输功能,无法完成矿山井下救援探测任务。我国情况同发达国家完全不同,煤炭是我国的主要能源(占全部能源的67%),是世界煤炭生产和消耗的第一大国,煤炭已成为直接关系到我国能源安全和经济可持续发展的重要能源;我国煤炭开采自动化程度和安全生产管理水平相对较低,人员密度高,矿难事故频发,迫切需要矿山救援探测自动化设备。

现就可用于矿山救援探测机器人的关键技术及其发展分析如下:

1. 机器人移动结构和驱动技术研究现状及发展趋势

救援探测机器人的工作环境通常很恶劣,路面往往崎岖不平,障碍物较多,通行空间非常有限且不规则,甚至呈现出非结构化的特点,这就对救援探测机器人的驱动系统、通行能力和结构设计提出了新的要求。

现有机器人驱动方式主要有轮式和履带式两种。轮式驱动具有结构简单、灵活性好、运动速度快的特点,因此在机器人工作环境良好的场合,轮式驱动得到广泛的应用;而履带式驱动越障能力强,因此大部分救援探测机器人采用了履带驱动方式。在小型救援探测机器人中,也有采用滚动和跳跃相结合的驱动方式,不过这种驱动方式损耗的能量较大,可控性较差,不适用于大型救援探测机器人。

2. 机器人定位与导航系统研究现状及发展趋势

目前,大多数特殊环境应用的机器人采用遥控方式进行作业,该方式要求操作者与机器人之间的距离不能太远,这样就增加了操作者的危险程度,同时机器人的自主性也不够。在具有自主能力的机器人中,通常采用 GPS、惯导、图像匹配、数字地图、并发定位地图绘制以及组合导航等方式进行自主定位与导航。

虽然 GPS 具有全球性、全天候、三维定位等优点,其定位精度可达亚米级,已成为野外空旷环境下作业机器人的首选定位导航方式,但是,采用这种定位导航方式的前提是机器人必须能够在其作业环境中接收到 GPS 信号。

惯导系统数据更新速度快、能够输出多种导航参数,基本上不受外界环境的制约,具有良好的自主性,然而惯导系统中存在误差随时间积累的现象。所以,在这种定位导航系统中必须设计相关算法,借助基准信号定时修正误差。

图像匹配方式要求用环境物特征轮廓和颜色深度信息等作为匹配模板,然而在标准图像模板不足或无法获得匹配模板的场合,这种定位导航方式无法采用。在实际应用中,图像匹配方式往往需要和人工干预方式结合起来,在局部范围为机器人定位导航。

数字地图定位与导航需要提供机器人工作环境的详细数字地图,显然这种方式只适用于有详细数字地图的废弃或正常作业矿井,不适用于由于矿山事故导致环境结构变化的矿井。

为了克服单一导航方式能力的不足,充分利用多种导航方式的综合优势,组合导航已成为机器人定位与导航技术的发展趋势。目前,比较典型的,同时也是最成熟、应用最广泛的是以

GPS 组合导航能取得令人满意的效果。然而,在无法获得 GPS 信号的环境中,这种组合导航方式无能为力。针对矿山井下无法接收 GPS 信号的特殊环境,研究适用于这类环境的新型组合导航系统已成为当前的首要任务。

3. 远程数据通信技术研究现状及发展趋势

无线和有线通信是远程数据通信常用的两种方式。

无线通信不需要在机器人上增加线辊等额外载荷,适用于移动载体与固定基站以及移动载体之间的通信。在地上常规环境中,机器人与工作站之间的通信常采用无线方式。然而,无线通信易受电磁干扰,同时传输效果与所处环境结构和介质有关。因此,在中断站数量不足的情况下,不适用于矿山井下数据传输。

有线通信受外界环境影响小,具有传输效率高、传输数据可靠和传输容量大的优点。若机器人在远程通信中采用这种方式,则需要给机器人增加线辊等额外载荷,使机器人运动的灵活性和机动性受到严重影响。

针对矿山井下救援探测机器人使用场合的特殊性,目前还没有可供借鉴的有效通信方式。不过,远程实时大容量数据传输已呈现向无线和有线结合的方式发展的趋势。

4. 国内救援深测机器人研究现状及发展趋势

在"十五"期间,我国在智能机器人技术研究领域取得了可喜的成绩,已经形成了系列化的智能机器人产品,如消防机器人、水面救援机器人以及反恐防爆机器人等。一些救援机器人研究机构和产业化基地相继成立,如中科院沈阳自动化研究所救援及安全机器人技术研究中心、沈阳新松机器人自动化股份有限公司机器人产业化基地等。

我国虽然在消防救援、反恐防爆等特种机器人研究领域取得了巨大成绩,但由于矿山井下环境的复杂性和矿山救援探测机器人功能要求的特殊性,在矿山井下救援深测机器人技术研究方面基本上还是一片空白,还没有研制出具有实际应用价值的机器人样机和产品。

综上所述,无论从国内还是从国外机器人研究现状来看,目前还没有能用于矿山井下救援探测的机器人样机和具有实际应用价值的产品问世。但是,我国矿山行业安全事故频发导致重大人身财产损失的严峻现实,以及国家对特殊环境应用的智能机器人的重大需求,决定了研制矿山井下救援探测机器人已成为一项非常紧迫的任务。同时,矿山井下救援探测机器人也是我国智能机器人技术发展的重要方向之一,矿山井下救援探测机器人单元技术的突破必将大大提升我国智能机器人的研制水平,推动我国机器人技术研究和实际应用向纵深方向发展。

2.2.6　装备工具

一、氧气充填泵

(一)主要用途

氧气充填泵的用途,是将大储量氧气瓶中的氧气抽出来充填到小氧气瓶内,使后者压力提高到 20 ~ 30 MPa。它主要用于矿山救护队,也广泛应用在消防、航空、医疗和化工部门,用来充填氧气或其他非腐蚀性气体。现以 AE102 型氧气充填泵为例予以介绍。

(二)技术特性

①最大排气压力:20 MPa;

②吸入条件下的排气量:3 L/min;

③级数:2;

④最大压缩比:8;

⑤曲轴转数:440 r/min;

⑥柱塞行程:30 mm,一级柱塞行程18 mm、二级柱塞行程12 mm;

⑦相电动机参数:型号Y100L1-4、功率2.2 kW、电压:220 V/380 V、转数:1 410 r/min;

⑧外形尺寸:360 mm×565 mm×640 mm;

⑨质量:116 kg。

(三)充填泵的结构及工作原理

1.结构

氧气充填泵由操纵板、压缩机、水箱组机座等组成。操纵板(见图2-2-20)上面固定了从大输气瓶充填到小容积氧气瓶整个操作系统的开关、管路、指示仪表和接头。其中,输气开关15,17通过输气导管与输气瓶相连接;压力表1,4是用来指示大输气瓶内的氧气压力;集合开关16是控制氧气从大输气瓶直接充到小氧气瓶用的;压力表2是用来指示一级汽缸的排气压力(同样,也是二级汽缸的进气压力);压力表3和电接点压力表5是指示充填到小氧气瓶内的氧气压力;按钮开关6是充填泵启动运转的开关,按钮开关7是充填泵停止运转的开关。

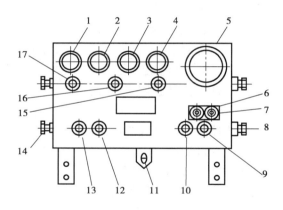

图2-2-20 操纵版图

1,4—输气压力表;2—一级排气压力表;3—二级排气压力表;

5—电接点压力表;6—启动按钮;7—停止按钮;8,14—小瓶接头;9,13—小瓶开关;

10,12—放气开关;11—气水分离器;15,17—输气开关;16—集合开关

气水分离器的作用是排除冷凝水,在气水分离器上安置一个单向阀,使被充填到小氧气瓶内的氧气不倒流;另外,当小氧气瓶内被充填的压力为31～32 MPa时,通过气水分离器上的安全阀自动开启,向外排气泄压,如系统中的压力继续上升到33 MPa时,可通过电接点压力表5的作用,自动切断电源而停车,起双重安全保护作用。

放气开关10,12作为排除接小氧气瓶开关9,13中的残余气体。

压缩机由曲轴、连杆、十字头构成(见图2-2-21)。曲轴和两个曲拐互成180°,曲轴箱采用全封闭式的飞溅油润滑,在曲轴两端放置耐油橡胶密封环,是防止机油从机体内部漏出,在十字头上部设置的波纹密封罩11,可防止与高压氧气接触的零件不受机体内油质钻污,同时,也避免水—甘油润滑液渗入机体内,使机油乳化。此外,在曲轴箱上设置一个四孔挡板的注油孔螺丝及油窗,进行清洗和更换小水箱内的水—甘油润滑液。在水环上放置一个耐油橡胶密封环,用以防止水—甘油润滑液的漏出。

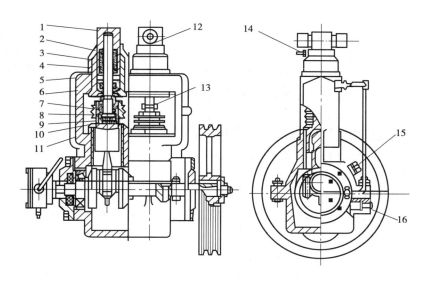

图 2-2-21　氧气充气泵结构图

1——级汽缸;2—导管套;3—水冷套;4—密封环;

5—水泵;6—垫圈;7—上凹球;8—上凸球套;9—下凹球扩建;

10—下凸球垫;11—密封罩;12—二级汽缸;13—防水套;

14—出水接头;15—注油螺丝;16—油塞

机座的右侧,内装有电气控制线路和电动机等,它是氧气充填泵的基础,电气线路如图 2-2-22所示,图中 K_1 为用户外接电源的闸刀开关。

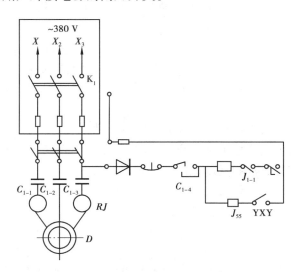

图 2-2-22　电气线路图

在操作前,将机座右侧电源开关打开,电源指示灯显示,按下启动按钮 6 时,泵就启动运转。当泵停止使用时,要切断电源。

2. 工作原理

在一、二级汽缸的两端,均装有吸气阀、排气阀(单向阀),作用是控制气流的一定方向,而

113

吸、排气阀的质量,对充气速度的快慢有明显的影响。

当一级柱塞向下运动时,一级汽缸内的气体膨胀、压力降低,当一级汽缸内的压力低于输气瓶内气体压力时,一级吸气阀自动启开,气体由输气瓶流入一级汽缸内;当一级柱塞向上运动时,汽缸内的气体被压缩,压力升高,当压力大于二级汽缸内气体压力时(由于两曲拐互成180°,此时,二柱塞向下运动),一级汽缸的排气阀和二级汽缸的吸气阀均打开,一级汽缸内气体便沉入二级汽缸内,当二级汽缸内的柱塞向上运动时,二级汽缸内的气体被压缩压力升高,当压力大于小氧气瓶内的气体压力时,二级排气阀打开,二级汽缸内气体便通过气水分离器上的单向阀,流入小氧气瓶内,即完成一次充气。以后,柱塞每往复运载一次,即充气一次。

(四)使用方法

1. 使用前的注意事项

①充填砂应选择在干净、无油污的房间进行工作,使用时环境温度不低于 0 ℃。

②充填泵可用螺栓固定在水平的基台上,也可放置在水平的基台上。充填泵与基台之间,应放置减震的厚橡胶板,与基台接触应平稳,地角螺栓孔距为 740 mm × 420 mm。

③严禁脂肪物体及浸油物体与氧气和水—甘油润滑液相接触的零件接触。

④首次使用前,应将机油注入机体内,并在每次更换机油后,必须除去机体外部的油脂,并擦洗干净,绝不允许机油从上下机体的接合处、密封环处及密封罩处往外渗漏。

⑤使用地点严禁吸烟,工作人员必须穿上没有油污的衣服,工作前,必须用肥皂仔细地把手洗净。应建立相应的禁烟禁油制度。

⑥所有使用的工具,必须经过清洗除油后,再用棉纱彻底擦干净。

⑦电动机的接线必须良好,网路内应设置有保险丝和接地线。

⑧凡是与氧气及水—甘油润滑液相接触的零件,应定期进行清洗,充气前用压缩氧气吹净。清洗材料有乙醚、酒精、四氯化碳。

2. 使用前的检查

①当充填泵工作前,应仔细检查各部位是否正常和清洁,还应将管路系统中充满 30 ~ 32 MPa 的氧气,用肥皂水检查各处是否漏气,如发现有不良现象应及时排除,勉强作用,充气效率低,还会生发危险。

②检查曲轴旋转方向与皮带罩上箭头方向是否一致。

③单向阀检查。关上集合开关进行充气,观察各压力的表变化情况,如果一级排气压力和一级进气压力接近或相等,说明一级汽缸的吸、排气阀失灵;如果二级排气压力和一级排气压力接近或相等,说明二级汽缸吸、排气阀失灵。

④安全阀可靠性检查。关上集合开关进行充气,当充气压力为 31 ~ 33 MPa 时,安全阀应自动开启排气。

3. 充气过程

这个过程也就是将氧气从大氧气瓶充填到小氧气瓶的操作过程。

①分别接上输气瓶及小氧气瓶。

②打开输气瓶开关,集合开关,使输气瓶内氧气自动地流入小氧气瓶内,直到大致平衡时为止。

③关上集合开关,进行充气(观察各压力表的变化),直到小氧气瓶内的力达到需要时为止(当充气压力为 332 MPa 时,必须选用耐气压为 30 MPa 的小氧气瓶)。

④打开集合开关,关闭小氧气瓶开关,并打开放气开关,放出残余气体后,卸下小氧气瓶。

⑤再次进行充氧时,应按上述过程重复进行。

4.注意事项

①应接好冷却水箱的自来水,并畅通无阻,以降低温度。

②充气时,汽缸表现温度升高较快(60℃左右)这是正常现象。

③确定电接点压力表自动停泵的控制压力应大于安全阀的排气压力。即在正常情况下,应有安全阀起作用。电接点压力表的自控制在特殊情况下起安全保护作用。

④每次充气前,将充填泵空运转几分钟,观察各部位运行是否正常。运行正常进行充气。如出现噪声及其他不正常现象时,应停泵修理,正常后方能使用。

⑤充填泵运行一定时间后,如发现汽缸漏气时,可将汽缸卸下,用专用扳子拧压紧螺帽(每次拧紧螺帽深度1~1.5扣),如压紧螺帽已拧到头时,可更换压紧螺帽,并将汽缸再安装在充填泵上继续使用。

⑥充填泵工作完毕后,应切断电源,关闭输气瓶开关,并从气水分离器中放出冷凝水。

⑦必须选用额定压力为 30 MPa 的小氧气瓶进行充填。

二、自动苏生器

(一)概述

目前,我国矿山救护队装备的主要为 ASZ-30 型自动苏生器。它是一种自动进行正负压人工呼吸的急救装置,能连续地把含有氧气的新鲜空气自动地输入伤员的肺部,并把肺部的二氧化碳自动抽出;还附有单纯给氧和吸引装置,可供呼吸机能并未麻痹的伤员吸氧和吸除伤员呼吸道内的分泌物或异物之用。这种自动苏生器适用于抢救呼吸麻痹或呼吸抑制的伤员。如胸外伤、一氧化碳(或其他有毒气体)中毒、溺水、触电等原因造成的呼吸抑制或窒息。

其主要技术特征如下:

①氧气瓶工作压力为 20 MPa,容积为 1 L。

②自动肺换气量调整范围为 12~25 L/min;充气压力为 1 960~2 450 Pa;抽气负压为 -1 470~-1 960 Pa;耗氧 6 L/min 时的最小换气量为 15 L/min。

③自主呼吸供气量不小于 15 L/min。

④吸痰最大负压值不小于 -4 410 Pa。

⑤仪器净重不大于 6.5 kg。

⑥仪器体积为 33 mm×245 mm×140 mm。

(二)工作原理

ASZ-30 型自动苏生器的工作原理如图2-2-23所示。

氧气瓶1的高压氧经氧气管2、压力表3,再经减压器4将压力减至0.5 MPa,然后进入配气阀5。在配气阀5上有3个气路开关,即12,13,14。开关12通过引射器6和导管相连,其功能是在苏生前,借引射器造成高气流,先将伤员口中的泥、黏液、水等污物抽到吸引瓶7内。开关13利用导气管和自动肺8连接,自动肺通过其中的引射器喷出氧气时吸入外界一定量的空气,二者混合后经过面罩9压入伤员的肺内,然后,引射器又自动操纵阀门,将肺部气体抽出,呈现着自动进行人工呼吸的动作。当伤员恢复自主呼吸能力之后,可停止自动人工呼吸而改为自主呼吸下的供氧,即将面罩9通过呼吸阀11与储气囊10相接,储气囊通过导气管和开关14连接。储气囊10中的氧气经呼吸阀供给伤员呼吸用,呼出的气体由呼吸阀排出。

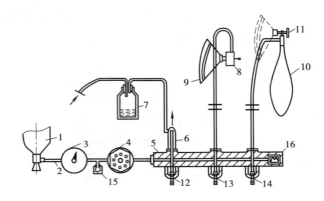

图 2-2-23　自动苏生器工作原理示意图

1—氧气瓶;2—氧气管;3—压力表;4—减压器;5—配气阀;6—引射器;

7—吸引瓶;8—自动肺;9—面罩;10—储气囊;11—呼吸阀;

12,13,14—开关;15—逆止阀;16—安全阀

为了保证苏生抢救工作不致中断,应在氧气瓶内氧气压力接近 3 MPa 时,改用备用氧气瓶或工业用大氧气瓶供氧,备用氧气瓶使用两端带有螺旋的导管接到逆止阀 15 上。此外,在配气阀上还备有安全阀 16,它能在减压后氧气压力超过规定数值时排出一部分氧气,以降低压力,使苏生工作可靠地进行。

(三)苏生器的使用方法

1.苏生前的准备工作

1)安置伤员

首先将伤员安放在新鲜空气处,解开紧身上衣或脱掉湿衣,适当覆盖,保持体温。为使头尽量后抑,须将肩部垫高 100 ~ 150 mm,使面部转向任一侧,以便使呼吸道畅通,如图 2-2-24(a)所示。若是溺水者,应先将伤员俯卧,轻压背部,让水从气管和胃中倾出,如图 2-2-24(b)所示。

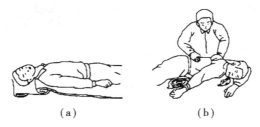

(a)　　　　　　　(b)

图 2-2-24　伤员的安置方法

2)清理口腔

先将开口器从伤员嘴角处插入前白齿间,将口启开,如图 2-2-25(a)所示。用拉舌器将舌头拉出,如图 2-2-25(b)所示。然后用药布裹住手指,将口腔中的分泌物和异物清理掉。

3)清理喉腔

从鼻腔插入吸引管,打开气路,将吸引管往复移动,污物、黏液及水等异物被吸到吸引瓶,如图 2-2-26(a)所示。若瓶内积污过多,可拔掉连接管,半堵引射器喷孔(若全堵时,吸引瓶易爆),积污即可排掉,如图 2-2-26(b)所示。

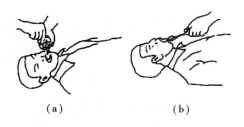

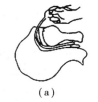

（a） （b）

图 2-2-25 伤员的口腔清理方法

（a） （b）

图 2-2-26 伤员喉腔清理方法

4）插口咽导气管

根据伤员情况，插入大小适宜的口咽导气管，以防舌头后坠使呼吸梗阻，插好后，将舌头送回，防止伤员痉挛咬伤舌头。

上述苏生前的准备工作必须分秒必争，尽早开始人工呼吸。这个阶段的工作步骤是否全做，应根据伤员具体情况而定，但以呼吸道畅通为原则。

2.苏生器操作方法及注意事项

1）人工呼吸

将自动肺与导气管、面罩连接，打开气路，听到"飒……"的气流声音，将面罩紧压在伤员面部，自动肺便自动地交替进行充气与抽气，自动肺上的杠杆即有节律地上下跳动。与此同时，用手指轻压伤员喉头中部的环状软骨，借以闭塞食道，防止气体充入胃内，导致人工呼吸失败，如图 2-2-27（a）所示。若人工呼吸正常，则伤员胸部有明显起伏动作。此时可停止压喉，用头带将面罩固定，如图 2-2-27（b）所示。

当自动肺不自动工作时，是面罩不严密、漏气所致；当自动肺动作过快，并发出疾速的"喋喋"声，是呼吸道不畅通引起的，此时若已插入了口咽导气管，可将伤员下腭骨托起，使下牙床移至上牙床前，以利呼吸道畅通，如图 2-2-27（c）所示。若仍无效，应马上重新清理呼吸道，切勿耽误时间。对腐蚀性气体中毒的伤员，不能进行人工呼吸，只能吸入氧气。对触电伤员必须及时进行人工呼吸，在苏生器未到之前，应进行口对口人工呼吸。

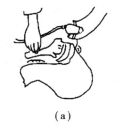

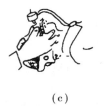

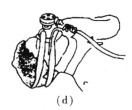

（a） （b） （c） （d）

图 2-2-27 自动苏生器的人工呼吸方法

2）调整呼吸频率

调整减压器和配气阀旋钮，使成年人呼吸频率达到 12～16 次/min。

当人工呼吸正常进行时，必须耐心等待，除确显死亡征象（出现尸斑）外，不可过早终止。实践证明，曾有苏生达数小时之后才奏效的。当苏生奏效后，伤员出现自主呼吸时，自动肺会出现瞬时紊乱动作，这时可将呼吸频率稍调慢点，随着上述现象重复出现，呼吸频率可渐次减慢，直至 8 次/min 以下。当自动肺仍频繁出现无节律动作，则说明伤员自主呼吸已基本恢复，便可改用氧吸入。

3）氧吸入

呼吸阀与导气管、储气囊连接,打开气路后接在面罩上,调节气量,使储气囊不经常膨胀,也不经常空瘪,如图2-2-27(d)所示。氧含量调节环一般应调在80%,对一氧化碳中毒的伤员应调在100%。吸氧不要过早终止,以免导致伤员站起来后昏厥。

氧吸入时应取出口咽导气管,面罩要松缚。

当人工呼吸正常进行后,必须将备用氧气瓶及时接在自动苏生器上,氧气即可直接输入。

（四）检查及维护

1 日常检验项目

为了确保自动苏生器处于良好的工作状态,平时要有专人负责维护,其项目有：

①工具、附件及备用零件齐全完好；

②氧气瓶的氧气压力不低于18 MPa；

③各接头气密性好,各种旋钮调整灵活；

④自动肺、吸引装置以及自主呼吸阀工作正常；

⑤扣锁及背带安全可靠。

2 自动肺的检验

自动肺是自动苏生器的心脏,其主要检验项目有：

1）换气量检验

调整减压器供气量,使校验囊动作为12～16次/min。

2）正负压校验

充气正压值应为1 960～2 450 Pa；抽气负压值应为-1 470 ～ -1 960 Pa。进行这项校验须用专门装置,但也可用简易装置进行,如图2-2-28所示。装置是一个直径为80～90 mm的连通器。连通管道直径不小于60 mm,管道零线以上部分约为360 mm,其中一筒顶端封闭,安一橡胶接头,以接自动肺。另一筒靠底端引一玻璃管,以观察水位,玻璃管中间为零位,零线上下,距零线每25 mm标以短线,每50 mm标以长线,零线以上标至300,零线以下标至250,所标数值均代表水位压差毫米数。

3. 正负压的调整

自动换气量的调整,主要是通过充气和抽气时的正负压来决定的,压力大时,则换气量大,压力小时,则换气量小。只要充气正压在2 000～2 500 Pa与抽气负压在1 500～2 000 Pa,换气量则在12～25 L/min。而正负压调整是通过自动肺的"调整弹簧"和"调整垫圈"来实现的,如图2-2-29所示。调松"调整弹簧",则正负压变小；反之,则正负压变大增厚"调整垫圈",则正负压变大,负压变小；减薄"调整垫圈",则效果相反。

三、破拆装置

破拆装置是专指为抢救人员和恢复生产而用于破坏建筑和设施、设备等方面工作的专用装置。目前用于矿山救护的有高压起重气垫系统和剪切、扩展两用钳系统。

高压起重气垫系统由高压起重气垫、压力调节器、控制器和压缩空气瓶组成。它由专业救援人员操作,既可用于工业生产,也可用于应急救援中的抢险救灾工作。它由压缩空气驱动,工作压力为0.8 MPa。

1. 高压起重气垫

高压起重垫是由高质量的橡胶制成,内部还有围绕四周的层纤维加固层,有弹性、不漏气,

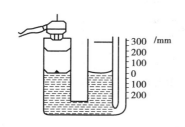

图 2-2-28　正负压校验简单装置

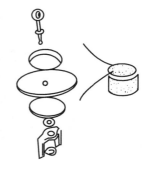

图 2-2-29　调整正负压的调整垫圈

可抵抗各种阻力。每一个高压起重气垫都能承受 20 MPa 的压力。

（1）工作原理高压起重气垫通过压入最大压力 0.8 MPa 的压缩气体膨胀升起。压缩气体由空气压缩机提供，经过控制元件和软管进入到气垫中，在压力作用下空气进入气垫并充满。当压力升到一定的程度时，高压起重气垫开始膨胀，提供足够的提升力使重物移动。

（2）使用方法：

①首先将空气瓶的管连接在气垫和控制元件之间。

②将调压阀安装在气瓶上，将空气软管从调压元件连接到控制元件上，检查调压阀上的阀门和控制阀是否关闭。

③打开压缩空气瓶，高压表指示瓶中的压力（调压阀设定压力为 0.8 MPa）。

④将高压起重气垫放在要顶起的物体下面，该系统就可以使用了。

（3）注意事项

①提升操作时用木头垫片垫在重物下面。

②若系统损坏和严重变形，应立即停止使用该系统，并与销售商协商解决。

③每次使用完都要检查所有的部件。

2. SCV/DCVIOU 控制器

该控制元件只能由压缩空气驱动，系统工作压力为 1 MPa。

（1）构造 SCV/DCVIOU 控制器构造如图 2-2-30 所示。

（2）操作顺序：

①使用前检查。检查控制元件、软管配套元件是否损坏，压缩空气瓶压力是否为 0.8 MPa。

②使用前的连接。将受控制工具的软管连接到控制器的出气接头处，将最大 0.8 MPa 压缩空气源的软管连接到控制器的进气接头处，就可以使用了。

③使用方法。该控制器带有自动回零的三通阀，当按下 " + " 按钮时，该工具就充满空气；当按下 " – " 按钮时，通过排气过滤器，该工具释放压力，卸压阀可以在大约 8.5 MPa 压力下卸压。

④用完后拆卸。按 " – " 按钮释放该工具和软管中的所有空气，当无空气释放出来后，就可以断开所有的软管。

（3）维护保养

①每次用完后，检查控制器是否损坏。

②通过将控制元件连接到大约压力为 1 MPa 的压缩空气源，对卸压阀进行常规检查。

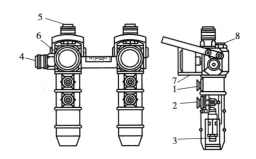

图 2-2-30 SCV/DCVIOU 控制器构造

1—按钮"＋"(提升);2—按钮"－"(下降);3—卸压阀;4—进气接口;

5—出气接口;6—压力计;7—导向环;8—排气过滤器

3 PRV823U 型压力调节器

该调压阀是与压缩空气瓶配套使用的,调压阀用于减小压缩空气瓶中的压力,当气流流量发生变化时,压力保持恒定。

1) 构造

PRV823U 型压力调节器构造如图 2-2-31 所示。

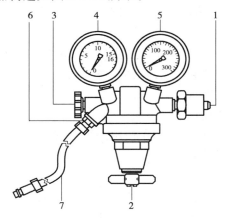

图 2-2-31 PRV823U 型压力调节器构造

1—连接压缩空气瓶的接头;2—用来调整气压的蝶形螺母;

3—对控制阀进行流量调整的旋转把手;4—显示出口低压端的压力表;

5—显示压缩空气瓶中压力的压力表,量程为 40 MPa;

6—软管与控制阀之间的接头;7—调压阀和控制阀之间的软管

2) 操作程序

①将调压阀的接头 1 连接在压缩空气瓶,检查旋转把手 3 是否关闭。

②松开蝶形螺母 2 使压缩弹簧张开。

③连接调压阀和控制阀之间的软管 7。

④慢慢打开压缩空气瓶,压力显示在压力计 5 上。

⑤顺时针旋转蝶形螺母 2,直到达到所要求的压力为止,在压力计 4 上显示出来(不超过 0.8 MPa)。

⑥慢慢打开旋转把手 3,使空气流进连接软管。

⑦工作完成后,关闭压缩空气瓶,逆时针旋转蝶形螺母2,彻底释放调节器中的压力,然后关闭旋转把手3。

⑧断开软管和控制元件。

3)维护与保养

①根据使用情况,至少每隔3个月进行一次检查。

②检查调压阀和空气瓶是否有损坏的地方。

四、剪切、扩展两用钳系统

剪切、扩展两用钳系统为用液压泵驱动的双功能操作的液压工具,工作压力在 72 MPa。该工具具有切割、扩展等功能。目前使用的 CT312 型剪切、扩展两用钳。

1. 构造

CT3120 型剪切、扩展两用钳构造如图 2-2-32 所示。

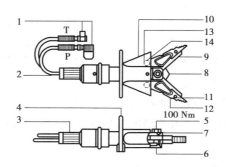

图 2-2-32　CT3120 剪切、扩展两用钳构造

1—自锁接头;2—安全卸压阀;3—闭锁装置;4—手提柄;

5—铰接螺栓;6—对中螺母;7—锁定环;8—切割孔;

9—切割刀刃;10—保护盖;11—扩展臂;

12—扩展头;13—铰接销;14—弹性挡圈

2. 工作原理

从液压泵出来的油经过高压软管进入工具,若闭锁装置处于"O"位置,在大气压力下,油回到泵中,剪刀不能动作。闭锁装置处于打开位置,油注入活塞上腔,杆臂打开(扩张),活塞下面的油流回泵中;闭锁装置处于关闭位置,油注入活塞下腔,杆臂关闭,活塞上面的油流回到泵中。当卸压时,闭锁装置总是处于"O"位置。

3. 使用的注意事项

①该工具中的液压系统配有安全阀,如果到泵的回油线管路被堵住,或没有连接,安全阀会通过将油释放到大气中来防止工具过压。千万不要改变安全阀的设置。

②钳子的刀片不垂直于要切的物质,刀片就会偏开,导致刀片损坏。当刀片偏开后要立即停下来,打开钳子,重新开始。

③不要将该工具完全合上,一定要在扩展头留出最小 5 mm 的空隙。

④泵开关处于操作位置时,禁止连接接头。

⑤若在潮湿的条件下使用该工具,应先将其干燥,在钢部件上少量涂上一层油。

五、HTT1800U 手动泵

1. 仪器构造(见图 2-2-33)

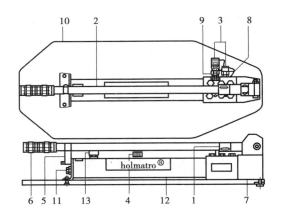

图 2-2-33　HTY1800U 手动泵构造

1—调节装置;2—操纵杆;3—自锁接头;4—油箱的通气孔;5—运输托架;
6—手柄;7—导向防护装置;8—安全卸压阀;9—卸压阀钮;10—基座板;
11—油量计/注油嘴;12—油箱;13—操作锁

2.工作原理

泵的操作手柄向上移动时,液压油从油箱里被抽出,流入活塞下腔;操作手柄向下移动时,油被压入系统中,泵外壳中的反向阀自动使油传送的量随压力的增加而减少。

3.维护与保养

①储存在干燥、通风好的地方。

②清理所有接头,并确保所有接头盖上防尘盖。

③将泵的操作柄还原到水平位置,并扣上运输托架。

④检查接头是否自动锁住,接头不能打滑。

⑤最少每隔 3 个月检查一次设备的功能。

六、矿用快速防火密闭墙

所谓矿用快速防火密闭墙,就是能够在较短的时间内,达到隔绝空气隔绝灭火的密闭墙,适用于矿山井下快速临时密闭,封堵巷道漏风,封闭火区,控制火势、烟雾等。目前国内矿山救护队使用的主要有气囊型和喷涂型快速充气密闭。

(一)气囊型快速充气密闭

气囊型快速充气密闭是矿山救护队在火灾抢险中用来迅速隔绝进入火区的风流,使火区因缺氧而迅速熄灭的抢险救护装置。可以防止灾情蔓延扩大,提高矿井的抗灾能力,对减少矿井火灾造成的经济损失及人员伤亡具有重要的现实意义。

1.气囊型快速充气密闭的特点

①质量轻(8 ~ 10 kg,10 ~ 12 kg),携带操作方便,施工速度快。使用高压氮气瓶(150 ~ 200 kg)充气一般 4 ~ 5 min 完成施工。

②亥气囊的形状随意性强,可大可小,不受巷道断面及几何形状、支护类型的限制。

③气密性强。在无外力破坏的情况下,可保持 48 h 不泄漏,封堵效果好,漏风率一般在 3% ~ 5%。

④该气囊无易损和消耗件,可以反复使用若干次。

2. 性能指标

①气囊型快速充气密闭主要通过对弧形气囊充气后形成气囊骨架,对封存堵布起到支撑作用,同时又对巷道起到封堵作用,从而达到封堵效果。

②气囊的工作压力为 7~10 kPa。

③气囊的密闭性能。当气囊内的压力达到最大工作压力(10 kPa)时,经过大于 24 h 后,气囊内的压力能保持在 7 kPa 最小工作压力而不发生收缩,封堵效果不受影响。

④气囊的充气。采用 2 L 氮气瓶 2 个(气瓶压力 20 kPa),一个瓶充气时间 1.5~2.0 min。若无氮气气源时可用两个皮老虎同时充空气,充气时间 5~6 min。

⑤气囊型快速充气密闭由直径为 250~300 mm 展开长度为 8.4~8.7 m 的弧形气囊与封堵组合而成,二者可分开携带,其质量分别为 8~10 kg 和 10~12 kg。

⑥气囊型快速充气密闭采用具有抗静电、抗阻燃性能的材料。气囊材料采用增强织物涂覆橡胶布粘合而成,封堵布采用橡胶涂覆布。

3. 操作程序

1)使用前的准备

①检查充气密闭是否完好,是否漏气。

②准备好氮气瓶,并检查其压力。

③检查充气接头是否完好,挂钩是否短缺。

2)操作

①首先将封堵布正中间的挂钩挂在巷道的正中间位置,然后挂两边的挂钩。封堵布的挂钩不得少于 7 个。

②然后将气囊正中间的挂钩挂在封堵布的中间位置。

③缓慢地打开氮气瓶阀门,边充气边调整封堵布及气囊,使布面平整,巷道壁严密。

④将气囊充至额定压力(7~10 kPa)。

4. 注意事项

①密闭的位置应选择在围岩稳定、无断层、巷道断面平整,并且不大于 10 m² 的地点。

②为了防止爆炸,快速充气密闭必须使用氮气。

③不得在高温热源中使用。

④氮气瓶的充气压力值最高不能超过 20 MPa。

(二)喷涂型快速充气密闭

轻质膨胀型封闭材料是一种新型的聚氨酯材料,它具有轻便、气密性好、防渗水、隔漏、保温防震的特点,适用于矿山井下封闭窒息火区。它以聚醚树脂和多种异氰酸脂为基料,辅以几种助剂和填料,分甲、乙两组,按一定比例混合后,经压气强力搅拌,通过喷枪均匀的喷洒在目的物上,即可在极短的时间内发生化学反应,几秒钟后即由液态变成固态发泡成型,连续喷涂即形成泡沫塑料涂层。

1. 手动喷涂设备构造

为适应井下特殊地点封闭和堵漏的需要,手动喷涂设备以其不用电、携带方便、操作简单等优点适用于矿山救护队封闭火区、窒熄火区等。其构造由喷枪、计量泵、药筒、高压气瓶、减压阀 5 部分组成。

2. 喷涂工艺流程及操作方法

1）工艺流程（见图2-2-34）

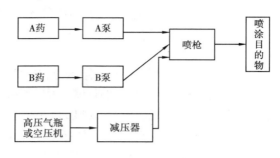

图2-2-34　喷涂工艺流程

2．操作方法

喷涂前，要对喷涂物进行简单处理，大的孔洞应填平，打临时密闭需打好骨架和衬底。喷涂时，先打开供气阀，待气压升到规定值后，打开两药管阀门，然后启动喷涂机计量泵按钮（或手摇计量泵），将A，B两药分别送入喷枪，经过高压气流的强力搅拌，均匀混合后，由喷枪口射到物体的表面，立即发生化学反应，几秒内硬化成型，连续喷涂可迅速形成泡沫塑料涂层。

3）注意事项

①喷涂时，持枪人不得将枪头对准其他人，以防发生意外。

②喷涂管路系统不得漏气或漏药，以免影响配比。

③A，B药筒要严格区分，不能混装或倒错药剂。

④手动设备的摇泵速度要与喷枪移动速度紧密配合，否则，喷涂层厚薄不均，影响密闭质量。

⑤喷涂药剂时，释放出的有害气体对眼睛、呼吸器官有刺激，要戴口罩和眼镜。

⑥不要将药液弄到有伤口的地方，以免引起发炎，不小心洒到伤口上时，要立即用水清洗。

4）维护保养

①喷涂完毕后，把泵关掉，但不关空气机立即拆枪，把枪的零件浸泡在丙酮（或香蕉水）内进行清洗，然后拆掉料管（不能停压力），否则会引起残余物料在枪内发泡，会增加清洗麻烦。

②若停机时间在24 h内，对料筒剩余原液应进行封闭，以免空气进入，变质结皮。邻苯二甲酸二辛酯（DOP）混合液，A，B料筒各打循环5 min，放光清洗液，再加入纯净的DOP，打循环5 min停机即可。

七．负气压式气垫担架

负气压式气垫担架、骨折固定保护气垫采用真空成型原理，适合人体生理骨骼肢体各部要求。它能避免在转送伤者过程中因骨折部位移动而加重伤势，能有效防止因现场处理不当及运送过程中造成二次损伤，对防止骨折断端刺伤肌肉、神经、血管或器脏而引起疼痛、出血，甚至休克的发生起到重要的保护作用。它体积小、质量轻、携带方便、坚固耐用，充气后还可用作水上救生器材。具有操作简便、使用快捷、保护性强、可进行X光成像检查等特点，是应急救援人员理想的急救用具。

（一）负气压式气垫担架的结构

负气压式气垫担架由专用气筒（见图2-2-35）、OMA-A型急救担架（见图2-2-36）和OMA-B套装夹板组成。

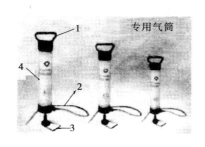

图 2-2-35　专用气筒

1—手柄;2—连接管;3—方环;4—气筒

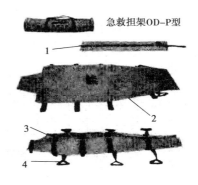

图 2-2-36　急救担架

1—颈部护板;2—气垫担架;3—固定带:4—搭带

（二）使用方法

1）颈托、颈部护板的使用方法

如伤员颈部受伤,可选取普通颈托,将颈托顶端托住下叛,环绕颈部拉紧后贴上魔术贴即可。将护板环绕于颈部贴紧,用专用气筒抽出空气,硬固即可。

2）躯体夹板（气垫）使用方法

如伤员的腰椎、骨盆、肋骨等部位骨伤、骨折,应将伤员平卧于气垫上,将固定带、肩吊带固定好,并用专用气筒抽出气垫内空气,待气垫硬固后拧紧阀门。

3）短（长）臂夹板（气垫）的使用方法

伤员的臂部骨折、骨伤,应选用短（长）臂夹板气垫缠绕于受伤部位,将固定带穿过扣环并拉紧,用专用气筒抽出气垫内空气,待气垫硬固后拧紧阀门。

4）弯曲夹板（气垫）使用方法

如伤员的臂骨折、骨伤、应选用弯曲夹板气垫敷于受伤部位,将固定带穿过扣环并拉紧,小臂向胸部上扶并套上吊带,用专用气筒抽出气垫内的空气,气垫硬固后拧紧阀门。

5）全（大）腿气垫夹板使用方法

如伤员的股骨、腿部骨折、骨伤,应选取全大腿夹板气垫缠绕受伤部位,将固定带穿过扣环并拉紧,接上专用气筒进行抽气,气垫硬固后拧紧阀门。

6）气垫担架的使用方法

将伤员轻轻抬放于气垫担架上平卧,将固定带穿过扣环并拉紧,接上专用气筒抽出担架内空气,气垫硬固后拧紧阀门,便可转移运送伤员。

7）专用气筒的使用方法

将气筒的一端连接抽气口,另一端连接固定气垫上气阀的气嘴,用脚踩住底座方环,用手抓住手柄上下抽动,抽去空气,使固定气垫处在真空状态。

（三）使用注意事项

①防止尖利物品扎伤固定气垫表面。

②阀门不要随便拧动。

③使用时应防止漏气,如发现气垫变软,应立即抽出空气。

④该产品可多次使用,再次使用前必须消毒,以防止交叉感染。

任务3 矿山救护队员训练

2.3.1 训练概述

一、训练的基本原则

矿山救护队的训练,是完成应急救援工作、保证安全有效实施灾害处理的基础,提倡科学练兵,遵循训练的基本原则,是做好这项工作的根本保证。

1)训战一致的原则

训战一致,是针对新时期矿山救援的特点和要求,紧密结合所承担的救灾任务,努力缩短与实战的距离,做到"仗怎么打,兵就怎么练",提高队伍战斗力。

2)从难从严的原则

从难从严,就是把矿山救护训练放在处置那些现场环境险恶、情况复杂、处理难度大、容易造成大量人员伤亡的灾害事故上,立足于"救大灾、打恶仗",研究重点、难点,结合救护队伍现有装备和战术原则,利用训练设施,加强技术研究,提高训练质量。

3)分类施训的原则

分类施训,是依据矿山救护队担负的各类救援任务,结合本区域的灾害情况及本队伍的装备情况,实施分类训练。

4)规范施训的原则

规范施训,是指按照训练标准要求规定的内容进行全面、系统、严格、规范的训练,加强训练管理,保持良好的训练秩序,克服训练中的盲目性和随意性,要科学区分训练任务,合理确定训练人员、训练时间、训练内容和质量指标,周密计划,加强控制与协调。

5)科学施训的原则

科学施训,是指注重提高训练的质量效果和效率,挖掘救护队伍的训练潜力,遵循训练过程的客观规律进行训练。科学训练在训练过程中表现为以下几个方面:运用现代化的科学技术手段,使用先进的训练设施、训练场地、训练器材以及有效的方法手段等。

二、组训形式与方法

（一）组训形式

组织训练的形式,是指训练活动的组织方式,简称为组训形式。它主要依据训练的基本规律、训练对象的实际情况及训练设施而定。科学的组训形式对提高训练效果和队伍战斗力、调动受训人员积极性、增强训练针对性有着十分重要的作用。基本的组训形式主要有3种。

1)按建制训练

按建制训练,是以按建制单位为基本训练单位组织实施训练的一种组训形式。采用这种组训形式,对于提高训练质量具有重要作用。按建制训练,训练组织系统层次清晰,隶属关系明确,责任清楚,便于各级指挥员按级任教;指挥员可以全面熟悉部属,进行有效的管理教育,培养作风纪律,做到训管一致;利于以老带新,便于提高和增强指挥员组织指挥能力、谋略水平和队伍的协同观念与整体战斗力。

2)按队龄分训

按队龄分训,是对新老队员分别进行编组,按各自的训练内容,进行不同进度训练的一种组训形式。按队龄分训通常在共同和专业基础训练阶段进行。采用这种组训形式,能避免训练内容上的重复,增强训练的针对性,调动受训者的积极性;能使新队员打牢基础,老队员拓展训练面。

3)基地训练

基地训练,是指在拥有专设的训练、管理机构,完善的训练、生活保障设施,能显示复杂作战环境,模拟灾情性质的综合训练场地进行训练的一种组训形式。

基地训练,如在高温浓烟演练坑道内进行的演练。要以轮训的形式分期分批进行。队伍在组织救援课题的实兵演练时,应充分利用训练基地进行多课题、多力量、大难度的连贯演练,使队伍尤其是各级指挥员,在演练中练指挥、练谋略、练协同,促使战法研究成果转化为队伍的实际作战能力。

(二)组训方法

组训方法主要是指掌握装备、器材使用以及其他专门技术的方式方法。基本的组训方法有以下7种:

①体会练习。休会练习是受训者按照教练员讲解的动作要领自行琢磨体会的练习方法。通常用于单兵动作或器材操作课的训练。

②模仿练习。模仿练习是受训者仿效教练员的动作进行练习的方法。通常用于动作难度大、器材操作要求高的训练。其基本形式是在教练员带领下,教练员做一个动作,受训者跟着做一个动作。

③分解练习。分解练习是把完整动作按其动作环节分成几个步骤进行练习的方法。此方法能较好的体现循序渐进的原则,减少受训者初学的闲难,便于进行完整动作练习。

④连贯练习。连贯练习是使受训者经过分解练习基本掌握了各部分动作要领后对整体动作进行连接贯通练习的方法。此方法可使受训者建立正确完整的动作概念,从而快、准、好地掌握完整动作。

⑤单个教练。单个教练是教练员对单个受训者进行训练地一种教学活动。此方法可使受训者正确掌握动作要领,及时纠正错误动作。单个教练通常用于单兵动作课的训练。

⑥分组练习。分组练习是将受训者分成若干人一个小组进行练习的一种方法。它便于受训者相互观摩、相互促进、相互纠正动作。

⑦集体练习。集体练习是指教练员组织受训者一起进行练习的一种方法,通常在受训者能独立操作或需要受训者集体操作和行动时,由教练员或小队长带领,锻炼集体协调一致的动作。

(三)组训要求

1)与训练目的相适应

训练目的是训练的出发和归宿点,训练的目的不同必然导致训练方法的不同。例如,日常训练,其目的是为了提高队伍的战斗力,为做好准备,在训练的方法上则要注重科学、灵活、高效;技术训练,其目的是掌握操作技能,为战术训练打好基础,因此,训练的方法主要是采用示范法、作业法;而战术训练的目的是提高指挥员的组织指挥能力和队伍的整体作战能力,训练方法则主要运用演练法等。

2)与训练内容相适应

训练方法的实质是以一定的方式、方法使受训者掌握既定的训练内容,它直接为训练内容服务。因此,强调训练方法必须与内容相适应,是选择和确定训练方法的基本原则。例如,各类器材装备性能教学,就不宜选择作业法,必须运用讲授法、演示法,方能使受训者在教练员的示范中把握要领,在组织练习中掌握运用动作,形成技能。

3）与训练对象相适应

业务训练总是以受训者的思想观念、行为动机、知识结构和个性特征为前提,任何好的训练方法都必须通过行为主体的作用才能产生效果。不同的训练对象,对训练方法有着不同的要求。训练方法只有与训练对象相适应,才能提高训练质量,保证训练效果。

4）与训练设施相适应

训练设施是训练方法的物质基础,有什么样的训练设施就有什么样的训练方法。由于各种训练设施还存在一定的差距,采用训练方法时,还必须根据现有的训练设施、器材等条件,做到需要和可能统一,在条件许可的范围内,尽量选择最能发挥教学效益的方法施训。

三、训练实施的程序与要求

（一）训练实施的程序

训练实施是指经过充分的训练准备以后,按训练计划和课程安排,以一定的训练形式,在规定的时间内,将训练方案付诸实施的实践活动。它是训练过程的中心环节,是训练目的的根本途径。训练实施通常按训练准备、训练实际和训练讲评的程序进行。

1）训练准备

训练准备是指将受训者带到预定训练场所后进行的课前准备。主要包括以下内容：①清点人数,检查学习用具、着装和器材及安全措施,进行动作练习时,还应组织活动身体；②宣布课目、目的、内容、方法、时间,并根据训练内容、气候和受训者情况,有针对性地提出训练要求；③检查与学习前课知识技能,巩固已学成果。

2）训练实施

训练实施是训练的基本阶段,是实现训练目的的主要过程。课程类型不同,其实施的步骤也不同。例如,理论课,通常按指导阅读、理论授课、组织讨论、小结讲评的步骤进行；动作技能课,通常按理论提示、讲解示范、组织练习、小结讲评的步骤进行；战术分段作业,通常按照宣布情况、反复练习、小结讲评的步骤进行。

3）训练讲评

训练讲评是在一个课目训练结束前,教练员对这一课目训练所作的总结。旨在深化教学内容,帮助受训者加深记忆,评价学习情况,指出努力的方向。

（二）训练实施的要求

1）全面系统、突出重点

全面系统、突出重点,是指必须按照训练内容的逻辑体系进行完整地训练,同时,抓住训练重点,突出主要矛盾和矛盾主要方面,防止平均分配,确保训练效果。要严格按训练标准要求制订训练计划,科学地安排训练内容和步骤,正确处理全面与重点地关系,有效地完成训练任务。

2）因人施教

因人施教,要求从实际情况出发,处理好集体教练与个别教练、统一要求与发展个性的关系,有的放矢地组织训练,根据不同的对象采取不同的训练方法。在训练中注意抓住主体,熟悉受训者的具体情况,针对个别问题,采取有效措施。

3)启发诱导

启发诱导,就是推出问题,指出方向或引出话头,给受训者留有独立思考地余地,以提高他们分析问题、解决问题的能力。在训练中要精心设置每一堂课,充分利用形象教学,让训练具有灵活性。

4)精讲多练

精讲多练,就是在训练中用较少的时间把问题讲深讲透,用较多的时间进行实际练习,讲练结合,以练为主,注重知识与技能地巩固,提高课时效果。在训练中要处理好讲少与讲多的关系,同时要突出重点和难点,使训练达到一个新水平。

5)循序渐进

循序渐进,要求按照课题的逻辑系统和受训者的认识规律,由易到难、由简到繁、由低到高、由浅入深,有计划、有步骤地组织训练:一是训练计划要安排合理,一般按照先技术后战术、先理论后作业(操作、练习)、先基础后应用的顺序合理计划;二是训练内容要连贯有序,注重各课题、各内容的前后连贯和新旧知识的联系;三是训练方法要层次分明,分步细训,要逐个内容逐个动作地进行讲解、示范和练习,使受训者扎实地掌握知识和技能,不能赶进度,搞突击。

6)保障安全

保障安全,就是在训练中要落实安全制度,采取切实可行的安全措施,防止发生事故,确保安全提高训练效果。

四、训练准备与保障

训练是指对救护指战员进行本职、本专业必备知识和技战术的训练活动。其目的是使指战员掌握救护业务知识和技能,熟悉现代矿井灾害救援的组织指挥方法和技术手段,培养顽强的战斗意志,优良的战斗作风和严格的组织纪律,全面提高指战员的军事、业务素质和队伍的整体作战能力。

(一)训练计划

训练计划是具体组织、实施、协调、监督、控制、保障、考核训练的依据,也是组织实施训练的关键环节。因此,必须按照职责分工,依据《煤矿安全规程》和《矿山救护规程》及上级指示结合本单位服务矿井的灾害特点、训练水平、器材装备、场地条件等实际情况,制订、审批、下达训练计划,使其具有科学性、可行性。训练计划一般分为综合计划和专项计划。

1.综合计划

训练综合计划包括年度训练计划、季度(阶段)训练计划、月训练计划和周训练计划。

1)年度训练计划

年度训练计划,通常由矿山救护大队,在上年度训练结束后、新年度开训前制订下达,主要明确所属救护队各训练阶段的业务训练内容、时间分配、质量指标、措施和要求等。

2)季度(阶段)、月训练计划

季度(阶段)、月训练计划,通常由各救护队根据需要以文字附表的形式制订,主要明确所属中队每月训练内容、时间分配、质量指标、基本要求和保障措施等。

3)周训练计划

周训练计划,通常由救护小队制订,主要明确小队每日每课的训练内容、时间、地点、组织实施方法、保障措施、组织者和训练重点等。一般采用周训练进度表的形式进行表述。

2 专项计划训练

专项计划包括演练、竞赛、集训及其他专项训练活动的组织实施计划。通常由组织实施单位在主管领导的指导下制订,主要明确专项训练活动的目的、内容、人员、方法、时间、地点、组织领导及保障措施等。

(二)训练准备

训练准备是实施训练的基础和前提,无论是年度训练、月训练、周训练、日训练,还是具体课目、内容或某个层次的训练,就其准备工作而言,应重点做好思想准备、组织准备、物资准备和教学准备工作。

1 思想准备

思想准备是指在训练前根据训练任务和救护指战员的思想状况,搞好训练动员和思想教育,使指战员明确掌握训练的目的、任务、要求和完成任务的措施、方法等,调动指战员训练积极性。

训练动员包括年度开训动员、阶段训练动员和主要课目训练动员。训练动员时,应全面领会和理解年度训练任务,正确把握阶段训练及各课目训练的特点,分析影响训练的主、客观因素,针对已经出现或可能出现的问题,确立正确的训练指导思想,鼓舞士气,挖掘练兵潜力。

思想教育包括基本理论教育和经常性思想教育。基本理论教育主要是从理论与实践的结合上加强队伍职能教育、形势教育、任务教育,明确人与装备、训练与实战的关系,从而端正认识,提高训练自觉性。经常性思想教育主要是针对个别同志的具体思想问题,采取正确的方法,做好耐心细致的说服教育工作,使其积极参加训练,完成训练任务。

2.组织准备

组织准备是指根据训练任务和指战员的配备情况及其特点,调整训练的组织,区分教学任务,加强教学力量,确保训练效果。

业务训练应根据不同的训练阶段,不同的执勤任务,不同的训练内容,结合指战员的执教能力等实际情况,灵活选择按建制训练、新老队员分训、按专业训练、基地训练等组训形式。组训形式应本着提高训练质量,组织简便,有利于队伍全面建设和提高质量的原则,结合本单位实际情况灵活确定。同时应加强领导,明确分工,落实责任制,对训练编组、课程设置、教学任务和力量分配等进行周密组织,科学安排。

3.物资准备

物资准备主要是指根据训练课目的需要,组织整修场地,准备器材装备,维修、订购、领取和配发器材、教材等,以保证训练的正常进行。

1)整修设置训练场地

训练场地通常根据训练的实际需要和有关保障规定实施统一规划和建设,各单位应根据训练进度的要求,适时调配训练场地,发挥效能,并根据业务训练内容的需要,结合队伍年度训练任务,统筹规划,整修和设置训练场地,力求节省经费,做到一场多用。

2)准备物资器材

组训者应根据训练及教学的实际需要,周密计划业务训练所需物资器材、教材,及时拟制和上报使用计划,领取分发训练物资和器材、教材。对于上级不能满足的部分,应充分利用现有条件,或修废利旧,或革新改造,或订购必须器材和教材。物资器材准备就绪,应由专人负责,妥善保管。教练员应事先试用、检查教学器材,熟悉掌握操作程序和方法,以免临时发生故障。

4. 授课准备

授课准备是训练准备的重点工作,应根据训练进度适时进行。主要内容包括:教练员按分工进行备课,组织示教作业和示范作业,培养骨干人员。备课是教练员为实施训练而进行的准备活动,是上好课的前提,通常是在教练员受领教学任务后进行。备课应做好以下工作:

(1)学习大纲和训练教材。教练员受领教学任务后,要认真学习大纲和教材的有关内容,明确课目、目的、内容、要求,以及本课题在训练中的地位作用,弄清课目之间、内容之间的相互关系,以便更好地把握训练的重点、难点,合理安排授课内容。

(2)了解受训对象,选择训练方法。授课前,教练员必须了解受训对象的思想状况、文化基础、业务技术水平、身体素质、自学与理解能力、兴趣与爱好情况,并依此确定教学的重点和难点、深度和广度,区分教学时间,结合训练内容和保障情况,选择训练方法和手段,做到有的放矢,因人施教。

(3)编写教案。教案是教练员按训练课题和课时编写的具体训练实施方案,是教练员教学的基本依据。教案的基本结构一般由作业提要和作业进程两部分组成。作业提要部分,应写明训练的课目、目的、问题与重点、训练方法、作业地点、时间、要求、器材等。作业进程部分,通常按作业准备、作业实施、作业讲评的顺序编写。教案的格式根据教练员素质及课题的不同,灵活选用文字记述式、表格式和图注式。

（三）训练保障

训练保障是实施业务训练的重要基础。训练保障重点要做好保障人员和时间、保障训练装备器材和保障训练经费。

1. 保障训练人员和训练时间

保障训练人员和时间,是指在业务训练中要确保参训人员的到课率和训练时间。要按训练计划确定的范围和要求保证参训人员到课,同时要确保训练时间,不能以种种原因或借口随意减少参训人员或挤占训练时间,影响训练效果。

2. 保障训练装备器材

保障训练装备器材,是指业务训练中需要的训练场地、训练器材和训练装备能够及时满足供应,保障训练工作的顺利进行。

保障训练装备器材是业务训练能否顺利进行的重要物质基础。因此,各级训练工作的组织者都应全力给予保障。一要保障训练所需的各式各类器材装备,确保训练的进行;二要对损坏的训练器材装备及时进行维修补充,使之不影响训练工作的开展;三要不断增加新装备、新器材,使队伍训练工作紧跟器材装备建设的步伐,以适应新情况和新技术的需要。

3. 保障训练经费

保障训练经费,是指确保业务训练过程中所需的各种经费开支。这是顺利开展训练工作的重要保障。业务训练中,需要不断增加新的器材装备,同时,也要消耗大量的训练器材,必须有足够的训练经费来给予保障。因此,各级领导除了要在思想上高度重视业务训练工作外,更要在训练经费上给予大力支持,使经费能够足额到位。

2.3.2 技术训练

矿山救护技术训练是救护指战员为熟悉掌握运用各种器材装备和一般技术操作而进行的

基本技术训练。其任务是:使受训者能够熟练地掌握训练项目的操作程序、操作方法、操作要求,以提高指战员技术操作水平和个人防护能力,提高队伍整体作战能力,适应矿井灾害救援战斗的需要。

一、技术训练的特点

技术训练作为救护队伍业务训练内容之一与其他业务训练相比,有许多显著特点,概括起来有以下 3 个特点:

1. 规范性强

技术训练是战术训练的基础。实现一个战术目标需要由一系列技术动作来完成,开展技术训练要有一定的场地、设施、器材等,实施时指战员要按照规定的操作程序、操作要求、操作方法开展训练。不同训练科目有不同的操作程序、方法和要求,因此它具有严格的规范性。

2. 技术性强

技术训练科目繁多,训练方法有多种多样,同一训练科目又有多种操作方法,只有经过反复训练,不断地在实践中进行探索、创新,才能摸索出最佳训练方法和基本技术。因此,在注重技术训练连贯性的同时,科学掌握操作中的技术性显得十分重要,它是缩短技术训练周期、提高技术训练质量的有效途径。

3. 训练方法多样化

根据矿山救护队的性质、任务和特点,技术训练要坚持从实战需要出发,立足于救护装备器材状况。目前技术训练方法一般采取单个练习、分组练习、小队集体练习和协同练习等。因此,多种组训方法训练是提高队伍战斗力的重要手段,是矿山救护技术训练的必由之路。

二、技术训练的要求

1)坚持全面训练

随着救护装备不断改革发展,矿山救护训练项目越来越多,救护队指战员要根据本地实际,本着实战需要什么就设置什么科目,有什么装备就设置什么内容的原则,全面施训,防止漏训、误训、偏训、不训的现象发生。

2)突出重点训练

技术训练在全面训练的基础上要选择一些科目进行重点训练,如技术性强、操作复杂、实战急需的项目及新装备训练项目等。通过重点训练,使救护指战员进一步熟练掌握那些高难度训练项目的操作技术,以便在灾害救援中灵活运用。

3)坚持经常训练

技术训练必须持之以恒,反复训练使已经掌握的业务技术不断得到巩固和提高。特别是对一些技术性强且复杂的科目必须坚持反复练习,只有这样才能熟练掌握操作技术。一要根据不同科目的特点,遵循由简到繁、由易到难、循序渐进的规律;二要坚持分布组训,以练为主,切实在反复练习上下工夫;三要讲究练习方法,善于根据课目的特点、训练内容等情况灵活施训。

4)注重应用训练

单兵、小队熟悉掌握救援器材装备的性能和操作技能是技术训练的基础。打牢这个基础,才能发挥救援器材装备应有效能,以适应灾害救援需要。技术训练必须遵循练为战的指导思想,要突出技术应用训练,开展技术协同综合训练,将单一技术训练通过组训方式与实践结合起来,缩短训练与灾害现场应用之间的距离,为灾害处理打下坚实的基础。

三、技术训练的实施步骤

技术训练通常是以小队、中队为单位,由中队长组织实施,一般按理论学习和操作练习两个步骤进行。

1)理论学习

理论学习通常在操作练习前进行,是技术训练的一个重要方面。通过理论讲授,达到对技术训练项目的基本情况、操作程序、操作要求和灾害抢险救援现场运用等方面了解和认识的目的,以指导操作练习。理论学习应针对队员文化基础和训练保障的特点,采取讲解和自学相结合的方法实施,一般可按理论备课、宣布课目、阅读教材、理论讲授、作业考核的程序进行。

2)操作练习

操作练习是受训者在教练员的指导下,反复练习操作要领的过程技能的基本途径,是训练的基本环节。其目的是通过练习掌握知识,形成技能。一般按操作准备、操作实施、操作评价等程序进行。

四、技术训练项目

矿山救护队日常进行的一般技术操作,是指在演练巷道内进行挂风障、建造木板密闭墙、建造砖密闭墙、架木棚、安装局部通风机和接风筒、接水管、安装高倍数泡沫发射器、安装惰性气体灭火装置、高温浓烟演练等。

1. 风障

挂风障的主要目的是为了达到临时隔断风流或防止高温浓烟对矿山救护队指战员的伤害,因此,建造时一定要迅速准确。

挂风障时需使用方木 5 根(规格:40 mm × 60 mm × 2 700 mm),板条 6 根(15 mm × 10 mm × 2 700 mm)和钉子数个,应在 4 m² 的不燃性巷道内架设。小队人员在规定的巷道里,按照事先的分工,各就各位,准备就绪后即开始工作. 为了达到快速准确、高质量的目的,对其操作做出如下要求:

①用 4 根方木(带底梁)做出梯形框架,在框架中间用方木打一立柱,两腿和立柱必须座在底梁上。

②风障四周用压条钉严在骨架上,中间立柱处压一板条,每根板条不少于 3 个钉子。

③每一根压条上的钉子分布应大致均匀,底压条相邻的两钉间距不得小于 1 m,其余各根压条上两钉间距不小于 0.5 m。

④结构牢固,四周严密(图 2-3-1)。挂风障需按规定操作,不得缺少立柱或骨架不牢,不得少钉,钉子必须钉在骨架上,钉子跟压条的端头大于 100 mm ,不许压条搭接或压条接头处间隙大于 500 m,障面孔隙不许有大于 25 cm² 的孔隙(从压条距顶、帮的空隙大于 20 mm 处开始量长度,计算面积),障面需平整,折叠宽度不许超过 15 mm,在一根压条上,相邻两钉的间隙必须符合要求。

2. 木板密闭

木板密闭的主要作用是封闭火区或隔断风流,对密闭墙的质量要求较严,必要时,还需扩帮掏顶,一定要把密闭建造在巷道的实体上,真正做到严密坚固,并具有一定的抗压性,另外建造时要加快速度。

建造木板密闭墙时需使用方木 8 根(规格 40 mm × 60 mm × 2 700 mm),大板 14 块(规格 15 mm × 200 mm × 2 700 mm),小板 4 块(规格 15 mm × 100 mm × 2 700 mm)和钉子。并应在

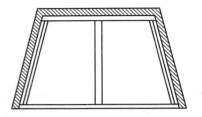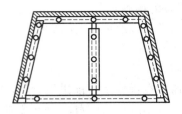

图 2-3-1　风障框架结构示意图

断面为 4 m² 的不燃性巷道内架设。

建造木板密闭墙时应遵守以下操作要求：

①先用 3 根方木,架设一梯形框架。

②再用 1 根方木,紧靠巷道底板,钉在框架两腿上。

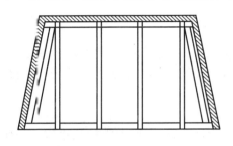

③在框架和横木上钉上 4 根立柱(见图 2-3-2),立柱排列均匀,间隙应在 380～460 mm。

④木板采用搭接方式,下板压住上板应不少于 20 mm,两帮镶小板,最上一块大板要钉托泥板。

⑤每块大板上不得少于 8 个钉子(可以一钉两用),钉子必须穿过 2 块大板钉在立柱上;每块小板不得少于 1 个钉子,每个钉子要穿透 2 块小板钉在大板上。

图 2-3-2　木板密闭结构框架示意图

⑥小板不准钉横钉,不得钉劈,压缝不得少于 20 mm。

⑦托泥板宽度为 30～60 mm,距顶板间距为 30～50 mm,两头距小板的间距不少于 50 mm,托泥板上不少于 3 个钉子。

⑧大板要平直,以巷道顶板为准,大板两端距顶板的距离不大于 50 mm。

⑨板闭四周严密,缝隙宽不超过 5 mm,长不超过 200 mm。

⑩结构牢固。

3. 架木棚

架木棚主要用于矿山救护队在处理冒顶事故,瓦斯、煤尘爆炸后的巷道恢复及建造特殊密闭墙等地方。因此,对木棚的质量要求较高,必须达到牢固稳固和抗压。架木棚时需使用圆木 6 根(腿长 2 000 mm,梁长 1 800 mm,小头直径不小于 160 mm)、背板 6 块和楔子 12 块,并在断面为 4 m² 的不燃性巷道内架设。架木棚时应遵守以下操作要求：

①结构牢固,接头严密,无明显歪扭,夹角适当。

②棚距 0.8～1.0 m,两边棚距(以腰线位置量)相差不超过 50 mm,一架棚高,一架棚低,或同一架棚的一端高,一端低,相差均不得超过 50 mm,6 块背板(两帮和棚顶各两块),楔子用量不限。

③棚腿必须做"马蹄"。

④棚腿窝深度不得少于 200 mm,工作完成后必须埋好并与地面齐平。棚子前倾后仰不得超过 100 mm。

⑤棚腿大头向上,亲口间隙不超过 4 mm,后穿间隙不超过 15 mm,梁、腿亲口唇不准砍、不准砸。

⑥棚子叉角范围 180～250 mm（从亲口处作一垂线,1 m 处到棚腿的水平距离）;同一架棚两叉角相差不得超过 30 mm,梁亲口深度不少于 50 mm,腿亲口唇深度不小于 40 mm。梁刷头必须盖满柱顶（如腿径小于梁的直径,则两者中心应在一条直线上）。

⑦棚梁的两块背板压在梁头上,从梁头到背板外边沿距离不大于 200 mm,两帮各两块背板,从柱顶到第一块背板上边沿的距离应大于 400 mm、小于 60 mm,从巷道底板到第二块背板下边沿的距离应大于 400 mm、小于 600 mm ,如图 2-3-3 所示。

⑧一块背板,打两块楔子,楔子使用位置正确,不松动,不准同点打双楔。

4. 砖密闭墙

砖密闭墙适用于封闭火区和废旧巷道等,因此,对密闭墙的厚度、墙面质量要求较高,一定要把密闭墙建在巷道的实体上,使其具有封闭和抗压效果。

建造砖密闭墙时,需由小队长带领小队人员携带工具,佩用氧气呼吸器进入操作现场。砖密闭墙应建设在断面 4 m² 左右的不燃性巷道内。建设时需使用红砖若干块和水泥砂浆。

建造砖密闭墙的操作要求:

①结构牢固,前倾后仰不得大于 100 mm。砖缝大于 15 mm 为大缝,20 mm 内的砖缝无泥浆为干缝,上、下层砖缝错距小于 200 mm 为对缝。

②凸凹深超过 20 mm 为墙面不平。

在练习建造砖密闭墙的过程中,为了提高个人的技术水平,小队人员应先进行单独训练,具体方法如下:每人 200 块砖,规定其完成时间,具体要求（质量方面）同上;待操作熟练后,全小队在一起进行配合练习,效果会比较理想。

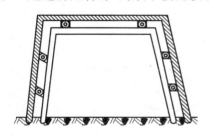 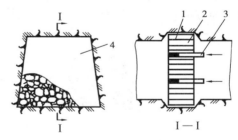

图 2-3-3 木棚背板位置示意图 　　　　图 2-3-4 木段密闭墙

　　　　　　　　　　　　　　　　　　　　1—黄泥;2—木段;3—木楔

5. 木段密闭墙

在井巷围岩压力大、搬运材料困难、作业场所条件差,又要迅速封闭火区的情况下,常要建造木段密闭墙。建造木段密闭墙的操作要求:将圆木锯成 0.8 m 长的木段,一层木段一层黄泥（或黏土）堆砌,然后再用木楔楔紧,最后用黄泥抹面。木段密闭墙的结构如图 2-3-4 所示。

6. 快速密闭（喷涂式、轻质膨胀型）

快速密闭是一种新型的高科技产品,具有轻便、快捷、阻燃、安全和高效的特点,主要用于煤矿井下巷道的密闭和密闭墙的堵漏。快速密闭操作要求如下:

①首先,在巷道内建临时密闭的骨架和衬底（骨架要牢固）。

②在操作地点,打开包装箱,取出所有备件,摇晃密闭箱体,使容器内组分充分混合。

③将喷枪上标有 A,B 的两管子分别连接在 A,B 容器的阀门接头上并锁紧,然后将箱体倒置,完全打开 A,B 两容器的阀门。

ⓒ操作者一手提密闭箱体上的手柄,一手持喷枪,将喷枪口对准目标物,在距目标物45～60 cm处,扣动喷枪扳机进行喷涂。

⑤喷涂时应在目标墙上先薄薄地喷一层泡沫,然后再按要求喷涂直至完全密闭。在喷涂过程中应多次间断性地瞬间暂停,以保证A,B两种组分混合均匀。

7 防爆墙

封闭有爆炸危险的火灾时,必须在建筑密闭墙之前首先建造防爆墙。防爆墙主要有砂袋防爆墙和石膏防爆墙两种。

砂袋防爆墙用砂袋垒筑,每个砂袋重20～50 kg(以人员便于搬动为准)。每个砂袋不应装得太满,以增加砂袋之间的接触面积。装填材料最好是河沙或山砂,密度越大越好,也可装填泥土,但不能装填煤矸石或岩块,以防发生爆炸时煤矸石或岩块飞出伤人或破坏密闭墙。袋子最好是用麻袋、布袋或草袋,其摩擦阻力大,有利于增加防爆墙的稳固性。

防爆墙与密闭墙之间的距离应大于2 m,过小对密闭墙保护效果差。防爆墙的厚度应考虑爆炸强度、防爆墙到爆炸点的距离、巷道阻力对爆炸冲击力减弱的影响程度、防爆墙的结构、充填材料的密度和巷道断面的大小等因素。

砂袋防爆墙分为梯形砂袋防爆墙和蛇形砂袋防爆墙。具体操作方法如下:

(1)垒筑梯形砂袋时,砂袋要交错堆放,袋子要扎口,袋口背向火区。巷道支架不应拆除,以保持顶板和围岩稳定。垒筑砂袋防爆墙行动要迅速。砂袋运到后,应立即垒壁,不应在现场装袋或原地取料装袋而延误时间,增加危险。砂袋防爆墙中间部分也应用砂袋垒筑,不应填放其他杂物而影响防爆墙的强度,防爆墙的垂直面应对着火区。在垒筑到距顶板1/3处时,应安装铁风筒(风筒直径应视通风需要量而定)。在火区封闭时,再将风筒用砂袋堵上(见图2-3-5)。

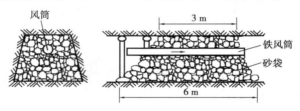

图2-3-5　梯形砂袋防爆墙

(2)蛇形砂袋防爆墙如图2-3-6所示,图中1,2,3,4处为4个砂袋防爆墙。每个防爆墙的间距为5～10 m,宽度为巷道宽度的2/3以上。墙底厚度不小于3 m,上部接顶厚度不小于0.5 m。蛇形防爆墙对于火区正常通风影响不大,但防爆效果不如梯形防爆墙。这种防爆墙便于人员通过,适于直接灭火、抢救灾区遇难人员和设备。

(3)石膏防爆墙的结构如图2-3-7所示,其具体操作方法是:

①整理场地。在待建防爆墙10 m范围内,须将与营建防爆墙无关的器材、设备等一律清除。

②构筑石膏密闭的救护队员,应佩戴面罩式氧气呼吸器,以防止石膏粉进入到人体肺部影响健康。应穿好内衣、围好毛巾、戴好手套,以防止石膏粉腐蚀皮肤。

③矿井发生火灾时会产生大量可燃性气体(再生瓦斯),为了防止可燃性气体爆炸,石膏灌注机及其辅助设备(如开关、变压器、接线盒、控制器等)必须是防爆型的,并在安装使用前进行防爆检查。

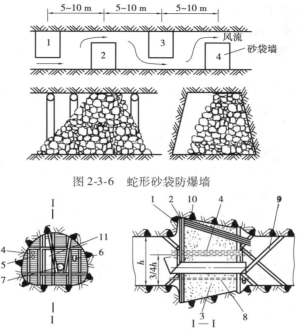

图 2-3-6　蛇形砂袋防爆墙

图 2-3-7　石膏防爆防火墙

1—木板;2—风帘布;3—石膏充填料;4—取样管;5—观测管;6—压差计;
7—通风口;8—放水管;9—加强支护;10—喷灌管;11—调节口

④在机器搬运石膏灌注机及其辅助设备过程中应注意防止碰撞。在低窄巷道中搬运时,应将压力表、漏斗等易碰易撞物件卸下,到达指定地点后再行组装。长途搬运时,应将主机及辅助设备装箱,以防机件丢失和损坏。

⑤石膏灌注机在使用前,应对提供的水源进行流量、压力、水质测定。其流量不应小于 10 m³/h,压力不应低于 9.8×10^3 Pa 并保持稳定。水质应用试纸进行酸碱度测定,呈中性或微酸微碱性并无沉淀物和杂质的水方可使用。

⑥石膏粉应选择强度高、杂质少的石膏粉(硫酸钙含量在 80% 以上)。井下灾区现场封闭火区使用的石膏粉,其粒度在 120 目以上,摊开直径大于 280 mm,初凝时间应在 15 ~ 20 min。在水温为 20 ℃时,新出厂的石膏粉初凝时间不应超过 5 min。

⑦构筑石膏密闭墙时,必须先修建两木板密闭。2 个板密闭的内侧要全部钉满纤维布,并用板条封严。在外侧板闭上应留 1 个观察孔(供检查员观察灌注情况)。板闭四周不应留有漏洞。在灌注前,需检查巷道四周掏槽部分,不得残留纤维布。灌注管和排气管应安装在外侧板闭最高处。根据实际需要安装的惰气灌注导风筒,采取气样管、消火管等,均应在灌注前安装好。

⑧石膏粉与水的配合比应控制在 0.6 ~ 0.7∶1(体积比),不允许为了增加输送距离而增大水分,造成密闭强度降低。特别是在施工防爆密闭墙时,更应严格控制配合比。

⑨石膏浆开始灌注后,应随时观察灌注情况。如石膏浆中水分过大,应逐渐调整,切不可突然减少供水,以防输送困难,造成管路堵塞。石膏粉要及时供给,不得间断。漏斗内不得有存留量,以保持石膏浆配合比稳定。灌注过程中如发现密闭墙有漏洞,石膏浆流出,应及时封堵。当灌满密闭墙的石膏浆从排气孔流出时,应继续灌注 1 ~ 2 min,使石膏浆能更好地接顶,

然后再拔出灌注管,堵住排气管。

⑩为了防正石膏浆在辅送管路中凝固,开机后,不得随意停电、停水、停机。由于故障而停电、停水、停机时,如不能立即开机,应迅速拆下输送管,将石膏浆从管路中倒出,并用水冲洗机内及管路中的残存石膏浆。

⑪密闭建成后,应停止向石膏灌注机中加入石膏粉,开大供水阀,冲洗灌注机及输送软管,待冲洗清净后,方可停机,撤出设备。

⑫石膏密闭墙灌注工作结束24 h后,应拆除外板闭墙,观察石膏密闭成型情况。如有漏洞、裂纹,应用和好的石膏浆封堵。如围岩有漏风裂隙,可在围岩中打小直径钻孔,采用小型泥浆泵将槽中配合比为1:1(石膏粉与水)的泥浆,用软管注入钻孔内,封堵裂隙。泥浆泵的压力应大于0.5 MPa ,以使石膏浆能沿着较小裂隙流动,达到较好的封堵效果。

⑬在营建前和竣工后,要采取支撑加固措施,防止密闭墙移位。

防爆墙材料用量见表2-3-1。

表2-3-1　防爆墙材料用量表

巷道断面 宽×高/(m×m)	梯形沙袋防爆墙		蛇形沙袋防爆墙		石膏防爆墙	
	墙厚/m	沙袋数量/个	每个墙宽/m	沙袋数量/个	墙厚/m	石膏粉/L
2.5×2.0	5.0	1 500	1.67	660	2.2	11
3.0×2.5	6.0	2 600	2.0	980	2.5	19
3.5×3.0	7.0	4 200	2.3	1 150	3.0	30
4.0×3.5	8.0	6 400	2.7	1 900	3.5	42

注:巷道宽度指平均宽度,墙厚指平均厚度,砂袋每个按照装砂量50 kg计算。石膏粉按吨结块1 m³ 计算。

8. 安装局部通风机和接风筒

安装局部通风机和接风筒主要用于排放瓦斯或其他地点的通风。因此,安装时电源的接头一定要保证质量。接风筒时,应采取双反边的方法,防止风筒脱节或漏风。准备一台5.5 kW或11 kW的局部通风机,一个防爆开关,5节直径为400~600 mm的胶质风筒,一套电工工具。

安装要求:安装和接线正确,风筒的接口必须用双反边的接法,保证严密不漏风。

小队长发出工作信号,按照分工,把电源接头,风筒的接口处理好,送电后,局部通风机正常运转至风筒口出风为止。通风后,不许有风筒脱节、掉环现象。

此项训练的重点在于熟练掌握做线头、接线、送电的作业要求。

9. 接水管

接水管主要用于扑灭井下火灾或灌浆注水等。因此,对管子的接头要求较严。另外,在有瓦斯聚积的巷道内进行安装时,应防止金属的碰撞产生火花,引起爆炸事故。

1)普通水管的操作方法

管长2 m、直径为4 in[①]的钢管5根,垫圈、螺栓、螺帽、扳手准备齐全。

时间:上3个螺丝时,应5 min完成;上4个螺丝时,应8 min完成。

自小队长发出工作信号起,小队队员按分工,2人抬一节管子到规定的地点进行操作。负

---

① 　in = 2.54 cm

责放垫圈的人,一定要细心地把垫圈放正,上螺丝时,用力要适度,防止压偏垫圈或把垫圈挤出,造成漏水。管子接好后,抬高1 m左右开始灌水,每个接头不漏水为合格。

2)快速接头水管的操作方法

管长5 m、直径为89 mm的钢管5根,垫圈、管箍、螺栓、螺帽、扳手准备齐全。

时间:应在10 min内完成(快速管箍只有2条螺丝)。

管道进行安装前,需对管口的平整度进行检查,平整度须符合规范要求。

自小队长发出信号起,小队队员按分工,3人一组将管子抬放到规定地点进行操作。负责放垫圈的队员将橡胶垫圈套到管子卡箍上并向上翻起,其余1人抬起另一节管子对接,将橡胶圈扣好,下好管箍。紧螺丝时,用力要适度,防止压扁垫圈或把垫圈挤出,造成漏水。管子接好后,抬高1 m左右开始灌水,每个接头不漏水为合格。

10.安装高倍数泡沫灭火机

高倍数泡沫灭火机一般运用于扑灭井下大型火灾。因此,安装时一定要选择比较平坦的地点,井下有充足的水源。另外,还应对泡沫的质量进行观察,发现问题要立即处理,防止大量供氧,造成火势扩大。

泡沫灭火机、药剂、比例混合器、发射网、水泵、水龙带等应放在距工作地点20～30 m的位置。

安装要求:安装正确、发泡均匀、稳定性好,含水率要达到规定的要求,前后风机的运转方向一致。

小队长发出工作信号,小队队员按事先的分工,对泡沫灭火机、水泵进行安装,接电源。安装完毕后,开始发泡。

11.安装惰气发生装置

惰气发生装置由供风装置、喷油室、风油化自控系统、燃烧室、喷水段、封闭门、烟道、供油系统、控制台及供水系统等部分组成。

训练要求:事先把该装置的组成部分放在距工作地点20 m左右的位置,小队长发出工作信号后,小队队员按照分工,到指定的工作地点进行安装,然后按照惰气发生装置的具体操作程序进行检查→开机→观察→停机。60 min完成。

12.烟巷演练

在日常的训练工作中,烟巷演练是接近于井下火灾事故的实战项目,对提高救护指战员的业务技术素质和作战能力,以及适应井下灾区的高温浓烟的复杂环境,都有一定的帮助作用。因此,小队长在带领小队进行烟巷演练时严格要求,有重点地合理安排演练内容,以使训练收到良好的效果。具体内容和运行的顺序如下:

①首先要检测参训人员的体能是否适应高温浓烟的恶劣环境。检测方法是:使参训人员佩用呼吸器在地面急行军2 000 m,15 min内完成;然后分别对参训人员的血压、心跳、血液中的氧含量进行测试,合格者进入温度50 ℃、湿度100%的作业区内静坐15 min后,再对体能的上述生理指标进行测试,合格者方可从事高温浓烟训练工作。

②演练时间不少于3 h,每月最低进行1次烟巷演练。

③在巷道的规定地点升温,待温度上升到一定数值,达到中等烟雾时,小队队员方可进入。

④在进入灾区前,小队长应带领小队队员,对自己所使用的氧气呼吸器进行战前检查,并检查所携带的一切装备。

⑤在烟巷中行进,正小队长在前,副小队长在后,一切联系均用信号。对灾区侦察时,按规定通过上下山、窄巷到达发火地点。如果新队员多,应在发火点附近,让每个队员实地操作瓦斯检定器和一氧化碳检定器,小队长要检查他们的操作顺序和测量结果是否正确。返回时,副小队长在前,正小队长在后。

⑥返回井下基地后,不脱口具,根据时间情况,应安排锯木段、哑铃、拉检力器、个人更换氧气瓶、互换氧气瓶等训练。

⑦演练中可安排给患者更换两小时呼吸器,并按规定将患者搬运出灾区抢救的训练。

⑧演练结束后,全小队携带仪器装备返回驻地,并整理自己的仪器与装备。

2.3.3 体能训练

身体素质要提高,就必须坚持经常性的体能训练。

一、体能训练概述

体能训练是指对受训人员进行的身体素质方面的训练,它是完成技术、战术训练和顺利完成矿井事故抢险救援战斗任务的重要基础。体能训练主要包括:力量训练、耐力训练、灵敏性训练、爆发力训练、柔韧性训练、协调性训练和恢复训练。

(一)体能训练的特点

1．体能训练的广泛性

体能训练是矿山救护队伍的共同训练内容,全体指战员都应参训。矿山救护队担负着事故抢险救援的重任,因此,救护指战员都必须参加体能训练,全面增强体质,以适应完成各项战斗任务的需要。

2．体能训练的连续性

体能训练中的力量、耐力、灵敏性、爆发力、柔韧性、协调性等方面的训练,相互联系,具有很强的连续性。只有持之以恒,才可收到良好的训练效果,全面提高身体素质。

3．体能训练的艰苦性

体能训练是十分艰苦的训练,它要求受训者不怕流血流汗,有坚强的意志和顽强的精神,特别是进行大强度、超负荷的体能训练时,更要咬紧牙关,坚持到底。只有这样,才能全面提高身体素质,达到理想的训练效果。

(二)体能训练的实施步骤

(1)课前准备。课前准备是指在进行体能训练前做的身体预备活动。通过课前活动操使身体的各个部分得到充分的活动,直到发热为止,为实施训练创造条件。

(2)训练实施。训练实施是指按程序和要求组织参训人员进行严格的训练。这是操作练习的主要内容,必须从严从难,达到一定的强度和难度,使受训者能收到预想的训练效果。

(3)恢复训练。恢复训练是指在大强度体能训练结束后,按要求进行足够强度和时间的恢复性训练,使身体各个部分肌肉、韧带、体力等都得到充分的恢复,以防止肌肉和韧带的损伤或拉伤。

二、体能训练的内容

(一)力量训练

1.增强力量的因素

①力量练习的负荷。只有练习的负荷逐渐增大(增加重量或次数)并超过过去的负荷,才

能发展力量。不同负荷的练习可引起机体不同的生理变化。大负荷练习可以有效地提高肌肉的绝对力量。中等负荷练习对速度性力量和力量耐力的提高具有较好的影响,对于初级练习者而言效果尤佳。

②力量练习的速度。一般采用较小的负荷、快速的动作练习来提高爆发力。但采用大负荷时肌纤维几乎全部被动员,也能发出爆发力。因此,适当的大负荷练习,也是必要的。

③力量练习的间隔时间。力量练习不宜天天进行,适宜的训练间隔有利于力量的发展。

④力量练习的肌肉放松能力。肌肉放松可提高神经调节的协调性,有利于血液循环,促进身心恢复过程,有利于力量的增长和速度力量的发展。

⑤力量练习的原则。力量练习要遵循全面发展、渐增阻力和专门性原则等。

2.增强力量的方法及手段

①增强力量的方法。主要有克服外部阻力的练习方法和克服本身体重的练习方法两大类。

②增强力量的手段。发展力量应重视全面发展身体各个部位的力量,如上肢力量、躯干力量,以及举、提、蹲、负重和跳跃的能力。所以,采用的练习手段应有多种组合,一般采用杠铃或哑铃、臂力器等练习。

3.常规训练内容

1)杠铃练习

①上举。两脚开立,两手正握杠铃上举,再放置锁骨处,反复练习。

②提拉。两脚开立,弯腰,两手正握杠铃,随后两臂以肘关节为轴,向上提拉杠铃,反复练习。重量有轻有重,速度有慢有快,结合起来练习。

③卧推。身体仰卧在卧推凳上,两手正握杠铃置于胸上向上方推起至两臂伸直,反复练习。可以将快举慢推、轻重杠铃等多种方法结合起来练习。

④平推。两脚开立,两手正握上提杠铃置于锁骨处,随后两手用力向前平推,反复练习。注意平推时要快速有力。

⑤摇转杠铃。将杠铃杆置于墙根和墙角,另一端加上杠铃片,双手(或单手)握住加片这一端,上下、左右摇转或向上推击。

⑥负重深蹲。肩负杠铃,两脚开立同肩宽,做深蹲起立动作,反复练习或加大重量练习。做练习时要注意挺胸、塌腰,下蹲要慢,起立要快。

⑦负重箭步跳。肩负杠铃箭步跳跃,反复练习。

⑧负重弯腰。肩负杠铃,两脚开立,上体弯腰上下起伏。做此动作时,注意两手抓紧杠铃杆,两腿伸直弯曲。

⑨负重背肌。肩负杠铃,俯卧于桌子上,让同伴按住两脚踝,练做弯腰动作。

2)哑铃、壶铃练习

①哑铃练习。利用哑铃可以进行扩胸、侧举、弯腰侧举、绕花及弯举等动作训练。

②壶铃练习。利用壶铃可以进行弯举、双手上举、弯腰提拉等动作训练。

3)其他方法的力量训练

①综合、单项训练器练习。利用综合、单项训练器对全身各部位进行力量训练。

②杠铃片平推练习。利用杠铃片可进行平推、摆动转体等动作练习。平推:两手持杠铃片,两脚开立站稳,向前平推伸直两臂,迅速收回,反复练习。绕花摆动:两手持杠铃片,两脚开

立站稳,然后按前后左右顺序绕花摆动摇转杠铃片,反复练习。

③引体向上、臂屈伸、悬垂举腿。在单杠上做引体向上或悬垂举腿,双杠上做臂屈伸,练习腹肌力量。

④俯卧撑练习。练习方法有普通俯卧撑、拳面俯卧撑、负重俯卧撑练习等。

⑤倒立臂屈伸练习。面对墙壁做倒立动作,双腿并拢伸直,也可以做倒立臂屈伸动作,增加动作难度。

⑥推小车练习。正推:一人俯卧,两手撑地,另一人握抬其双脚踝向前推行。反推:一人仰面,两手撑地,另一人握抬其双脚踝向前推行。

⑦蹲走练习。两腿屈膝、挺胸、塌腰,上体不要前倾过多,大小腿夹角成90°,向前行走。

⑧持哑铃弯举、冲拳练习。单手持哑铃下蹲进行弯举,双手持哑铃进行冲拳练习,锻炼手臂及手腕的力量。

⑨突然启动练习。一人成赛跑预备姿势,另一人双手抱住其腰部,听到信号后,被抱住腰的人立即突然起跑,抱腰的人则死死双手回拉其身体,形成对抗,锻炼两人的全身力量,并共同锻炼两人的腿部爆发力。

4. 力量训练的要求

①全面发展,防止片面。根据需要使肌体局部的力量训练和整体力量训练、上肢力量训练与下肢力量训练、大肌肉群的力量训练与小肌肉群的力量训练配合起来,全面发展,防止片面性。

②逐步增力,直至极限负荷。

③防止肌肉僵化。进行强度较大的力量训练时,要特别注意肌肉的放松调整,训练时要与其他体能训练交替进行,提高肌肉的弹性。

④力量训练要隔日安排,这样力量可以比原来增加77.6%。如每日进行,则力量只能比原来增加47%。

⑤力量训练要合理安排。如果在技术训练中进行力量训练,则应安排在技术训练之后,防止因力量训练身体疲劳,从而影响技术训练。

(二)耐力训练

1. 增强耐力的因素

①有氧代谢是增强耐力的基础。充分的有氧代谢是有氧耐力素质发展和提高的保证。最大吸氧量是衡量有氧耐力的重要指标。

②心理素质是影响耐力发展的重要因素,解决思想问题是增强耐力的前提。

③选择适宜的练习手段,建立速度感觉是关键。

④持之以恒逐渐加大运动负荷。

2. 增强耐力的方法及手段

(1)增强耐力的方法。增强耐力的锻炼应逐渐增加运动的负荷,将运动量与强度、动作次数与重量、动作的快与慢、距离与速度、练习的间歇及每周的锻炼次数结合起来,根据不同受训者个人的具体情况综合考虑。一般情况是先完成一定运动量、动作次数、距离,而后逐渐增加强度、重量、速度,采用适应—提高—再适应—再提高的循环过程。

(2)增强耐力的手段。增强耐力的手段包括一般练习手段和具体练习手段。一般练习手段:肌肉耐力练习、有氧耐力练习、无氧耐力练习。具体练习手段:跑步练习、跳绳练习、登楼练习、换项练习、综合练习(在一定时间内做变速跑、跳绳、俯卧撑、仰卧起坐等动作的练习)。

3. 常规训练内容

(1)跑步练习。采用各种跑步的练习,如长距离跑、变速跑、郊外越野跑等,提高内脏器官的功能,从而提高耐力。

(2)综合耐力练习。如在一定的时间内做变速跑、跳绳、蛙跳、平推杠铃、俯卧撑、仰卧起坐和连续击打手靶、脚靶等动作练习,使身体内各器官和各系统的运动能力全面提高。

(3)换项练习。全场踢足球、打篮球对抗练习,长时间骑自行车,连续冲跳台阶,长时间做俯卧撑等,都能有效地提高耐力素质。

4. 耐力训练的要求

耐力训练应从一定的时间、距离、数量开始,然后逐渐加长时间和距离,逐步提高到"极限负荷"。

(三)灵敏性训练

1. 提高灵敏性的因素

①提高大脑皮层神经过程的灵活性。

②发展快速反应,提高速度和动作的准确性。

③掌握多种多样的动作,动作技能掌握得愈多愈熟练也就愈灵敏。

④其他身体素质如力量、快速反应及柔韧性水平等都直接影响灵敏程度。

2. 提高灵敏性的方法

①带有附加条件的各种跑步练习,如蛇形跑,即利用标杆来回穿梭,以快速不碰杆者为佳。

②球类游戏。

③各种闪躲练习:

一人出右冲拳,另一人做下蹲闪防守,交替反复练习;

一人背对墙站立,另一人离开适当的距离,用足球快速抛向他,防守者尽量快速准确地躲闪开,不被击中,锻炼反应与灵敏性;

④做各种空翻、滚翻动作练习。经常性地做各种空翻、滚翻动作,锻炼身体的灵敏性。如侧手翻、前手翻、并腿及分腿前后滚翻等动作。

⑤听信号反应训练和做各种动作练习。一人倒退着慢跑,当听到教练的口哨声后,立即转身快速冲刺,反应时间越短越好;看、听教练的手势及哨声做各种动作,锻炼训练者的反应能力及身体的灵敏性。

3. 灵敏性训练的要求

①在整个训练过程中要系统、持久地安排灵敏性训练。

②灵敏性训练要安排在精力充沛时进行,最好安排在训练课的准备活动中,也可与其他体能训练同时进行。

(四)爆发力训练

1. 增强爆发力的因素

①提高神经过程的灵活性和协调性。

②提高肌肉力量。

③减少内外阻力。

④肌肉放松能力。

2.增强爆发力的方法

①短距离冲刺,如30 m,50 m不等。

②各种节奏的加速跑、变速跑、快速起动跑、变向跑、下坡跑、追逐跑等。

③起跑练习,即听到信号快速起跑。

④做背向小步跑或高抬腿跑,听到信号后快速转身冲刺。

⑤平推轻杠铃(或杠铃片),要求速度越快越好,但不可连续做太多。

⑥打踢轻沙袋,用全力和最快的速度击打轻小的沙袋。

3.爆发力训练的要求

①爆发力训练要坚持长期、系统地进行,要采取有力措施克服"速度障碍"的过早出现。

②爆发力训练要在精力充沛、精神饱满、训练欲望强的情况下进行。

③爆发力训练可与其他体能训练同时进行。

(五)柔韧性训练

1.提高柔韧性的因素

①适宜的条件(温暖的天气及热身跑后)及练习者自身的心理状态对柔韧素质的发展均可产生良好影响。

②主动性练习与被动性练习相结合。

③动力性练习与静力性练习相结合。

2.提高柔韧性的方法

1)提高柔韧性的方法

①静力性拉长法(慢性张开法),是指相对静止地慢慢拉长肌肉与韧带并持续一定时间。

②动力性拉长法(爆发式),是一次次地重复振拉。

2)提高柔韧性的手段

①肩部柔韧性练习。

②腰部及脊椎柔韧性练习。

③腿部柔韧性练习。

④髋部柔韧性练习。

3)柔韧性训练的要求

①发展身体或某部分柔韧性素质,要有针对性的进行。

②柔韧性训练要坚持经常,以巩固训练成果。

③柔韧性训练要循序渐进,做好准备活动,防止撕裂或拉伤肌肉韧带。

④柔韧性训练要注意与放松训练交替进行,以防止拉长的肌肉失去弹性。

(六)协调性训练

1.培养协调性的方法及手段

1)培养协调性的方法

①对已习惯的动作的局部特征提出更严格的要求。

②在不习惯的配合下完成习惯性的动作。

③引入各种外部条件,迫使已经形成协调的动作习惯得到改变。

2)培养协调性的手段

①动作不习惯的开始姿势或反向完成动作(镜面练习),如交叉跑练习和后退跑练习。

②改变动作速度和节奏或利用不习惯的组合使动作更复杂化。

③采用游戏的方式或改变完成动作的方式使练习复杂化。

④引入要求适时改变动作的辅助性信号和条件刺激物。

⑤改变动作完成时的空间范围。

⑥练习时附加重物。

⑦采用各种战术方案、充分利用自然环境条件扩展动作技能。

2.培养协调性的要求

（1）克服肌肉不合理的紧张。肌肉不合理的紧张即"协调性紧张"，是因肌肉收缩后不能充分放松而引起的。培养良好的调节肌肉张力的能力和肌肉最大限度紧张与彻底放松相结合的能力是一个长期过程，除了系统地采用相应的身体"放松练习"外，还需用心理训练等方法来克服不合理的肌肉紧张。

（2）提高姿态的静力稳定性和动力稳定性。由于动作技术均有特殊的要求，要高质量地完成，始终依赖于身体在某种位置保持平衡的能力。在运动中保持平衡的能力的提高，是在训练过程中掌握了动作技术后才能获得。各种静态平衡练习和不断变换动态平衡练习的条件可使动作在完成中感觉校正更精确、更灵活。

（3）提高空间感觉和动作的空间准确性。空间感觉在大多数项目中并不是消极的，而是在分析综合机能的基础上，与动作空间、活动感觉的调节有直接联系。空间感觉必须深入专项化训练才能适应专项动作的特点。这样才可产生专项感觉，如距离感觉、高度感觉、障碍感觉等。

（七）恢复性训练

1.消除疲劳的方法。

①用各种方法使肌肉放松，改善肌肉血液循环，加速代谢产物排出及营养的补充，如整理活动、水浴、蒸汽浴、桑拿浴、理疗、按摩等。

②通过调节神经系统机能状态来消除疲劳，如睡眠、气功、心理恢复、放松练习、音乐疗法等。

2.消除疲劳的手段

整理活动、睡眠、温水浴、蒸汽浴、按摩、营养、药物、听音乐、心理恢复。

（八）运动伤害防治

运动对健身有众多好处，但是仅仅掌握科学的运动方法和运动技巧是不够的，人们在日常的体育运动中还是会出现许多意想不到的运动伤害。运动伤害是指在运动过程中及之后发生的各种伤害的并发症。

不同强度的运动，人的肌体所动员的功能水平不同。受训人员应根据自身的体会、健康状况和运动能力，选择适合于自己的运动方式。如强度的大小、运动持续时间的长短、运动项目、运动的频率等都要适合于自身的健康状况，如果运动强度过大，肌体对运动所产生的反应十分剧烈，甚至超过了人体所能承受的范围，就会造成严重的病理变化，产生十分严重的后果。有心脏病史的人，如果运动强度超过一定水平，使心肌耗氧量超过冠状动脉所能提供的氧量，就可能发生心肌缺血缺氧的状况；如果运动强度过大，心肌需氧量与供氧量之间的矛盾十分突出，可诱发心绞痛或心肌梗死。过长的体育活动，对健身不仅没有益处，反而由于体育活动导致的过度疲劳，给身体带来许多无法弥补的害处，就有可能使受训人员发生过度训练综合征

（以多系统功能紊乱为表现的病症），如损害心血管系统功能，损害免疫功能，降低对环境变化和致病因素的抵抗能力，而容易导致一系列疾病。

下面简单介绍主要的运动伤害产生的原因、特征及预防处理方法。

1 突然肌肉韧带拉伤

（1）内因：训练水平不够，柔韧、力量、协调性差，生理结构不佳。

（2）外因：准备活动不充分，场地、气温、湿度、上课内容不好，教练专业水平不够。

（3）预防：选择教练、场地及适当的课程，在正常天气情况下锻炼，准备活动充分、循序渐进。

（4）处理：24 小时前为急性期，要停止运动、冷敷、包扎、抬高受伤部位。24 小时后为恢复期，配合按摩、微动、康复或恢复性锻炼。

2 关节扭伤

（1）内因：技术掌握不好、协调性差，关节周围肌肉力量小、生理结构不佳、疲劳产生、体力差。

（2）外因：准备活动不够、场地滑、器材使用不当、教练内容不好（动作速度快，转、跳多）。

（3）预防：准备活动充分、了解设备使用、循序渐进，让教练或自己速度放慢。

（4）处理：24 小时前为急性期，要停止运动、冷敷、包扎、抬高受伤部位。24 小时后为恢复期，配合按摩、微动、康复或恢复性锻炼。

3 运动过度受伤和处理方法

（1）原因：运动过度受伤主要由长期过度运动积累产生，往往非一个原因产生。

（2）预防：通过运用正确的动作技术，适当的休息，选择合适的设备或服装、循序渐进的运动强度和合理安排运动时间可以减少损伤。

（3）处理：学习正确的动作技术，加强伸展练习，避免损伤动作。

4. 关节炎、黏液囊炎（如网球肘和肌腱炎等）

（1）原因：通常由于过度运动某部位而引起。

（2）预防：休息，增加关节周围的柔韧性和力量。

（3）处理：关节炎可分一般关节炎和风湿性关节炎。关节炎的恢复主要通过参加小量的运动、做些关节不痛的动作、在发病时不要运动。骨关节炎是由于软骨的磨损而引起的，导致关节肿大、水肿。但风湿性关节炎主要是由免疫系统的紊乱造成的，主要靠提高免疫水平等。

5. 心力交瘁

（1）特征：人发冷，多汗、脸色白或红、头痛、晕、虚、筋疲力尽。

（2）预防：教练及练习者要注意运动量的控制。

（3）处理：送病人离开热的地方，宽衣、湿衣。清醒后给他慢喝些水、注意观察，病人当天不要多运动。

6. 运动疲劳

（1）特征：心悸、心动过速，血压、脉搏恢复慢，内脏不适、血尿，人发冷，多汗、脸色白或红、头痛、晕、筋疲力尽。

（2）原因：训练方法不对，未能循序渐进、系统训练，运动量大、训练时间过长、休息不充分等。

（3）预防：安排合理的训练时间、计划，注意劳逸结合。

（4）处理：调整锻炼计划、运动量，循序渐进，进行系统训练、全面训练。

7. 重力休克

（1）特征：头晕、眼发黑、心难受、脸苍白，手发凉，严重时晕倒。

（2）原因：运动时血液都供应下肢，突然静止运动时静脉回流不够，脑缺血缺氧，产生脑贫血。

（3）预防：强度运动后，不要马上停止运动。

（4）处理：让患者平卧、脚垫高，头低于脚，从小腿顺大腿按摩。

8. 心绞痛

（1）特征：心绞痛经常表现在腿和腹部的疼痛和抽筋现象。

（2）原因：经常在冷的地方锻炼，喝冷饮料，不做伸展运动和按摩。

（3）预防：注意选择良好的锻炼环境，准备活动要充分。

（4）处理：休息，让练习者在良好的环境中锻炼。

9. 抽筋

（1）特征：由于天气热、脱水等原因造成。抽筋前会产生肌肉的疼痛，最后导致腿和腹部肌肉抽筋等。

（2）原因：由太闷热引起。

（3）处理：阴凉处休息，喝水但非盐水。抽筋情况一般可以微微做伸展练习和按摩。抽筋过去后，还可以继续运动。

10. 轻度中暑

（1）特征：轻度中暑的迹象包括虚冷、多汗、脸色苍白、头痛、恶心、筋疲力尽等。

（2）原因：由太闷热引起。

（3）处理：人到阴凉的地方、松开衣服、喝水等。

11. 中暑

（1）特征：人的正常功能不能正常工作、皮肤热、面红变化显著，脉搏弱、呼吸浅；

（2）原因：由太闷热引起。

（3）处理：有知觉，要适量喝水、宽衣；如出现呕吐就不应吃流质食物，并应送往医院；如失去知觉，应立即打电话呼救，侧躺，观察呼吸，冰块放在腕、踝、腋、颈脉处，不按摩。

12. 冻伤

（1）特征：皮肤出现微黄色，对痛觉冷淡。

（2）原因：长期在低温下活动，皮肤处在冷空气下。

（3）处理：一般用温水暖和受伤的部位，不要按摩受伤的部位，否则会产生更大的受伤，严重的要送医院。

（4）预防：不要长时间暴露在冷环境下。

13. 低体温症

（1）特征：身体的温度低于正常的体温，症状如同中暑，头晕、没胃口。

（2）原因：低温下活动，身体健康状况不好。

（3）预防：不要长时间暴露在冷环境下。

（4）处理：出现低体温症就马上呼叫120，送往医院处理。

14. 运动腹痛

（1）原因：①肝脾淤血，慢性腹部疾病；②呼吸肌痉挛（准备活动不够，肺透气低，运动与呼吸不协调）；③胃肠痉挛（运动前吃得过饱、饭后过早运动，空腹或喝水太多）。

（2）预防：运动前健康检查，合理安排运动饮食。

（3）处理：减慢运动速度、加深呼吸、调整运动呼吸节奏、手按疼痛部位，如无效则停止运动；口服减轻痉挛的药物（阿托品、十滴水）。

15. 脚底筋膜炎和神经刺痛

（1）原因：①脚底频繁压力过多产生的疼痛，原因有套路不适合、鞋子不合脚、脚的生理结构不好，动作技术不好等；②钙沉淀在脚跟骨上，导致脚底筋膜炎和神经刺痛。

（2）预防：准备活动要充分（包括脚部的准备活动），选择特别的鞋也有助减轻脚底神经痛。

（3）处理：注意放松、休息、按摩、热水澡。

16. 籽骨炎

（1）原因：运动中突然的重压力在籽骨上，造成骨折和发炎。

（2）预防：选择有缓冲的鞋子和缓冲力纠正。

17. 肌腱、小腿肌痛

（1）原因：经常提脚跟造成的。

（2）预防：运动前后的准备活动和放松要多伸展肌腱、小腿肌，可以防止损伤和减轻疼痛。

（3）处理：注意放松、休息、按摩、热水澡，伸展帮助减轻痛感。

18. 胫骨膜炎

（1）特征：胫骨前骨膜与骨有剥离的感觉，产生疲劳、酸痛。

（2）原因：练习方法不当，地面不平，小腿的肌肉发展不平衡，突然的压力。

（3）预防：学习正确的锻炼方法，如不要做长时间的连续跳跃动作、上下踏板动作。

（4）处理：注意全面锻炼，练习后要放松、休息、按摩、热水澡，加强关节周围的力量和做伸展练习来减轻疼痛等。

19. 半月瓣症

（1）原因：半月瓣症一般由过度膝部动作，或不正确的跑步动作造成，常会有"咔"的响声。

（2）预防：减少过多的膝部动作、减少转体、跳等撞击动作。

（3）处理：注意放松、休息、按摩、热水澡，如果特别疼痛就要到医院治疗。

20. 腰肌劳损

（1）原因：练习方法不当（如仰卧起坐时不屈腿），急于求成而造成疲劳损伤。

（2）预防：学习正确的动作技术，不急于求成。

（3）处理：注意放松、休息、按摩、热水澡。

21. 颈椎疾病

（1）原因：练习方法不当（如仰卧起坐时不抱颈），颈部运动过多而造成疲劳损伤。

（2）预防：学习正确的动作技术，颈部运动不要过多。

（3）处理：注意放松、休息、按摩、热水澡。

2.3.4　心理训练

矿山救护队指战员心理训练是指通过有意识的外部和内部活动对救护指挥员、战斗员的

148

心理过程和个性心理进行影响和调节的活动过程。通过这种活动过程,提高救护指挥员、战斗员在灾情现场上的心理适应能力,充分做好心理准备,增强战斗活动的速度、质量和效率,为顺利完成事故救援时的救人、灭火、疏散、保护物资以及各种复杂、困难、危险的战斗任务创造必要的心理条件。

救护队指战员在事故救援战斗活动时,由于想象和灾害现场环境的刺激会引起心理的不平衡,而缺乏心理训练的救护人员则会加剧这种不平衡。救护队指战员的不稳定性心理必然会影响事故救援战斗行动。救护队指战员救援战斗活动时的心理特点可以分为战斗开始前的合理特点和战斗期间的心理特点。

一、救援行动前和救援行动中的心理特点

1. 救援战斗前的心理特点

(1)紧张状态。救护队指战员在学习、训练、劳动、就餐、休息等时间突然听到出动警铃声,神经活动就会立即紧张,适度的紧张是一种积极的心理准备状态,能有效地保证战斗任务的完成;而过于紧张,则会妨碍战斗人员的活动,是一种消极的心理状态。

(2)恐惧状态。恐惧状态是在心理紧张的基础上,由于灾害现场情况的表象或想象到可能发生的危险对个人生命的威胁而产生的心理现象。恐惧状态是一种消极的心理状态,会妨碍救护队员的正常活动。

(3)乐观状态。这种心理的产生,一般基于两种原因:①对灾害现场比较了解,感到战斗行动难度不大,呈现出乐观状态;②对灾害现场估计过低,把复杂想象为简单,把困难想象为容易,是一种盲目乐观的危险临战心理。

(4)淡漠状态。其心理机制是由于出现保护性能和兴奋过程减弱而使心理紧张程度降低,表现为人体机能变化不显著,表现为缺乏意志活动的主动性和灵活性,是一种消极的心理状态。

2. 救援战斗中影响救护指战员心理的主要因素

抢险救援的刺激是形成救护队指战员战斗期间心理特点的主要因素。

(1)高温。火灾或爆炸产生的高温能强烈地刺激救护队指战员的神经活动,强化兴奋,而削弱抑制,易造成动作在时间和空间上的失调。高温破坏救护队员的生理机能,造成头昏、虚脱、疲乏无力等,出现痉挛、幻觉,以致失去知觉,停止正常的心理活动。

(2)浓烟。浓烟里的毒性气体能强烈地刺激救护队员的感觉器官,造成眼睛流泪、睁不开眼、头昏眼花,甚至失去活动能力。

(3)噪声。救援现场上的巨大噪声,容易造成救护队指战员注意力分散,感觉和知觉能力下降,心慌意乱而无法进行思维和判断。噪声会使战斗员听不清指挥员的命令,指挥员听不清战斗员的汇报,影响战斗行动。

(4)活动空间狭小。救护队指战员为了及时处置灾情,常常要钻进巷道变形、比较狭小的活动空间工作;在这种狭小的空间里,救护队指战员的工作受到影响,不但有压抑感还容易产生厌烦、急躁等消极情绪。

(5)外界干扰。灾害救援现场的外界干扰主要来自受灾单位或受灾个人、帮助救灾人员等。一是外界人员的集中、慌乱、恐惧情绪等,对救护队指战员有一定的传染作用;二是外界人员不明的过激性或侮辱性语言,使救护队员产生不耐烦、暴躁、愤怒的激情状态;三是外界干扰导致不正确的指挥和行动,影响整个灾害救援战斗的成效。

（5）危险情况。救护队指战员在灾情中若感受到具有爆炸、倒塌、中毒等危险情况时，或主观想象到某种危险时，就会本能地使神经活动紧张，表现出恐惧的神态。尤其是看到人员伤亡时，神经活动就极度紧张，恐惧则会进一步加剧，甚至畏缩不前，说话的声音及四肢发生颤抖，出壶汗、小便失禁。

（7）战斗状态。灾情救援战斗状态如何能对救护队指战员的心理产生多种影响。战斗比较顺利时，容易产生麻痹心理；战斗受阻时，容易产生急躁情绪；当几次进攻、多次努力都未奏效时，容易产生泄气情绪。

（3）初次遇到灾害现场。新队员初次参加灾害抢救与老队员初次遇到未经历过的灾害现场相比，两者的心理状态比较接近，易产生紧张、恐惧的情绪。

二、心理训练计划的制订与心理训练检验

1 制订心理训练计划

制订心理训练计划非常重要，每个矿山救援基层组织都应制订心理训练计划。心理训练计划既可单独制订，也可以与其使计划一起制订。为使心理训练具有一定的针对性，还应根据各类专业人员的工作和每个人的心理特征制订相应的心理训练计划。

2 心理训练检验

每项心理训练结束后，要及时检验训练效果，便于调整或充实训练结构、内容和方法。建立心理训练档案是检验训练效果的基础工作，在档案中应记录训练前、训练中、训练后每个人的心理指标和生理指标。心理指标和生理指标可通过观察、询问或测量（血压、心率、脉搏）的形式进行。考核方法可采取单项因素考核法和综合因素考核法。单项因素考核法是对某一项心理因素进行考核评价。综合因素考核法是对整个心理训练的各种心理因素（如记忆、观察、想象、情绪等）进行考核评价。

三、心理训练的内容

（一）一般心理训练

一般心理训练是指每个指战员都进行的训练，是各项心理训练的基础性训练。

1. 培养责任心和事业心

责任心和事业心是救护指战员必须具备的心理条件，也是心理训练的一项重要任务，通过政治思想教育和《煤矿安全规程》教育来实现。

2. 培养和发展 4 种能力

培养和发展观察、想象、记忆和思维能力，有助于提高智力，增强意志品质，是保证救护队员顺利完成事故处理任务的重要心理条件。

3. 培养情绪的稳定性

情绪是与机体生理需要是否获得满足相联系的最简单的体验。稳定的情绪是救护队员在事故救援中顺利完成战斗任务的心理条件，任何恐惧、焦躁、惊慌失措都会对战斗带来影响。情绪的稳定性要求：掌握知识、熟悉对象、增强心理适应能力、加强自我调整和控制。

4. 培养意志品质

意志是人自觉地调节自己的行动去克服困难，以实现预定目标的活动的心理过程。良好的意志品质是实现意志行动的根本保证。培养良好的意志品质要求：确立信心，明确目的；采取针对性的方法训练和实践；加强自我教育。

5. 培养自我心理调节能力

自我心理调节也称自我心理训练。它通过有意识的意志活动达到稳定情绪,使心理活动达到最佳的临战状态。自我心理的调整方法很多,主要应掌握转移法、语言提示法、身体活动法、自我监督法和暗示法。

(二)专业心理训练

专业心理训练是指对指挥员、战斗员、调度员(电话员)、驾驶员等不同工作岗位上的救护队员,依据其职责分工的需要,进行不同的心理训练。

1. 指挥员心理

训练指挥员心理训练在于增强指挥员的心理适应能力,提高对灾情现场情况判断和组织指挥能力。指挥员的心理训练,除一般心理训练外,还应进行下列训练。

(1)学习灾变救援战术理论。指挥员平时要多学习和掌握灾变救援战术理论知识,以利于实战时对灾害现场情况正确认识和准确判断。指挥员的知识积累越多,心中的底数就越大,就越能应付各种复杂情况,避免紧张、慌乱和恐惧情绪的产生。

(2)研究战术和战例。研究战术和战例能使指挥员形成灾害现场的再造想象、表象重现和创造想象。灾害现场的再造想象可以使指挥员重现别人所感受过的灾害现场状态和战斗情景;灾害现场的表象重现是指挥员经历过的灾害现场情况的再现,这有利于加深印象,提高心理稳定性;灾害现场的创造想象是经过战术研究而在头脑中形成战斗活动的新形象。指挥员有了创造想象,如果遇到类似灾情,就能顺利地实施指挥而很少受到不良心理的影响。

(3)进行战术演练。战术演练能使指挥员通过实践加深对灾情处理战术理论的运用能力,提高下达命令的技能,完善判断灾情的知识和能力,体验灾变救援现场情境,增强心理适应性和指挥艺术。

(4)实战模拟训练。实战模拟训练是指挥员心理训练最有效的一种形式。在指挥员实施指挥的过程中.要施以必要的外界干扰,妨碍指挥员的正常指挥,如喊叫声、指责声、东拉西拽指挥员、到处告急等;要设置一些合理的冒险情境,如浓烟中搜索人员,抢救发生倒塌、爆炸、中毒情况下的遇险人员、疏散物资等;在战斗中发生"爆炸"、"倒塌"、"中毒"等,造成了人员伤亡等(通过音响、或故意设置爆炸、倒塌,但对人员应无危险),要达到真实可信。

2. 战斗员的心理训练

战斗员的心理训练重点是消除慌乱、恐惧的情绪,培养勇敢顽强、坚忍不拔、灵活应变的意志品质。除一般心理训练外,还应进行下列训练:

(1)训练胆量。胆量只有在危险的条件中才能培养提高。一般应在黑暗中和在烟火情境中训练,在爆炸、倒塌、中毒等危险条件下训练,也可到医院存放尸体的太平间去训练。

(2)训练毅力。有意识的造成战斗员的心理疲劳和身体疲劳,磨炼战斗员的意志,培养坚忍不拔、不怕疲劳的意志品质。训练方法可采取让战斗员重复去完成单调的劳动或训练,磨炼其抗心理疲劳的能力;在高温状态下进行各种训练,培养其克服和战胜困难的意志;也可通过体育训练中的爬山、长跑等训练毅力。

(3)训练观察能力。重点是训练战斗员观察冒顶、爆炸等危险征兆的能力。

(4)训练反应能力。快速反应能力是救护队员适应复杂多变的救灾现场能力。一般通过差别感受性训练、体育训练来取得。

(5)训练紧急情况下的自救能力。使战斗员掌握灾害救援现场避险的有关知识,提高面临危险的预见能力;进行必要的灾害救援现场自救训练,掌握灾害救援现场自救的方法;体验危险情境(根据需要设置危险情境),增强其沉着、冷静和自制的能力。

(三)集体心理训练

救护队员进行灾害处理,是救护队的集体行动,每个救护队员都必须进行集体心理训练。集体心理训练就是有意识地对每个救护队员的心理过程和个性心理特征施以影响,实行统一行动,协调一致,提高集体战斗的能力。

1. 培养和谐的集体心理

(1)增强集体团结力。集体团结的内在因素是集体成员之间的友谊和互助。教育集体中的每个成员建立同志式的团结,能相互关心,相互帮助。

(2)保持良好的心境。心境的好坏能影响一个人的全部行为和全部生活。心境与人的需要有一定的关系,当需要不能满足时就会影响人的心境。同时心境还与人的家庭、领导和同事间关系、工作环境、生活状态等有一定的关系。

(3)发挥指挥员的作用。指挥员要能及时发现集体成员的情绪变化和思想变化,搞好调查,正确地解决问题。指挥员在集体活动中要以身作则,处处起表率作用,要学会调解集体中成员之间的矛盾,坚持多表扬少批评。

2. 培养一致的集体目标

正确使用奖励和处分,维护一致性的集体目标,充分调动集体成员的积极性。奖励对维护一致性的集体目标具有积极的激励作用,处分对偏离集体的目标具有纠正和制止作用。

3. 培养服从心理

救护队是与多种灾害事故作斗争的战斗集体。在战斗中战斗员必须服从指挥员的统一指挥,形成集体的力量,决不能各行其是。集体中每个成员要养成一种承认上级的权威,自觉服从上级的习惯。即使指挥员的命令违背个人意愿也必须执行,并能自觉地克服困难,保证任务完成。通过队列训练、班、队战术训练、战术演练、训练竞赛等方法达到培养服从心理的目的。

2.3.5 矿山救援技术竞赛

一、矿山救援技术竞赛的发展趋势

矿山救援技术竞赛是国内、国际公认的非常有效的矿山救援技术训练方式,受到各采矿国家的普遍重视,得到了广泛开展。今后,在安全生产形势好转和矿山事故减少的情况下,仍然需要以矿山救援技术竞赛这种形式来提高救援技术水平、保证队伍战斗力和引起社会对矿山救援工作的关注。

由于国内和国际竞赛诞生的社会文化和语言的背景不同,救援竞赛和理念和对局部操作的细节认识稍有不同。国内竞赛项目设置较多,项目设置分散,对队员体能和队伍组织形象的要求较高;国际竞赛的项目设置集中,它把许多小项目集成在一个大项目中,重点突出以人为本的救灾理念,救灾时,在要求队员具备较好的体能的同时,严格按照救灾的规则进行,培养队员的组织和协调一致的能力。国内竞赛注重救灾技术运用,实战性较强;国际竞赛重点突出救灾程序,操作动作必须规范,强调小队独立作战和整体配合能力。

国际矿山救援技术竞赛的影响日益扩大,将来会有专门的国际组织来规划和管理国际竞赛,组织制订国际通用的竞赛规则,国际矿山救援技术竞赛将越来越规范。通过国际竞赛活动,各国矿山救援界的交流与合作会更加紧密。

无论是国际矿山救援技术竞赛,还是国内矿山救援技术竞赛,竞赛项目的设置和竞赛规则的制订都来源于矿井救灾实践,来源于矿井救灾现场的经验,来源于矿井救灾认识的积累。矿井救灾的理论是一致的,矿山救援技术竞赛的项目设置和规则也是大同小异的。

总之,国内矿山救援技术竞赛在保留自己的特色和传统项目的基础上,应积极与国际竞赛接轨,通过参与国际矿山救援技术竞赛,学习和借鉴国际矿山救援领域的先进经验和技术,取长补短,这将对促进我国矿山应急救援体系建设具有重大现实意义。在充分研究的基础上,完善竞赛规则和建立竞赛题库,逐渐使全国竞赛的举办制度化、规则标准化。这对加强与各国在矿山救援领域的交流与合作,共同提高矿山救援技术水平,推动我国矿业的可持续发展有重大意义。

二、矿山救援技术竞赛的规则

我国的矿山救援技术竞赛始于 1987 年,截至 2006 年末,我国共举办了 6 届全国矿山救援技术竞赛。纵观这 6 次全国矿山救援技术竞赛,项目设置和规则制订虽有所不同,但竞赛的主要项目和规则变化不大。我国的矿山救援技术竞赛分集体项目和个人项目两类,第五届全国矿山救援技术竞赛总结和发展了前 4 届全国矿山救援竞赛,项目设置和规则制订体现了我国矿山救援的特色。第六届全国矿山救援技术竞赛消化吸收了国际矿山救援竞赛项目和规则,结合我国矿山救援技术竞赛的传统项目,设置了模拟救灾、呼吸器操作、医疗急救和个人综合素质 4 个竞赛项目。下面以第五届全国矿山救援技术竞赛为例,对项目设置和规则进行简要介绍。

1. 项目设置

我国矿山救援技术竞赛一般设集体项目和个人项目,每个参赛队由 1 名指挥员和 6 名队员组成。集体项目包括:业务理论、军事化队列、体能连续、伤员急救、连续实战 5 项。个人项目包括:业务理论、体能连续、正压呼吸器席位竞赛。

2. 竞赛规则

1)集体项目(600 分)

(1)业务理论考试(100 分)

考试形式为闭卷考试,考试时间为 90 min 。试题类型有问答、填空、选择填空、判断、分析与计算。试题内容包括:《安全生产法》《煤矿安全规程》《矿山救护规程》及通风安全基本知识和国际救护竞赛常用英语名词等。评分方式为小队人员全部参加考试,6 人的平均分即为集体分数。

(2)军事化队列(100 分)

军事化队列考核内容为队容、风纪、礼节和队列操练两部分。

竞赛中对参赛救护队的队容、风纪、礼节做了明确规定,要求参赛人员着装整齐一致,按规定穿戴服装等。

队列操练基本要求:参赛救护队派 7 人参赛,其中领队指挥员 1 人,队员 6 人;队列操练由领队指挥员在比赛场外指定位置整理队伍,纵队跑步进入场地内指定位置操练;项目操练按照规定程序依次进行,不得颠倒;除领取与布置任务、整理服装外,其余各单项均操练两次;行进间队列操练时,行进距离不小于 10 m;操练完毕,领队指挥员请示后,将小队纵队跑步带出比赛场地;指挥员要做到姿态端正,精神振作,动作准确、熟练,口令准确、清楚、响亮,指挥员位置合适。

领取布置任务时,要求领队指挥员整好队伍后,跑步到总指挥处报告及领取任务,再返回向队列人员布置任务；报告前和领取任务后应向总指挥行举手礼；领队指挥员在报告和向队列人员布置任务时，队列人员应成立正姿势，不许做其他动作；在各项操练过程中，不许再分项布置任务和做口令、动作提示。

队伍解散时，要求队列人员听到口令后迅速离开原位散开。队伍集合时，要求小队人员听到集合预令后应在原地，面向指挥员，成立正姿势站好；听到动令后跑步按口令集合。立正、稍息要求按要领要求分别操练，姿势正确，动作整齐一致。

队伍整齐的程序为整理服装、向右看齐、向左看齐和向中看齐。在整齐时先整理服装一次，按《中国人民解放军队列条例》中整理队帽、衣领、上口袋盖、军用腰带、下口袋盖的规定进行。队员报数要求准确、短促、洪亮、转头（最后一名队员不转头）。队伍停止间转法依次为向右转、向左转、向后转、半面向右转和半面向左转。要求动作准确，整齐一致。

队伍行进中的要求是队列排面整齐，步伐一致。

立定的动作程序为在齐步走、正步走和跑步走时分别做立定动作，要整齐一致。

步伐变换程序为齐步变跑步、跑步变齐步、齐步变正步、正步变齐步，要求按要领操练，队列排面整齐，步伐一致。

行进间转法程序为向右转走、向左转走、向后转走，要求队列排面整齐，步伐一致。

纵队方向变换程序为停止间左转弯齐步走、停止间右转弯齐步走、行进间左转弯齐步走、行进间右转弯齐步走，要求队列整齐，步伐一致。

队列停止时敬礼要求排面整齐，动作一致。

（3）体能连续测试（100 分）

体能连续测试的程序为爬绳 4.5 m、跑步 20 m、引体向上 15 次、跑步 20 m、着装、佩戴正压呼吸器跑步 1 000 m、拉力器 80 次。要求 7 项连续进行，10 min 完成。

体能连续测试要求从裁判员发出开始命令起表计时，到参赛者拉完检力器 80 次止表；参赛者开始着运动背心、短裤、穿运动鞋；爬绳高度从距地面 1.8 m 处起，至最低一只手超过 6.3 m 的标线，上爬时只能双手握绳，不准夹绳，下放时姿势不限；引体向上要正手握杠，引体时下颌过杠，放下时两臂伸直，下肢动作不限，但脚不能着地；着战斗服、戴安全帽、围白毛巾、穿高筒胶靴、戴矿灯、战斗服领口下第 2,3,4 颗纽扣必须扣好，高筒靴不得挽筒，前后顺序不限；佩戴的正压呼吸器腰带、胸带要扣好，面罩放在专用兜内，背挎在身上；检力器锤重 20 kg，拉高 1.2 m，次数 80 次；参赛者在连续操作中若有一项未能完成，可依次去做下一项，未完成项目按缺项处理。

（4）伤员急救（100 分）

伤员急救时，一般要求对一名模拟小腿开放性骨折并处于休克状态的伤员进行急救，5 min 内完成。模拟伤员穿工作服，穿高筒胶鞋，戴矿工帽，佩戴好矿灯，在规定地点仰卧好；开始前，参赛队 6 名队员在场外站好，由领队指定 1 名模拟伤员，3 名操作队员，其中 2 名进行止血固定，1 名进行苏生器操作，苏生器操作人员不准参与止血固定，操作队员着战斗服，佩戴氧气呼吸器；操作队员携带好苏生器、夹板 2 块、保温毯、急救箱（箱内要有止血带、止血垫、绷带、衬垫等）在距伤员 10 m 处待命；模拟伤员仰卧好，裁判员发出"开始"命令，并开始起表，操作人员迅速进入伤员地点，对伤员进行急救。

急救分准备工作、止血固定、苏生器准备 3 步连续进行。

伤员急救时的准备工作是检查伤员伤情，由裁判员在伤员胸前放一伤势情况纸条，操作人员要详细阅读,明确伤情。将伤员矿工帽摘下,将灯带解开,摘下矿灯,将伤腿高筒胶鞋脱下,理顺伤腿裤腿(不脱裤子),对伤员要轻抬轻放。

伤员急救时的止血固定要求用止血带和止血垫在伤员小腿上部止血,止血带要扎紧系好,止血垫要垫在小腿内侧动脉血管处;将两块夹板放置于骨折小腿内外两侧,并在小腿伤处内外两侧加衬垫,然后用4段绷带将伤腿固定;4段绷带布置要均匀,两端绷带边距夹板头不得大于50 mm,中间3处间隔距离之差不得大于100 mm;每处绷带必须缠绕4圈以上,第一圈绷带要留打结头,然后打结,打结要牢固。绷带松紧度要适当(顺夹板拉动绷带位移不得超过20 mm);两侧夹板要平行一致,两端头相差不得大于50 mm。最后一个绷带结打好后,操作队员将保温毯盖在伤员身上,举手示意完成,并喊"好"后,由苏生器操作队员开始苏生器准备操作。

ASZ-30型自动苏生器操作内容是将苏生器各部件按要求连接好。其顺序是打开仪器盖子(姿势不限),打开氧气瓶,一手理顺吸痰管,另一手开一下引射器;将自动肺连接在输氧管上,测试自动肺是否自动,拿起面罩吹足气,一次吹一个或两个均可,接在自动肺上,拉出自动肺操作杆,理顺输氧管;将自主呼吸阀接在另一根输氧管上,接着把吹足气的面罩、储气囊与其连接,把氧气调节阀迅速开关一次,检查是否过气。操作完毕,举手示意。

(5)连续实战项目(200分)

连续实战项目一般假设某矿井某采区发生火灾事故,有一名遇险人员下落不明,救护小队进入灾区侦察时,要检测气体、抢救人员、修复通风设施、高倍数泡沫灭火机灭火、挂风障等。

连续实战项目竞赛操作项目及顺序是闻警集合、下井准备、灾区侦察、抢救伤员、修复通风设施、高倍数泡沫灭火机灭火和挂风障。

灾区内模拟设置进风与和回风两条巷道,各长40 m,巷道规格要求为上宽1.8 m,下宽2.6 m,高1.8 m的梯形巷道。在进回风巷中间设联络巷,长度为15 m,宽1 m,高1.2 m,挂风障地点为不燃性预制巷道。

参赛小队应携带的装备有矿工斧1把、铜顶斧2把、刀锯2把、皮尺1个、卷尺1个、电工工具一套、灾区电话1套、2 h呼吸器1台、担架1副、瓦斯检定器(10%)1台、一氧化碳检定器1台、温度计和圆珠笔各1支、笔记本1本。指战员参赛时必须携带齐个人装备,这些个人装备包括4 h正压呼吸器、联系绳、矿灯、自救器、安全帽、白手套、白毛巾、黄色战斗服、高筒胶鞋和粉笔2支。

参赛队指挥员要在基地掌握灾区情况指挥救灾,并通过灾区电话与小队保持不断联系,听取汇报,了解灾情,并把各地点的气体、温度及通风设施和巷道破坏情况、汇报时间填入矿图,根据灾情布置任务。

参赛小队长通过灾区电话与指挥员保持不间断联系,及时汇报工作进度,请示任务。小队填图人员将灾区遇到气体、温度等情况填入矿图。

小队人员编号:小队长为1号,副小队长为6号,进入灾区时小队长在前,副小队长在后,返回时相反。

该项操作综合计时,采用现场观察记录和操作后检查相结合的方法,分项考核评定作业质量。该项操作计时方法:小队长发出进入灾区命令,副小队长回信号,裁判员起表,到全部操作完成后小队长退出灾区举手示意止表。标准时间为30 min,每提前1 s加0.1分,每超过1 s扣0.2分,累计扣分达到10分时,提前时间则不加分。

佩用氧气呼吸器在灾区侦察或工作时,每项操作的"开始"和"结束",都应按小队长的命令执行。在没有接到小队长命令时,小队人员不许从事任何工作,否则,每发现一人次扣1分。

面罩脱落应立即停止操作,及时复位,并每人次扣1分;不及时复位,每人次扣10分。

操作时暂不使用的装备、工具可放在消防材料库,撤出时应全部带出;否则,每丢失1件扣2分。

在灾区工作时,氧气呼吸器发生故障,应立即处理,否则扣10分。当不能现场处理时,全小队退出灾区,更换氧气呼吸器后全小队再进入灾区继续工作,否则该项无分。连续实战项目标准分为200分,减去所扣分数,再加上提前时间加分,即为连续实战项目得分。

连续实战项目采分点为闻警集合、下井准备、灾区侦察与汇报、高倍数泡沫灭火机灭火和挂风障,每个采分点均有各自的操作要求,实行扣分制。

2)个人项目(300分)

(1)业务理论考试(100分)。

(2)体能连续测试(100分)。

(3)正压氧气呼吸器席位竞赛(100分)。正压氧气呼吸器席位竞赛要求对正压氧气呼吸器进行自检及故障判断。

正压氧气呼吸器自检及故障判断和步骤是:氧气呼吸器自检从外壳、面罩开始,检查外壳及打开盖子能看到的部件,如接头、螺丝、腰、肩、胸带等是否松动、缺少、磨损等。氧气呼吸器内部指标检查:从低压报警开始,打开关闭氧气瓶,压力表指针在回到4~6 MPa 的哨声;所有高压接头、手补按钮是否漏气、灵活;打开呼吸仓盖子检查流量,检查内部是否缺件等。氧气呼吸器系统漏气检查:检查呼吸两管及所有接头的密封垫圈、冷却器垫、垫圈等。检查结束,呼吸器必须装配完整,呼吸两管应同面罩相连,并规整放在呼吸器外壳上,处于随时可用状态。参赛人员如果发现一处故障,可以按顺序继续检查而不校正。一旦排除了此故障,参赛人员必须回到此故障起点按顺序重复各项检查。比赛时间为 30 min,检查、记录、校正设置的故障,到后 5 min 时裁判提示。参赛人员可以在规定时间内校正任何没有校正的故障。

三、国际矿山救援技术竞赛规则

首届国际矿山救援技术竞赛于1999 年9 月在美国肯塔基州路易威尔举办,至2006 年已经在不同国家举办了5 届竞赛。国际矿山救援技术竞赛为促进世界各国在矿山救援领域的交流与合作,共同提高矿山救援技术水平,做出了突出贡献。纵观这5 届竞赛,项目设置和规则的制订变化不大,项目设置一般为模拟救灾、呼吸器操作和医疗急救3 个大项目。下面以第五届国际矿山救援技术竞赛为例,对国际矿山救援技术竞赛规则进行简要介绍。

(一)竞赛总则

国际矿山救援技术竞赛(以下简称竞赛)一般设置3 个项目,即模拟救灾、医疗急救和呼吸器操作。竞赛时间一般为2 天。每支参赛救护队由6~8 人组成。其中各竞赛项目允许参加人数为模拟救灾6 人;医疗急救3 人;呼吸器操作2 人。竞赛主办方提供两种型号的氧气呼吸器和相关器材。参赛队携带的自备器材包括工作服、安全靴、腰带、号码牌、金属铭牌、联络哨和安全帽等。竞赛顺序以抽签形式确定。竞赛期间,参赛救护队要在竞赛当日规定时间内隔离。单项竞赛扣分相同时,以完成该项竞赛总时间作为评判成绩的依据。竞赛一般设团体奖和单项奖。参赛救护队在竞赛前按时进入指定地点隔离,直到竞赛开始。竞赛期间,允许参赛队自己配备的1~2 名翻译人员进入竞赛场地,做联络翻译工作。

（二）模拟救灾竞赛规则

1.一般规则

每支参赛救护队至少由 6 人组成,其中有 5 名队员和 1 名记录员,最多限 8 人。每支参赛救护队设 1 名记录员,记录员只能服务于一支参赛救护队,竞赛期间,记录员只能在新鲜风流基地的指定地点工作,允许用电话与参赛队联系。不允许记录员目视比赛现场。比赛结束后,要上交矿图,把记录员矿图和参赛队矿图与裁判标准矿图进行对照检查,根据两张矿图的扣分情况确定竞赛得分。

只有参赛救护队返回到新鲜风流基地时,记录员才可以离开指定地点去帮助本参赛队,但当参赛救护队完成某项任务重新进入灾区时,记录员必须回到指定地点。记录员应符合体能要求,在需要时,可替换任何一名救护队员进行工作。

竞赛时每位参赛队员必须配备可使用 4 h 的呼吸器。每支参赛队应为每名队员配备专用氧气呼吸器,竞赛中必须使用经核准的 4 h 氧气呼吸器。伤员可以用其他核准的呼吸装置。队员必须穿安全靴,佩戴安全帽和矿灯,队员应统一着装。

参赛队到矿井入口或新鲜风流基地报到前,应确保全部仪器气密并组装正确,并可随时佩戴。气瓶压力必须符合说明书的要求,备用设备不需要在新鲜风流基地进行测试。参赛队要使用竞赛组委会提供的容器来处理废弃材料(如化学药品等)。

参赛队应配备并使用便携式矿山救护通信系统或发声通信系统作为通信工具。使用有线通信时,线缆应具有足够的拉伸强度。如果通信系统失效,参赛队应使用标准联络信号。

2.新鲜风流基地竞赛规则

新鲜风流基地管理员在参赛队到达井口或新鲜风流基地时,应向队长和记录员作自我介绍。介绍前,允许参赛队放下他们的救生索和担架等装备。管理员将向参赛队宣读并提交一份预先准备好的任务通知书,也可以使用录像方式介绍,但不回答有关赛题和矿内情况的提问。该通知书包括需要探查的矿井或灾区的相关信息。参赛队在接到任务通知书后,最多只有 5 min 时间进行讨论和准备,这时参赛队应停留在新鲜风流基地。每个参赛队将得到 1 份书面赛题和矿图。接到空矿图和赛题后,救护队长立即计时。研究赛题、检查仪器和吸氧等所需的时间都包括在竞赛时间内。

3.其他竞赛规则

为了救人,在符合相关条款的情况下,参赛队可以改变现有的通风方式,需要时可开动局部通风机、水泵或在安全的情况下支护不安全顶板。不允许采用其他救护方法。矿图上的实线表示已实际存在的、经过准确测量的巷道;矿图上的虚线表示投影,并不一定精确。

4.竞赛扣分

竞赛成绩采用由裁判员根据扣分卡的要求在竞赛现场进行扣分裁判,扣分卡分为 A 卡和 B 卡。两个扣分卡上分别设有扣分项目、扣分原因、扣分标准、扣分数值栏目。A 卡主要对时间规定的完成情况、矿图完成的准确情况进行扣分;B 卡主要对呼吸器操作、辅助设备和测量仪器的操作、通信与信号、气体和顶板检测和其他规定动作的完成正确情况进行扣分。

1)模拟救灾 A 卡的要求

(1)每间隔 20 min ,队伍必须在停留状态下进行 1 次氧气压力和呼吸器检查。计时起点从上一次检查过程中的最后一个人完成检查开始。在竞赛中自始至终都采用这种方法,即每个队员必须在下一个 20 min 开始之前都接受了一次呼吸器检查。

（2）在 2 h 内未能完成竞赛内容的，每超过 3 min 扣 1 分，不足 3 min 按 3 min 计算，总扣分不超过 10 分。

（3）当矿图交给矿图审查员时，如果未对矿图上标注的对象或情况进行探查，每遗漏 1 处扣 1 分。

（4）未能在矿图上准确定位和记录在灾区内发现和已提示的对象或情况的，每遗漏 1 处扣 1 分。

2．模拟救灾 B 卡的要求

（1）呼吸器。呼吸器组装不正确，每台呼吸器扣 3 分。包括呼吸器盖松动或脱落；药罐未正确地放置在呼吸器中。

呼吸器佩戴者未正确调整好呼吸器，每处扣 1 分。

未能按照规定的步骤吸氧，每名队员扣 3 分。

呼吸器或其零部件已磨损或损坏，对佩戴者可能构成危险的，每名队员扣 8 分。佩戴者进入新鲜风流基地后，发现呼吸管有孔或背带断裂的，将予以扣分。

竞赛计时前，呼吸器氧气压力低于规定值的，扣 2 分。

入井前队长未能检查队员的呼吸器，队长的呼吸器未被检查的，每台扣 2 分。正确做法是：救护队长应检查每个队员的压力表和呼吸器，而队长本人的压力表和呼吸器应由一名队员检查。

当需要检查而未能正确检查呼吸器的，每处扣 1 分（最多扣 5 分）。呼吸器的正确检查包括压力表、面罩和呼吸管的目视检查，靠目视或触摸确定呼吸器的盖子是否牢固。检查后压力表应放回保护罩内。检查呼吸器的队员与被检人员要口头确认呼吸器完好。在遇到烟雾时，未给伤员戴防烟眼镜的，每名伤员每次扣 2 分。

队员进入灾区后，吸呼吸器以外的空气的，每名队员（不包括伤员）每次扣 8 分。

队员呼吸了不可呼吸的空气的，每名队员每次扣 10 分。

呼吸器发生故障，救护队未按正确的步骤处理，每处扣 6 分。当呼吸器发生故障时，救护队必须立即返回到新鲜风流基地，根据呼吸器的型号确定正确的处理步骤。修复发生故障的呼吸器的正确步骤是回到新鲜风流基地，将其取下，放在地上，然后按规定程序修复。

未能正确保护伤员，如将伤员放到担架上，未用毯子覆盖伤员，将伤员放在担架上时操作不当，影响呼吸器正常使用，每处失误扣 2 分。对保护伤员是否有失误应在救护队放下伤员时进行评估。至少应该用 2 条绷带或带子将伤员固定在担架上，一条绑住身体躯干，一条绑住双腿；再给伤员颈部以下盖上毯子，毯子不应压弯呼吸器的管子。绑伤员的绷带和带子应与伤员的身体相垂直。必须使用担架把失去知觉的伤员送到新鲜风流基地。

（2）辅助设备和测量仪器。处理问题需携带必要的设备和气体检测仪器，每处失误扣 2 分。未将必要的设备或测量仪器带到井下，即使救护队重新回到新鲜风流基地去取，也应扣分。

救护队开始计时后，在进入灾区前必须先检查以下事项；否则，每处失误扣 2 分。

进入矿井前，参赛队使用的设备测试有问题而未能调节好，每处扣 4 分。必须将有问题的设备留在新鲜风流基地。

每台担架配备并固定好一台呼吸器，否则扣 2 分。应将担架上的备用呼吸器固定好，防止脱落。

（3）通信与信号。未约定标准救生索信号的,扣3分。救护队在计时开始后,在入井或进入灾区前,必须约定救生索信号并由裁判握住救生索。

救护队未能正确利用救生索或通信系统向记录员报告该队的意图,每次扣1分,此项总扣分不超过6分。第5名队员与记录员或救生索裁判员间必须采用标准语言信号或救生索信号,标准信号见表2-3-2。未能用电话或救生索向记录员报告救护队的意图的,失误包括:在通知记录员并收到回复信号之前,就在新鲜风流基地内侧前进或撤退。如救护队在停止前进时发出前进或撤退信号,第5名队员必须等收到记录员的回复信号后才能移动。行进中,第5名队员发出停止信号,在收到记录员的回复信号后,第5名队员的移动步数不能超过2步。

表2-3-2　救生索信号

信　号	含　义	解　释
拉1下	停	惊醒中表示停下,救护队在休息时表示"没问题"。
拉2下	前进	救护队要前进,并从新鲜风流基地抽拽救生索。
拉3下	撤退	救护队要撤退通过救生索通知新鲜风流基地;如信号由新鲜风流基地发出,则救护队应立即撤回。
拉4下	求助	救护队正在困境中。

不正确的信号仅指第5名队员与记录员之间传送的信号。如果在整个参赛队移动前纠正了错误信号则不予扣分。如果需要纠正一个错误信号,第5名队员应在移动前发出一个"停止"信号,再发出一个正确的信号并应收到记录员的回复信号。行进中,所有队员应抓住救生索或与救生索相连接。救生索的长度不应大于8.5 m,救护队员与救生索之间联系绳的长度不准超过0.9 m。

救护队必须事先通知记录员并得到许可后,方可改变通风或送电,如有违反扣2分。改变通风是指启动、停止通风机、改变通风方向或气体成分,而放下纵向导风帘,灭火或打开密闭墙上的管路阀门则不认为是改变通风。不能用钻孔通风。当用纵向导风帘通风清除污染的空气时,纵向导风帘的外端距离污染区应小于1.5 m,如污染区在煤柱回采线内侧1.5 m以内,则纵向导风帘应断开虚设的煤柱回采线。如果一个在用的挡风帘用于通风导向,该挡风帘应首先改为临时风障。如果正在用水泵抽水,救护队必须等待裁判员改变水位降低的告示牌后,才能停止抽水。

未带救生索和其他通信系统进入矿井的,扣10分。以所有救护队员进入了新鲜风流基地内侧为准。

在无烟区域应至少有一个队员抓住救生索,否则扣2分。

在烟雾中,任一名队员未抓住救生索、电话线或者未与其他队员连接在一起,每人次扣2分。在所有队员都进入无烟区之后,应有一名队员抓住救生索。如果一名队员身体的某一部分(如手等)在烟雾中,则就被认为全队都在烟雾中。

（4）气体和顶板检测。队长未用敲帮问顶的方法检查顶板、工作面和煤壁,违反一次扣2分。火区除外,同一地点最多扣6分。未按要求进行气体检查,违反一次扣2分。

用瓦斯检测器检测气体时,不按操作程序,每次扣 2 分。每队扣分不超过 6 分。每次气体检查结果,都必须口述确认。

(5)其他。救护队长要在入井口或安全基地的牌板上清楚填写日期、队名、队号等信息。收到比赛题目和矿图后要立即启动计时器,违反一次扣 2 分。

队长未在工作面、挡风墙、风门、密闭、风窗、风桥壁、转为风帘的风障、发现尸体和幸存者处、禁止前进处等地点标记日期和姓名,每漏一处扣 2 分,总扣分不超过 12 分。

没有在距新鲜风流基地 15~25 m 处停下,并清点人数、检查设备的,扣 4 分。

其他队员与队长或第 5 号队员的距离不应超过 7~62 m,每违反一次扣 2 分。队长和队员的行为,有害于自身或伤员的,每个队员或伤员一次扣 5 分(3 人或 3 人以上有上述行为的,视作全队违规),一次最多扣 15 分。有害于队员自身安全的行为:在不安全顶板、不安全煤壁和悬岩下行进;救护队进入或通过水深超过膝部的区域;在同一巷道或交叉口遇到燃点,不首先灭火而通过;当呼吸器报警时,没有立即撤退到新鲜风流基地。如遇到伤员需救助,且不需支设支柱和建立其他设施时,可把伤员同时救出,此时救护队可进行气体、顶帮的检查并签上日期和姓名,但报警后,其他队员不能到队长位置的前侧。警报哨音响后,要求全队退回安全基地,更换呼吸器或气瓶。如果警报哨音表示模拟事件,救护队可作模拟更换。重新进入时,不要进行到 25 m 处的呼吸器检查,移除任何已支设或救护队支设的支柱。当未探查区域有可能存在幸存者时,用非呼吸性气体向未探查区域通风。任何未找到的人员都视为幸存者。

救护队的行为可能导致爆炸性气体爆炸的,按流往每一个未探查区域或火源的每种爆炸性混合气体来评定,扣 30 分。这些行为包括:改变通风系统,致使爆炸性混合物向引爆源移动;当发现有爆炸性气体混合物,浓度在爆炸范围内或发现火情(明火、烟或 CO 浓度超过 $0.1 \times 10\%$)即将爆炸时,救护队仍在继续探查;或者当向爆炸性气体中的设备、电路(包括除矿灯电池外的所有电池)和电缆送电时,救护队仍在继续探查;改变通风系统致使爆炸性气体通过未探查区域,如果救护队已探查了风桥、风筒末端和井底,则认为探查了该区域;改变通风系统,导致爆炸性气体流过带电设备、带电电路(本安型电池电源除外)或带电电缆。带电设备、电路或带电电缆位于爆炸性气体中,或者移动上述任何一种引爆源到爆炸性混合气体中。

没有找到失踪人员,一次扣 10 分。

没有将幸存人员带至新鲜风流基地,一次扣 20 分。

没有采取措施保护幸存者或有可能存活的人,一次扣 10 分。

没有排除非呼吸性气体,一次扣 30 分。

记录员应处于可呼吸性空气环境中,不得使用呼吸器,否则,一次扣 10 分。

前进或后撤时,所有 5 名队员不得奔跑,否则扣 4 分。

未经裁判同意,不得与未经授权人交谈或获得信息,违反一次扣 5 分。

未按正确程序给伤员戴呼吸器,一次扣 2 分。

不得接受失去知觉的伤员为救护队提供的帮助,否则一次扣 2 分。

不照顾伤员,违反一次扣 6 分。

没有迅速将伤员转移到新鲜风流基地,一次扣 6 分。

在需要构筑临时锁风设施时,没有建立锁风设施,一次扣 6 分。

没有建立气密的临时风障,一次扣 2 分。

救护队未能系统彻底地探查和检查矿内设施,每处失误扣 4 分。

竞赛期间,只允许采用提供的材料构筑通风设施。救护队不能拆除或改变完好的风桥。其他结构如要移到其他地点,应全部拆卸,否则扣 10 分。

少于 5 名队员完成任务,每少一人扣 8 分。

任一队员的行为破坏了队伍整体解题方案,扣 10 分。这些行为包括进入告示牌标注的不可通行地区或实际上不可通行地区。这些地区包括:冒落区、煤壁、工作面、淋水顶板等,但不仅限于这些地点。

救护队未按任务书要求操作,扣 15 分。

5. 呼吸器操作竞赛规则:

第五届国际矿山救援技术竞赛设 BlOPAK-240 和 BG4 两种呼吸器进行操作比赛,每支参赛队派 2 名队员参加呼吸器操作比赛,并根据这两种呼吸器分别制订了具体的规则和扣分表。竞赛主办方为参赛队员提供竞赛使用工具。根据扣分多少决出优胜者。如果出现平局,以总时间作为评判名次的第一依据,找出第一个问题所用的时间为第二依据。

(三)医疗急救竞赛规则

医疗急救竞赛分三站进行,不分顺序。第一站是人工呼吸,CPR(心肺复苏);第二站是伤员评估,止血,抗休克;第三站是创伤、烧伤、烫伤、肌肉骨骼损伤、运送伤员。

每支参赛的救护队只允许派一支急救队参加急救比赛。急救队由 3 名队员组成。急救队的比赛顺序由抽签决定。急救队接到急救任务通知书后开始计时。

为了避免出现平分,裁判应准确计时,并记载在计分卡上。判定名次的第一依据是所有赛站的现场计分,第二依据是现场记载的总时间。急救队在比赛中或在两站比赛之间不许翻阅急救手册。对伤员的处置不能模拟,所有的包扎和夹板必须正确放置。裁判确认气囊止血带指示正常时,可认为已止血。每站比赛时间为 10 min,急救队没有在规定的时间内完成各站比赛的任务,将予以扣分。

除比赛规定的可在补给站获得的器材,每支救护队必须自备参赛所需的急救基本器材。在向下一站比赛地点进发之前,救护队应带上参赛所需的全部器材。CPR(心肺复苏)和腹部推挤(冲击法)仅在人体模型上操作。

任务 4　矿山救护队的行动原则

2.4.1　矿山救护队行动的一般原则

一、闻警出动和返回驻地

(一)闻警出动

(1)矿山救护队接到事故召请电话后,必须在 1 min 内出动,不需乘车出动时,不得超过 2 min。

(2)矿山救护队电话值班员接听事故电话时,应在问清和记录事故地点、类别、遇险遇难人员数量、通知人姓名及单位后,立即发出警报,并向领队指挥员报告。

（3）矿山救护队的全体指战员听到警报后，应跑步集合，值班小队面向汽车列队，在领队指挥员清点人数并简要说明事故情况后，宣布上车出发。

（4）待机小队列队清点人数后立即转入值班。矿井发生火灾、瓦斯或煤尘爆炸及煤与瓦斯突出事故时，待机小队应随同值班小队出发。

（5）遇有特殊情况不能及时到达事故矿井时，领队指挥员必须采取措施，以最快的速度将救护小队带到事故矿井。在途中得知矿井事故已经消灭，出动小队仍应到达事故矿井了解实际情况。

（5）矿山救护队到达事故矿井后，领队指挥员向小队下达下井准备的命令，并到抢救指挥部领取任务。小队人员应立即做好战前检查，按事故类别整理好携带装备，做好下井准备。

（7）指挥员接受任务后即向各小队下达任务，并说明事故的情况、完成任务的要点、措施及安全注意事项。小队长接受任务后，立即带领小队下井。

（3）如果矿井领导不在场（或抢救指挥部未成立），率领小队到达矿井的指挥员，应根据矿井应急救援预案着手处理事故。

（二）返回驻地

（1）在处理事故过程中，矿山救护队的领队指挥员只有取得抢救指挥部的同意，才能整理装备带队返回驻地。

（2）返回驻地后，不论昼夜和疲劳程度如何，各小队都必须立即对所有仪器、装备进行认真检查，使其达到救援准备标准。检查后，指挥员才能酌情安排小队休息。

二、处理事故工作的指挥原则

（1）矿井发生重大事故后，必须立即成立抢救指挥部，矿长任总指挥，矿山救护队长为指挥部成员。

（2）在处理事故时，矿山救护队长对救护队的行动具体负责、全面指挥。矿山救护队长与总指挥意见不一致时，可报告上级领导，根据有关安全法规进行处理。

（3）矿井发生事故后，如果有外区域矿山救护队联合作战，应成立矿山救护联合作战部，由事故矿所在区域的救护队长担任指挥，协调各救护队战斗行动。如所在区域的救护队长不能胜任指挥工作，则由指挥部总指挥另行委任。

（4）为制订符合实际、切实可行的行动计划，矿山救护队指挥员必须详细了解下列基本要素：

①事故发生的时间，事故类别、范围，尚在灾区的人员数量及位置，矿山救护队到达前采取的措施。

②事故区域的通风、瓦斯、煤尘、温度、巷道支护及断面、机械设备及消火器材等情况。

③出动小队数量，佩戴氧气呼吸器人数，其他地区矿山救护队可能到达的时间及技术装备情况。

（5）救护队指挥员领取任务后，应迅速制订救护队的行动计划、处理事故的安全措施，调动必要的人力、设备和材料。

（5）矿山救护队指挥员下达任务时，必须讲明事故情况、行动路线、行动计划和安全措施。在指挥中应尽量避免使用混合小队。

（7）遇有高温、塌冒、爆炸、水淹危险的灾区，指挥员只能在救人的情况下，才有权决定小队进入，但必须采取有效措施，保证小队在灾区的安全。

（8）在地面指挥部工作的救护指挥员应轮流值班和下井了解情况，并不断地与井下工作小队、井上、下基地及特别服务部门联系，以便在事故处理工作中能合理安排，统一指挥。

（9）矿山救护队指挥员应指派专人做好事故处理记录，其内容为：

①事故地点的原始情况和变化情况。

②事故处理的方案、计划、措施、图纸（示意图）。

③出动小队人数，到达事故矿井时间，领队指挥员及领取任务情况。

④小队进入窒息区时间，返回时间及执行任务情况。

⑤事故处理工作的进度、参战队次、设备材料消耗及气体分析化验结果。

⑥指挥员交接班情况。

三、矿山救护队在灾区行动应遵守的一般原则

（1）进入灾区侦察或作业的小队人员不得少于 6 人，进入前，必须检查氧气呼吸器是否完好，并应按规定佩戴和使用。小队必须携带全面罩氧气呼吸器 1 台和不低于 18 MPa 压力的备用氧气瓶 2 个，以及氧气呼吸器工具和装有配件的备件袋。

（2）如果不能确认井筒和井底车场有无有害气体，应在地面将氧气呼吸器佩戴好。在任何情况下，禁止不佩带氧气呼吸器的小队下井。

（3）小队在井下基地的新鲜空气地点时，只有经小队长同意才能将氧气呼吸器从肩上脱下。脱下的氧气呼吸器应放在附近的安全地点，离小队工作或休息的地点不应超过 5 m，而且要有队员看守。

（4）小队出发到窒息区时，佩戴氧气呼吸器的地点由指挥员确定，并应在该地点设明显标志。如果小队乘电机车出发到窒息区去时，其返回所需时间应按步行所需时间计算。

（5）小队在窒息区内工作时，小队长应使队员保持在彼此能看到或听到音响信号的范围以内。如果窒息区工作地点离新鲜风流处很近，并且在这一地点不能以全小队进行工作时，小队长可派不少于 2 名队员进入窒息区工作，并与他们利用显示信号或音响信号保持直接联系。

（6）在窒息区工作时，任何情况下都严禁指战员单独行动，严禁通过口具讲话或摘掉口具讲话。

（7）在窒息区工作时，小队长要经常观察队员的氧气压力，并根据氧气压力最低的 1 名队员来确定整个小队的返回时间。

（8）佩戴氧气呼吸器工作的小队经过 1 个呼吸器班后，应至少休息 4 h。但在抢救人员和后续小队未到达的紧急情况下需要连续作战时，指挥员经清点人数、了解队员体质情况，在补充氧气、更换药品后，可派小队重新进入灾区。

（9）抢救遇险人员是矿山救护队的首要任务，要创造条件以最快的速度、最短的路线，先将受伤、窒息的人员运送到新鲜空气地点进行急救。抢救人员时的要求是：

①在引导及搬运遇险人员通过窒息区时，要给遇险人员佩戴全面罩氧气呼吸器或隔绝式自救器。

②对有外伤、骨折的遇险人员要作包扎、止血、固定等简单处置。

③搬运伤员时要尽量避免震动；防止伤员精神失常时打掉队员的口具和鼻夹，而造成中毒。

④在抢救长时间被困在井下的遇险人员时，应有医生配合。

⑤遇险人员不能一次全部抬运时,应给遇险者佩戴全面罩氧气呼吸器或隔绝式自救器,多名遇险人员待救时,矿山救护队应根据"先活后死、先重后轻、先易后难"的原则进行抢救。

⑥进入灾区侦察和从事救护工作时,在任何情况下只允许消耗 13 MPa 气压氧气,必须保留 5 MPa 气压氧气供返回途中万一发生故障时使用。在倾角小于 15°的巷道中行进时,只许将 1/2 允许消耗的氧气量消耗于前进途中,其余的 1/2 用于返回途中;在倾角大于 15°的巷道中行进时,将 2/3 允许消耗的氧气量用于上行,1/3 用于下行。

(10)矿山救护队撤出灾区时,不论工作疲劳程度如何,都必须将应携带的技术装备带出灾区,严禁任何指战员无故把装备丢在井下。

四、侦察工作

(1)为了制订出符合实际情况的处理事故方案,必须进行侦察,准确探明事故类别、原因、范围、遇险遇难人员数量和所在地,以及通风、瓦斯、有毒有害气体等情况。中队或以上指挥员应亲自组织和参加侦察工作。

(2)在侦察前,要做好人力和物力的准备。侦察小队不得少于 6 人。

(3)矿山救护队指挥员在布置侦察任务时,必须讲明已了解的各种情况,并应该做到:

①保证侦察小队所需要的器材。

②说明执行侦察任务时的具体计划和注意事项。

③给侦察小队以足够的准备工作时间。

④检查队员对侦察任务的理解程度。

(4)负责侦察工作的领队指挥应该做到:

①问清主要侦察任务,如果任务不清及感到人力、物力、时间不足时,应提出自己的意见。

②仔细研究行进路线及特征,在图纸上标明小队行进的方向标志、时间,并向小队讲清楚。

③根据已经了解的情况,带领小队完成侦察工作。

(5)侦察时必须做到:

①井下要设待机小队,并用灾区电话与侦察小队保持不断联系。只有在抢救人员的情况下,才可不设待机小队。

②进入灾区侦察,必须携带探险绳等必要的装备。在行进时要注意暗井、溜煤眼、淤泥和巷道支护等情况,视线不清时可用探险棍探测前进,队员之间要用联络绳联结。

③侦察小队进入灾区时,要规定返回的时间,并用灾区电话与基地保持联络。如没有按时返回或通讯中断,待机小队应立即进入援救。

④在进入灾区前,要考虑到如果退路被堵时应采取的措施。小队返回时应按原路返回,如果不按原路返回,应经布置侦察任务的指挥员同意。

⑤侦察行进中,在巷道交叉口要设明显的路标(如矿灯、灾区指路器或堆放煤块、矸石等),防止返回时走错路线。

⑥在进入时,小队长在队列之前,副小队长在队列之后。返回时与此相反。在搜索遇险、遇难人员时,小队队形应与巷道中线斜交式前进。

⑦侦察小队人员要有明确分工,分别检查通风、气体含量、温度、顶板等情况,并做好记录,把侦察结果标记在图纸上。

⑧在远距离或复杂巷道中侦察时,可组织几个小队分区段进行侦察。在侦察中发现遇险

人员要积极进行抢救。在发现遇险人员的地点要检查气体,并做好标记。

⑨侦察工作要仔细认真,做到有巷必查,在走过的巷道要签字留名,并绘出侦察路线示意图。

⑩侦察结束后,小队长应立即向布置侦察任务的指挥员汇报侦察结果。

(6)在紧急救人的情况下,应把侦察小队派往遇险人员最多的地点。

(7)在灾区内侦察时,发现遇险人员应立即救助,并将他们护送到进风巷道或井下基地,然后继续完成侦察任务。

(8)在侦察过程中,如有1名队员身体不适或氧气呼吸器发生故障难以排除时,全小队应立即撤出,由待机队进入。

(9)前进中因冒顶受阻,应视扒开通道的时间决定是否另选通路。如果是唯一通道,应立即进行处理,不得延误时间。

2.4.2　处理矿井火灾时矿山救护队的行动原则

一、一般战术

1)扑灭井下火灾采取的方法

(1)积极方法灭火:

①用水灭火;

②用惰性气体灭火;

③用高、中倍数泡沫灭火;

④用灭火器灭火;

⑤用沙子、岩粉、泥土及其他不燃性岩石和材料等直接压灭火焰;

⑥破开和取出燃烧物,然后用水浇灭;

⑦用水灌注火区。

(2)隔绝方法灭火:

①封闭所有与地面连通的巷道和裂缝;

②用密闭墙隔绝火源和发火区,然后采用均压技术或灌注泥浆、河沙、粉煤灰,加速火区熄灭。

(3)综合方法灭火:先用隔绝方法灭火,待火已部分熄灭和温度降低后,采取措施控制火区,再打开密闭墙用积极方法灭火。

2)在选择灭火方法时,指挥员应该考虑火灾的特点、发生地点、范围及灭火的人力、物力。一般情况下,应该尽可能采用积极方法灭火。

3)在下列情况下,采用隔绝方法和综合方法灭火:

①缺乏灭火器材或人员时;

②难以接近火源时;

③用积极方法无效或直接灭火对人员有危险时;

④采用积极方法不经济时。

4)扑灭井下火灾时,抢救指挥部应根据火源位置、火灾波及范围、工作人员分布及瓦斯涌出情况,迅速而慎重地决定通风方式。通风方式应能:

○控制着火产生的火烟沿井巷蔓延；

②防止火灾扩大；

③防止引起瓦斯或煤尘爆炸，防止因火风压引起风流逆转造成危害；

④保证救灾人员安全，并有利于抢救遇险人员；

⑤创造有利的灭火条件。

5）进风井口、井筒、井底车场、主要进风道和硐室发生火灾时，为了抢救井下人员，应反风或风流短路。如果不能反风或停风后风流能逆转时，也可停止主要通风机运转，但要防止引起瓦斯积聚。

6）反风前，必须将原进风侧的人员撤出，并采取阻止火灾蔓延的措施，防止反风后火灾向进风侧蔓延。

7）在瓦斯矿井应尽量采用正常通风方式。如必须反风或风流短路时，应加强瓦斯检查，防止引起瓦斯爆炸。

8）灭火中只有在不致使瓦斯很快积聚到爆炸危险浓度，且能使人员迅速退出危险区时，才能采用停止通风的方法。

9）用水或注浆的方法灭火时，应将回风侧人员撤出。

10）灭火应从进风侧进行。为控制火势可采取措施设置水幕、拆除木支架（岩石坚固时）、拆掉一定区段巷道中的木背板及建造临时防火密闭等措施，阻止火势蔓延。

11）用水灭火时，为了防止引起水煤气爆炸，水流不要对准火焰中心，面应从火焰的外围喷洒，随着燃烧物温度的降低，逐步逼向火源中心。灭火时要有足够的风量，使水蒸气直接排入回风道。

12）向火源大量灌水或从上部灌浆时，不准靠近火源地点作业；用水快速淹没火区时，密闭附近不得有人。

13）用水灭火时，必须具备下列条件：

①火源明确；

②水源、人力、物力充足；

③有畅通的回风道；

④瓦斯浓度不超过2%。

14）扑灭电器火灾，必须首先切断电源。电源无法切断时，严禁使用非绝缘灭火器材灭火。

15）进风的下山巷道着火时，必须采取防止火风压造成风流紊乱和风流逆转的措施。改变通风系统和通风方式时，必须有利于控制火风压。

16）扑灭瓦斯燃烧引起的火灾时，不得使用震动性的灭火手段，防止扩大事故。

17）采用隔绝法封闭火区时，必须遵守下列规定：

（1）在保证安全的情况下，尽量缩小火区范围。

（2）首先建造临时密闭墙，然后建造永久密闭墙。在有瓦斯、煤尘爆炸危险时，应设置防爆墙。防爆墙的厚度见表2-4-1。在防爆墙的掩护下，建立永久密闭墙。

表2-4-1 各类防爆墙的最小厚度表

井巷断面/m²	石膏墙		沙袋墙		水沙充填厚度/m
	厚度/m	石膏粉/t	厚度/m	沙袋数量/袋	
5.0	2.2	11	5	1 500	5
7.5	2.5	19	6	2 600	5~8
10.5	3	30	7	4 200	8~10
14	3.5以上	42	8	6 400	10~15

18)在建造和封闭密闭墙时,必须遵守下列规定:

(1)进风巷道和回风巷道中的密闭墙应同时建造。多条巷道需要进行封闭时,应先封闭支巷,后封闭主巷。

(2)火区主要进风巷道和回风巷道中的密闭墙应开有门孔,其他一些密闭墙可以不开门孔。

(3)为了防止火区产生的可燃气体造成危害,可采用下列3种封闭密闭墙的方法:

①首先封闭进风道中的密闭墙;

②进风道和回风道中的密闭墙同时封闭;

③首先封闭回风侧密闭墙。

进风巷道和回风巷道的密闭墙同时封闭,必须在建造这两个密闭墙时预留门孔。封堵门孔时必须统一指挥,密切配合,以最快的速度同时封堵。在建造防爆墙时,也应遵守这一规定。

19)在隔绝火区时,最常用的密闭墙构造

隔绝井下火区所砌密闭墙的作用是把火区的空气和矿井其他部分的空气分隔开,以阻止外部空气流入火区,并隔挡火区燃烧所产生的气体不流出火区。因此,密闭墙必须坚固,能抵抗得住顶压,且密封性能好。

在有瓦斯的矿井中隔绝火区采用的密闭墙,其坚固程度要能抗得住火区里的爆炸力。选择修筑密闭墙的材料,应注意不透气性和坚固性,同时应考虑运输条件和材料的价格。

修筑密闭墙主要采用下列材料:木料(木板、板皮、木柱),泥,石灰,水泥,砂,岩粉,砖,石头,炉渣砖及碎石。

20)在隔绝火区时必须做到:

①密闭墙的位置应选择在围岩稳定、无断层、无破碎带、巷道断面小的地点,距巷道交叉口不小于10 m。

②拆掉压缩空气管路、电缆,使之不通过密闭墙。

③在密闭墙中装设注惰性气体、采气样测量温度用的管子,并装上有阀门的放水管子。

④保证密闭墙的建筑质量。

⑤经常检查瓦斯。在火区瓦斯迅速增加时,为保证施工人员安全,可进行远距离、大面积的封闭。当火区稳定后,再缩小火区。

21)火区封闭后,必须遵守下列原则:

①人员应立即撤出危险区。进入检查或加固密闭墙,要在24 h之后进行。

②密闭后,应采取均压通风措施,减少火区漏风。

⑤如果火区内氧含量、一氧化碳含量及温度没有下降趋势,应查找原因,采取补救措施。

22)在密闭的火区中,如果发生爆炸,破坏了密闭墙,禁止派救护队恢复密闭墙或探险。如果必须恢复破坏的密闭墙或在附近构筑新密闭墙,之前必须做到:

①恢复密闭前的通风,最大限度地增加入风量吹散瓦斯。

②采取措施加强火区瓦斯排放(利用现有的排瓦斯系统,向火区增打排瓦斯钻孔)。

③加强瓦斯检查,只有在火区内可燃气体浓度已无爆炸危险时,方可进行火区封闭作业。否则,要在距火区较远的安全地点建造密闭。

23)在有瓦斯积聚危险的情况下建造密闭墙时,必须使一定量的空气进入火区,以免爆炸性气体积聚到爆炸危险程度。所需空气量可按下式求出:

$$K_2 > \frac{K_3}{0.05 - C_2}$$

式中 K_2——送入火区的空气量,m^3/min;

K_3——火区喷出的可燃气体量,m^3/min;

C_2——进入火区空气内所含可燃气体量,%。

24)灭火时,如积聚的瓦斯可能涌入火区,应加强巷道通风。如果瓦斯浓度达到2%,并且仍在继续增加,矿山救护队指挥员必须立即将全体人员撤到安全地点,采取措施排除瓦斯。如果不能将瓦斯排除,应会同抢救指挥部,研究保证安全的新的灭火方法。

二、高温下的矿山救护工作

(1)井下空气的温度超过30 ℃(测点高1.6~1.8 m)时,即为高温。当井下巷道内气温超过27 ℃时,就应限制佩戴氧气呼吸器的连续作业时间。在温度逐渐增高时,佩戴氧气呼吸器允许停留(作业、值班)和行走时间见表2-4-2。

表2-4-2 高温时佩戴氧气呼吸器停留和行走允许时间表

巷道中温度/℃	允许时间		
	在巷道中停留时间/min	水平巷道中前进,倾斜、急倾斜巷道中下行/min	倾斜、急倾斜巷道中上行/min
27	210	85	50
28	180	75	45
29	150	65	40
30	125	55	36
31	110	50	33
32	95	45	30
33	80	40	27
34	70	35	23
35	60	30	20
36	50	25	17
37	40	21	14

续表

巷道中温度/℃	允许时间		
	在巷道中停留 时间/min	水平巷道中前进,倾斜、 急倾斜巷道中下行/min	倾斜、急倾斜巷 道中上行/min
38	35	17	11
39	30	13	8
40	25	9	5
41	24	—	—
42	23	—	—
43	22	—	—
44	21	—	—
45	20	—	—
46	19	—	—
47	18	—	—
48	17	—	—
49	16	—	—
50	15	—	—
51	14	—	—
52	13	—	—
53	12	—	—
54	11	—	—
55	10	—	—
56	9	—	—
57	8	—	—
58	7	—	—
59	6	—	—
60	5	—	—

（2）巷道内温度超过40 ℃时,禁止佩戴氧气呼吸器从事救护工作。但在抢救遇险人员或作业地点靠近新鲜风流时例外,否则必须采取降温措施。

（3）为保证在高温区工作的安全,应该采取降温措施,改善工作环境。其方法有:调整风流(反风、停止通风机、风流短路、减少或增加进入的风量等),利用局部通风机、风管、通风装置、水幕或水冷却巷道,临时封闭高温区,穿防热服等。

(4)小队如果在高温巷道作业时,巷道内空气温度迅速增高(每 2 ~ 3 min 增高 1 ~ 2 ℃),不论在最后一个测温地点所测温度多高,小队应返回基地。小队退出的行动,应及时报告井下基地指挥员。

(5)在高温区进行矿山救护工作时,矿山救护指挥员必须做到:

①除进行为救人所做的侦察工作外,严禁在没有待机小队和没有灾区电话联系的情况下进行救护工作。进行救人时,在保证救人所需力量的条件下,应设待机队。

②亲自向派往高温地区工作的指挥员说明任务的特点、工作制度、完成任务中可能遇到的问题以及保证工作安全的措施。

③应与到高温区工作的小队保持不断的联系。

(5)在高温区工作的指挥员必须做到:

①向出发的小队布置任务,并提出安全措施。

②在进入高温巷道时,要随时进行温度测定,测定结果和时间应做好记录,有可能时写在巷道帮上。如果巷道内温度超过 40 ℃,小队应退出高温区,并将情况报告矿山救护工作领导人。小队救人时,应按表 2-4-2 计算在高温空气内可以停留的时间。

③与井下基地保持不断的联系,报告温度变化、工作完成情况及队员的身体状况。

④发现指战员身体有异常现象时(哪怕只有 1 人),应率领小队返回基地,并把情况用信号通知待机小队。

⑤返回时,不得快速行走,并采取一些改善其感觉的安全措施,如手动补给供氧,用水冷却头、面部等。

(7)在高温条件下,佩戴氧气呼吸器工作后,休息的时间应比正常温度条件下工作后的休息时间增加 1 倍。

(3)在高温条件下佩戴氧气呼吸器进行工作后,不应喝冷水。井下基地应备有含 0.75%食盐的温开水和其他饮料,供救护队员饮用。在高温地区工作前后应喝一杯盐水。休息 2 h后,小队才能重返高温区作业,但 1 昼夜内仅能再作业 1 次。

三、扑灭不同地点火灾的方法

(1)进风井口建筑物发生火灾时,应采取防止火灾气体及火焰侵入井下的措施:

①立即反转风流或关闭井口防火门,必要时停止主要通风机。

②按矿井应急救援预案规定引导人员出井。

③迅速扑灭火源。

(2)正在开凿井筒的井口建筑物发生火灾时,如果通往遇险人员的道路被火切断,可利用原有的铁风筒及各类适合供风的管路设施改为强制性送风。同时矿山救护队应全力以赴投入灭火,以便尽快靠近遇险人员进行抢救。扑灭井口建筑物火灾时,事故矿井应召请消防队参加。

(3)进风井筒中发生火灾时,为防止火灾气体侵入井下巷道,必须采取反风或停止主要通风机运转的措施。

(4)回风井筒发生火灾时,风流方向不应改变。为了防止火势增大,应减少风量。其方法是控制入风防火门,打开通风机风道的闸门,停止通风机或执行抢救指挥部决定的其他方法

（以不能引起可燃气体浓度达到爆炸危险为原则）。必要时，撤出井下受危及的人员。

当停止主要通风机时，应注意火风压造成危害。

多风井通风时，发生火灾区域回风井的主要通风机不得停止。

（5）竖井井筒发生火灾时，不管风流方向如何，应用喷水器自上而下地喷洒。只有在能确保救护队员生命安全时，才允许派遣救护队进入井筒从上部灭火。

（6）扑灭井底车场的火灾时：

①当进风井井底车场和毗连硐室发生火灾时，必须进行反风或风流短路，不使火灾气体侵入工作区。

②回风井井底发生火灾时，应保持正常风向，在可燃性气体不会聚集到爆炸限度的前提下，可减少进入火区的风量。

③矿山救护队要用最大的人力、物力直接灭火和阻止火灾蔓延。

④为防止混凝土支架和砌硐巷道上面木垛燃烧，可在硐上打眼或破硐，施设水幕。

⑤如果火灾的扩展危及关键地点（如井筒、火药库、变电所、水泵房等），则主要的人力、物力应用于保护这些地点。

（7）扑灭井下硐室中的火灾时：

①着火硐室位于矿井总进风道时，应反风或风流短路。

②着火硐室位于矿井一翼或采区总进风流所经两巷道的连接处时，则在可能的情况下，采取短路通风，条件具备时也可采用局部反风。

③火药库着火时，应首先将雷管运出，然后将其他爆炸材料运出，如因高温运不出时，则关闭防火门，退往安全地点。

④绞车房着火时，应将火源下方的矿车固定，防止烧断钢丝绳，造成跑车伤人。

⑤蓄电池机车库着火时，为防止氢气爆炸，应切断电源，停止充电，加强通风并及时把蓄电池运出硐室。

（8）硐室发生火灾，且硐室无防火门时，应采取挂风障控制入风，积极灭火。

（9）倾斜进风巷道发生火灾时，必须采取措施防止火灾气体侵入有人作业的场所，特别是采煤工作面。为此可采取风流短路或局部反风、区域反风等措施。

（10）火灾发生在倾斜上行回风风流巷道，则保持正常风流方向。在不引起瓦斯积聚的前提下应减少供风。

（11）扑灭倾斜巷道下行风流火灾，必须采取措施，增加进入的风量，减少回风风阻，防止风流逆转，但绝不允许停止通风机运转。如有发生风流逆转的危险时，应从下山下端向上消灭火灾。在不可能从下山下端接近火源时，应采用综合灭火法扑灭火灾。

（12）在倾斜巷道中，需要从下方向上灭火时，应采取措施防止冒落岩石和燃烧物掉落伤人，如设置保护吊盘、保护隔板等。

（13）在倾斜巷道中灭火时，应利用中间巷道、小顺槽、联络巷和行人巷接近火源。不能接近火源时，则可利用矿车、箕斗，将喷水器下到巷道中灭火，或发射高倍数泡沫、惰气进行远距离灭火。

（14）位于矿井或一翼总进风道中的平巷、石门和其他水平巷道发生火灾时，要选择最有效的通风方式（反风、风流短路、多风井双区域反风、正常通风等），以便救人和灭火。在防止火灾扩大采取短路通风时，要确保火灾有害气体不致逆转。

（15）在采区水平巷道中灭火时，一般保持正常通风，视瓦斯情况增大或减少火区供风量。如火灾发生在采煤工作面运输巷道时，为了迅速救出人员和阻止火势蔓延，使遇险人员自救退出，可进行工作面局部反风或减少风量。若采取减少风量措施，要防止造成灾区贫氧和瓦斯积聚。

（16）采煤工作面发生火灾时，一般要在正常通风的情况下进行灭火。必须做到：

①从进风侧进行灭火，要有效地利用灭火器和防尘水管。

②急倾斜煤层采煤工作面着火时，不准在火源上方灭火，防止水蒸气伤人；也不准在火源下方灭火，防止火区塌落物伤人；而要从侧面（即工作面或采空区方向）利用保护台板和保护盖接近火源灭火。

③采煤工作面瓦斯燃烧时，要增大工作面风量，并利用干粉灭火器、砂子、岩粉等灭火，全小队人员分散开，对整个燃烧线进行喷射灭火。

④在进风侧灭火难以取得效果时，可采取局部反风，从回风侧灭火，但进风侧要设置水幕，并将人员撤出。

⑤采煤工作面回风巷着火时，必须采取有效方法，防止采空区瓦斯涌出和积聚。

⑥用上述方法无效时，应采取隔绝方法和综合方法灭火。

（17）独头巷道发生火灾时，要在维持局部通风机正常通风的情况下，积极灭火。矿山救护队到达现场后，要保持独头巷道的通风原状，即风机停止运转的不要随便开启，风机开启的不要盲目停止，进行侦察后再采取措施。

（18）矿山救护队到达井下，已经知道发火巷道有爆炸危险，在不需要救人的情况下，指挥员不得派小队进入着火地点冒险灭火或探险；已经通风的独头巷道如果瓦斯含量仍然迅速增长，也不得入内灭火，而要在远离火区的安全地点建筑密闭墙，具体位置由救护指挥部确定。

（19）在扑灭独头巷道火灾时，矿山救护队必须遵守下列规定：

①平巷独头巷道迎头发生火灾，瓦斯浓度不超过2%时，要在通风的情况下采用干粉灭火器、水等直接灭火。灭火后，必须仔细清查阴燃火点，防止复燃引起爆炸。

②火灾发生在平巷独头煤巷的中段时，灭火中必须注意火源以里的瓦斯，严禁用局部通风机风筒把已积聚的瓦斯经过火点排出。如果情况不清应远距离封闭。

③火灾发生在上山独头煤巷迎头，在瓦斯浓度不超过2%时，灭火中要加强通风，排除瓦斯；如瓦斯浓度超过2%仍在继续上升，要立即把人员撤到安全地点，远距离进行封闭。若火灾发生在上山独头巷的中段时，不得直接灭火，要在安全地点进行封闭。

④上山独头煤巷火灾不管发生在什么地点，如果局部通风机已经停止运转，在无须救人时，严禁进入灭火或侦察，而要立即撤出附近人员，远距离进行封闭。

⑤火灾发生在下山独头煤巷迎头时，在通风的情况下，瓦斯浓度不超过2%，可直接进行灭火。若发生在巷道中段时不得直接灭火，要远距离封闭。

四、首先到达事故地点的矿山救护队行动的一般原则

矿山救护队到达矿井后，根据火灾的位置，小队执行紧急任务的顺序如下：

①进风井井口建筑物发生火灾时，应派1个小队去处理火灾、封盖井口；另1个小队去井下救人和扑灭井底车场可能发生的火源。

②井筒和井底车场发生火灾时，应派1个小队去灭火，派另1个小队到危险地点救人。

③当火灾发生在矿井进风侧的硐室、石门、平巷、下山和上山，而燃烧的火灾气体可能扩散

到一个采区时,应派 1 个小队去灭火,派另 1 个小队到最危险的采区救人。

④当火灾发生在采区平巷、石门、硐室、工作面、通风平巷、人行眼和联络眼中,应派 1 个小队以最短的路线进入回风道去救人,另 1 小队从进风侧进去灭火,并在必要时抢救灾区人员。

⑤当火灾发生在回风井井口建筑物、回风井筒、回风井底车场以及其毗连的巷道中时,应派 1 个小队去灭火,派另 1 个小队到这些巷道救人。

2.4.3　处理瓦斯、煤尘爆炸事故时矿山救护队的行动原则

(1)处理爆炸事故时,矿山救护队的主要任务是:

①抢救遇险人员。

②对充满爆炸烟气的巷道恢复通风。

③抢救人员时清理堵塞物。

④扑灭因爆炸产生的火灾。

(2)首先到达事故矿井的小队应对灾区进行全面侦察,查清遇险遇难人员数量及分布地点,发现幸存者立即佩戴自救器救出灾区,发现火源要立即扑灭。

(3)井筒、井底车场或石门发生爆炸时,应派 1 个小队救人,1 个小队恢复通风。如果通风设施损坏不能恢复,应全部去救人。爆炸事故发生在采掘工作面时,派 1 个小队沿回风侧、另 1 个小队沿进风侧进入救人。

(4)为了排除爆炸产生的有毒有害气体,抢救人员,要在查清确无火源的基础上,尽快恢复通风。如果有害气体严重威胁回风流方向的人员,为了紧急救人,在进风方向的人员已安全撤退的情况下,采取区域反风或局部反风。这时,矿山救护队应进入原回风侧引导人员撤离灾区。

(5)矿山救护队在侦察中遇到冒顶无法通过时,侦察小队要迅速退出,寻找其他通道进入灾区。在独头巷道较长、有害气体浓度大、支架损坏严重的情况下,确知无火源、人员已经牺牲时,严禁冒险进入,要在恢复通风、维护支架后方可进入。

(6)小队进入灾区必须遵守下列规定:

①进入前切断灾区电源。

②注意检查灾区内各种有害气体的浓度,检查温度及通风设施的破坏情况。

③穿过支架被破坏的巷道时,要架好临时支架,以保证退路安全。

④通过支护不好的地点时,队员要保持一定距离按顺序通过,不要推拉支架。

⑤进入灾区行动要谨慎,防止碰撞产生火花,引起爆炸。

2.4.4　处理煤与瓦斯突出事故时矿山救护队的行动原则

(1)发生煤与瓦斯突出事故时,矿山救护队的主要任务是抢救人员和对充满瓦斯的巷道进行通风。

(2)救护队进入灾区侦察时,应查清遇险遇难人员数量及分布情况,通风系统和通风设施破坏情况,突出的位置,突出物堆积状态,巷道堵塞情况,瓦斯浓度和波及范围,发现火源立即扑灭。

(3)采掘工作面发生煤与瓦斯突出事故后,1 个小队从回风侧,另 1 个小队从进风侧进入事故地点救人。仅有 1 个小队时,如突出事故发生在采煤工作面,应从回风侧进入救人。

（4）侦察中发现遇险人员应及时抢救，为其佩戴隔绝式自救器或全面罩氧气呼吸器，引导出灾区。对于被突出煤炭阻在里面的人员，应利用压风管路、打钻等输送新鲜空气救人，并组织力量清除阻塞物。如不易清除，可开掘绕道，救出人员。

（5）发生突出事故，不得停风和反风，防止风流紊乱扩大灾情。如果通风系统和通风设施被破坏，应设置临时风障、风门及安装局部通风机恢复通风。

（6）因突出造成风流逆转时，要在进风侧设置风障，并及时清理回风侧的堵塞物，使风流尽快恢复正常。

（7）发生突出事故，要慎重考虑灾区是否停电。如果灾区不会因停电造成被水淹的危险时，应远距离切断灾区电源。如果灾区因停电有被水淹危险时，应加强通风，特别要加强电器设备处的通风，做到送电的设备不停电，停电的设备不送电，防止产生火花，引起爆炸。

（8）瓦斯突出引起火灾时，要采用综合灭火或惰气灭火。如果瓦斯突出引起回风井口瓦斯燃烧，应采取隔绝风量的措施。

（9）小队在处理突出事故时，小队长必须做到：

①进入灾区前，检查矿灯，并提醒队员在灾区不要扭动矿灯开关或灯盖。

②在突出区要设专人定时定点用100%瓦斯检定器检查瓦斯含量，并及时向指挥部报告。

③设立安全岗哨，禁止不佩戴氧气呼吸器的人员进入灾区，非救护队人员只能在新鲜风流中工作。

④当发现突出点有异常情况，可能发生二次突出时，要立即撤出人员。

（10）恢复突出地区通风时，要设法经最短路线将瓦斯引入回风道。排风井口50 m范围内不得有火源，并设专人监视。

（11）处理岩石与二氧化碳突出事故时，除严格执行煤与瓦斯突出的各项规定外，还必须对灾区加大风量，迅速抢救遇险人员。佩戴氧气呼吸器进入灾区时，应带好防烟眼镜。

2.4.5 处理冒顶事故时矿山救护队的行动原则

（1）发生冒顶事故后，矿山救护队应配合现场人员一起救助遇险人员。如果通风系统遭到破坏，应迅速恢复通风。当瓦斯和其他有害气体威胁到抢救人员的安全时，救护队应担负起抢救人员和恢复通风的工作。

（2）在处理冒顶事故以前，矿山救护队应向在事故附近地区工作的干部和工人了解事故发生原因、冒顶地区顶板特性、事故前人员分布位置、瓦斯浓度等，并实地查看周围支架和顶板情况，必要时加固附近支架，保证退路安全畅通。

（3）抢救人员时，用呼喊、敲击或采用寻人仪探测等方法，判断遇险人员位置，与遇险人员保持联系，鼓励他们配合抢救工作。对于被埋、被堵的人员，应在支护好顶板的情况下，用掘小巷、绕道通过冒落区或使用矿山救护轻便支架穿越冒落区接近他们。一时无法接近时，应设法利用压风管路等提供新鲜空气、饮料和食物。

（4）处理冒顶事故中，始终要有专人检查瓦斯和观察顶板情况，发现异常，立即撤出人员。

（5）清理堵塞物时，使用工具要小心，防止伤害遇险人员；遇有大块矸石、木柱、金属网、铁梁、铁柱等物压人时，可使用千斤顶、液压起重器、液压剪刀等工具，进行处理。

（6）抢救出的遇险人员，要用毯子保温，并迅速运至安全地点，进行输氧或由医生进行急救包扎 尽快送医院治疗。对长期困在井下的人员，不要用灯光照射眼睛，饮食要由医生决定。

2.4.6 处理井巷遭受水淹时矿山救护队的行动原则

（1）井巷发生透水事故时，矿山救护队的任务是抢救受淹和被困人员，防止井巷进一步被淹和恢复井巷通风。

（2）矿山救护队到达事故矿井后，要了解灾区情况、水源、事故前人员分布、矿井有生存条件的地点及进入该地点的通道等，并计算被堵人员所在地点容积、氧气、瓦斯浓度，计算出被困人员应救出的时间。

（3）救护队在侦察中，应判定遇险人员位置，涌水通道、水量、水的流动线路，巷道及水泵设施受水淹程度，巷道冲坏和堵塞情况，有害气体（CH_4，CO_2，H_2S 等）浓度及在巷道散布情况和通风情况等。

（4）采掘工作面发生透水时，第 1 个小队一般应进入下部水平救人，第 2 小队应进入上部水平救人。

（5）对于被困在井下的人员，其所在地点高于透水后水位，可利用打钻等方法供给新鲜空气、饮料及食物；如果其所在地点低于透水后水位时，则禁止打钻，防止泄压扩大灾情。

（6）矿井透水量超过排水能力，有全矿和水平被淹危险时，在下部水平人员救出后，可向下部水平或采空区放水。如果下部水平人员尚未撤出，主要排水设备受到被淹威胁时，用装有黏土、沙子的麻袋构筑临时防水墙，堵住泵房口和通往下部水平的巷道。

（7）矿山救护队在处理水淹事故时，小队长必须注意下列问题：

①透水如果威胁水泵安全，在人员撤往安全地点后，小队的主要任务是保护泵房不致被淹。

②小队逆水流方向前往上部没有出口的巷道时，要与在基地监视水情的待机队保持联系，当巷道有很快被淹危险时，要立即返回基地。

③排水过程中，要保持通风，加强对有毒有害气体的检测。

④排水后进行侦察、抢救人员时，要注意观察巷道情况，防止冒顶和掉底。

⑤救护队员通过局部积水巷道，在积水水位不高、距离不长时，也要十分慎重，应选择熟悉水性，了解巷道情况的队员通过。

（8）处理上山巷道透水时应注意下列事项：

①防止二次透水、积水和淤泥的冲击。

②透水点下方要有能存水及存沉积物的有效空间，否则人员要撤到安全地点。

③保证人员在作业中的通讯联系和安全退路。

2.4.7 处理淤泥、黏土和流沙溃决事故时矿山救护队的行动原则

（1）处理淤泥、黏土和流沙溃决事故时，矿山救护队的主要任务是救助遇险人员，清除透入井巷中的淤泥、黏土和流沙，加强有毒有害气体检查，恢复通风。如果通风正常，则清除工作应由本矿人员进行。

（2）溃出的淤泥、黏土和流沙如果困堵了人员，要用呼喊、敲击等方法与他们取得联系，采取措施输送空气、饮料和食物。在进行清除工作的同时，寻找最近距离掘小巷接近他们。

（3）当泥沙有流入下部水平的危险时，应将下部水平人员撤到安全处。

（4）如开采的为急倾斜煤层，黏土和淤泥或流沙流入下部水平巷道时，救护工作只能从上

部水平巷道进行,严禁从下部接近充满泥沙的巷道。

（5）当救护小队在没有通往上部水平安全出口的巷道中逆泥浆流动方向行进时,基地应设待机小队,并与进入小队保持不断联系,以便随时通知进入小队返回或进入帮助。

（6）在淤泥已停止流动,寻找和救助人员时,应在铺于淤泥上的木板上行进。

（7）因受条件限制,须从斜巷下部清理淤泥、黏土、流沙或煤渣时,必须制订专门措施,由矿长亲自组织抢救,设有专人观察,防止泥沙积水突然冲下;并应设置有安全退路的躲避硐室。出现险情时,人员立即进入躲避硐室暂避。在淤泥下方没有阻挡的安全设施时,不得进行清除工作。

2.4.8 处理事故时的特别服务部门

一、地面基地

（1）在处理重大事故时,为及时供应救灾装备和器材,必须设立地面基地。

①地面基地的救护装备、器材的数量,由矿山救护队指挥员根据事故的范围、类别及参战救护队的数量确定。

②地面基地至少存放能用3昼夜的氧气、氢氧化钙和其他消耗物资。

③地面基地应有通讯员、气体化验员、仪器修理员、汽车司机等人员值班。

（2）为保证地面基地正常有效地工作,矿山救护队指挥员要指定地面基地负责人。地面基地负责人应做到:

①按规定及时把所需要的救护器材储存于基地内。

②登记器材的收发与储备情况。

③及时向矿山救护队指挥员报告器材消耗、补充和储备情况。

④保证基地内各种器材、仪器的完好。

二、井下基地

（1）为保证处理事故工作的顺利进行,必须设立井下基地。井下基地应设置在尽量靠近灾区、通风良好、运输方便、不易受爆炸波直接冲击的安全地点。井下基地应设有:

①待机小队;

②通讯设备;

③必要的救护装备、配件、工具和材料;

④值班医生;

⑤有害气体监测仪器;

⑥临时充饥的食物和饮料。

（2）在井下基地负责的指挥员应经常同抢救指挥部和正在工作的救护小队保持联系,检查基地有害气体的浓度并注意其他情况的变化。

（3）改变井下基地位置,必须取得矿山救护队指挥员的同意,并通知抢救指挥部和正在灾区内工作的小队。

三、通讯工作

（1）在处理事故时,为保证指挥灵活,行动协调,必须设立通讯联络系统。通讯的方式有:

①派遣通讯员;

②显示讯号与音响信号;

③有线、无线电话。

（2）在处理事故时，应保证如下通讯联络：

①抢救指挥部与地面、井下基地；

②井下基地与灾区工作小队。

抢救指挥部、基地的电话机应设专人看守，撤销和移动基地电话机只有得到矿山救护队指挥员同意后，方可进行。

（3）简单的显示信号：

①粉笔或铅笔写字、手势、灯光、冷光管、电话机、喇叭、哨子及其他打击声响等。

②在灾区内严禁通过口具讲话，使用的音响信号规定如下：

一声——停止工作或停止前进；二声——离开危险区；三声——前进或工作；四声——返回；连续不断的声音——请求援助或集合。

③在竖井和倾斜巷道用绞车上下时使用的信号：一声——停止；二声——上升；三声——下降；四声——慢上；五声——慢下。

④在灾区中报告氧气压力的手势为：伸出拳头表示 10 MPa；伸出五指表示 5 MPa；伸出一指表示 1 MPa；报告时手势要放在灯头前表示。

四、应急气体分析室

（1）在处理火灾及爆炸事故时，必须设有应急气体分析室，并不断地监测灾区内的气体成分。

（2）抢救指挥部应委派气体分析负责人，其职责为：

①对灾区气体定时、定点取样，昼夜连续化验，及时分析气样，并提供分析结果。

②绘制有关测点气体和温度变化曲线图。

③负责整理总结整个处理事故中的气体分析资料。

④必要时，可携带仪器到井下基地直接进行化验分析。

五、医疗站

当矿井发生重大事故时，事故矿井负责组织医疗站，医疗站的任务是：

①医疗人员在医疗站和井下基地值班。

②对从灾区撤出的遇险人员进行急救。

③检查和治疗救护队员的疾病。

④检查遇难人员受伤部位的具体情况，并作好记录。

2.4.9　矿山救护队进行安全技术工作时的行动原则

（1）矿山救护队佩戴氧气呼吸器在井下从事的各项非事故性工作，均属安全技术工作。安全技术工作必须由矿井有关部门制订专门措施，经矿总工程师批准后，送矿山救护队执行。

（2）矿山救护队参加排放瓦斯工作，应按下列规定进行：

①按照排放瓦斯措施，矿山救护队要逐项检查，符合规定后方可排放。

②矿山救护队要组织人员学习措施，并制订自己的行动计划。

③排放前，要撤出回风侧的人员，切断回风流的电源，如果回风侧有火区时，要进行认真检查，并予以严密的封闭。

④排放时，要有专人检查瓦斯，回风流中的瓦斯浓度应符合《煤矿安全规程》的规定。

⑤排放结束后,矿山救护队应与现场通风、安监部门一起进行检查,待通风正常后,方可撤出工作地点。

(3)封闭的火区符合启封条件后,方可启封。启封工作矿山救护队必须按下列规定进行:

①对火区启封计划要组织学习和讨论,并逐项进行检查落实,符合规定后,应制订出自己的行动计划。

②启封前,要在锁风的情况下进行详细侦察,检查火区的温度、各种气体浓度及巷道支护等情况,发现有复燃征兆时,要立即重新封闭。

③启封前,必须把回风侧的人员撤到安全地点,切断回风流的电源。在通往回风道交叉口处设栅栏、警标,并做好重新封闭的准备工作。

④启封时,要逐段恢复通风,认真检查各种气体浓度和温度变化情况。有复燃危险时,必须立即重新封闭火区。

⑤启封工作结束后,矿山救护队要按《煤矿安全规程》的规定进行值班,3天内无复燃征兆时,撤出工作地点。

(4)矿山救护队参加有煤与瓦斯突出煤层的震动性放炮工作,按下列规定进行:

①根据批准的措施,检查准备工作的落实情况。

②携带灭火器和其他必要的装备在指定地点值班,并在放炮之前佩戴好氧气呼吸器。

③在放炮30 min后,矿山救护队佩戴呼吸器进入工作面进行检查,如放炮引起火灾要立即扑灭。

④在瓦斯全部排放完毕后,矿山救护队要与通风、安监等部门共同检查,通风正常后方可离开工作地点。

(5)矿山救护队参加反风演练,必须按下列规定进行:

①根据批准的反风演练计划措施,逐项检查准备工作的落实情况。

②及时组织队员对反风计划措施进行学习和讨论,并制订出自己的行动计划和安全措施。

③反风前,救护队应佩戴氧气呼吸器和携带必要的技术装备在井下指定地点值班,同时测定矿井风量和检查瓦斯浓度。

④反风10 min后,经测定风量达到正常风量的40%,瓦斯含量不超过《煤矿安全规程》规定时,应及时报告指挥部。

⑤恢复正常通风后,救护队应将测定的风量、检测的瓦斯浓度报告指挥部,待通风正常后方可离开工作地点升井。

 巩固提高

1.矿山救护队责任制分哪几个层次?重点内容是什么?

2.矿山救护队计划管理的核心内容是什么?

3.技术装备管理在救护队管理工作中的重要位置如何体现?

4.分析正压呼吸器性能优劣时的几个主要指标是什么?

5.目前井下搜寻遇险遇难人员装备存在哪些问题?

6.矿山搜救机器人应该具备哪些功能?

7. 灾区通信如何保证简便实用?

8. 比较国内常用惰气发生装置的优缺点,并提出改进意见。

9. 救护队体能训练中应该吸取哪些人机工程原理作指导?

10. 试设想现代化的训练设施应该具备哪些装备。

11. 如何吸取国际救援竞赛的先进理念开展救护队的日常训练?

12. 矿山救护队行动的一般原则是什么?

实训教学二

救护行动演练:在学院模拟矿井模拟掘进工作面发生火灾事故,由学生按班组建救护中队,下设 3 个救护小队,编制演练计划,实施救护行动过程,每个学生完成一份演练总结报告。

教学情境 **3**

自救、互救与现场急救

任务1　矿工自救、互救

3.1.1　自救互救的概念与作用

矿井发生事故后,矿山救护队不可能立即到达事故地点进行抢救。实践证明,在事故初期,矿工如能及时采取措施,正确开展自救互救,则可以减小事故危害程度,减少人员伤亡。

所谓"自救",就是矿井发生意外灾变事故时,在灾区或受灾变影响区域的每个工作人员进行避灾和保护自己的方法。而"互救"则是在有效地自救前提下妥善地救护他人。自救和互救的成效如何,决定于自救方法的正确性。其具体内容包括:

①熟悉所在矿井的应急救援预案;

②熟悉矿井的避灾路线和安全出口;

③掌握避灾方法,会使用自救器;

④掌握抢救伤员的基本方法及现场急救的操作技术。

为此,应加强对职工自救和互救知识的教育,让所有下井人员学会如何识别各种事故的预兆;判断事故的性质、地点及应采取自救和互救的措施;熟练地佩用自救器;正确地选择避灾路线;在遇险人员暂时不能撤出灾区的情况下,进入避难硐室待救等。

在对职工进行自救知识教育时,首先要使职工能够熟练正确地佩用自救器。下面两例说明佩用自救器的重要性。

1980年,某煤电公司某矿7 110集中运输胶带发生火灾,31人遇险,其中有30人携带了自救器。事故发生后有25人佩用自救器安全脱险;3人虽然带有自救器,但因不会使用而中毒死亡 1人使用不正确,也中毒死亡;1人使用自救器原地待救3.5 h,经抢救后脱险;没有携带自救器的人员中毒死亡。这充分说明自救器在关键时刻发挥了不可估量的作用。

1986年,某矿二水平运输胶带发生火灾事故时,因火风压的作用使风流逆转,火烟沿着集中下山逆转到一水平。这时,在轨道下山等候行车的人员和现场工作人员9人及赴事故现场抢救的1个救护小队,突然受到逆转浓烟的袭击。在此种情况下,9名受灾人员却没有1人佩用自救器进行自救,而是惊慌失措地在浓烟区内乱找退路,结果 9 人全部中毒,5 人经救护队现场抢救而脱险,其余 4 人死亡。

这次事故的 9 名受灾人员中,既有矿领导,又有工程技术人员。他们不仅都携带有自救器,而且在通风区长的尸体上发现带有 2 台自救器,其中有 1 台已经打开,但没有戴上。由此可见,加强对矿工特别是各级领导的自救知识教育,具有十分重要的意义。

矿井发生重大灾害事故时的初期,波及的范围和危害一般较小,既是抢救和控制事故的有利时机,也是决定矿井和人员安全的关键时刻。灾区人员如何开展救灾和避灾,对保证灾区人员的自身安全和控制灾情的扩大具有重要的作用。即使在事故处理的中、后期,也往往需要井下职工正确地避灾自救和互救,才能提高抢险救灾的工作成效。

大量事实证明,当矿井发生灾害事故后,矿工在万分危急的情况下,依靠自己的智慧和力量,积极、正确地采取救灾、自救、互救措施,是最大限度地减少事故损失的重要环节。

3.1.2　发生事故时在场人员的行动原则

1. 及时报告灾情

发生灾变事故后,事故地点附近的人员应尽量了解或判断事故性质、地点和灾害程度,并迅速地利用最近处的电话或其他方式向矿调度室汇报,并迅速向事故可能波及的区域发出警报,使其他工作人员尽快知道灾情。在汇报灾情时,要将看到的异常现象(火烟、飞尘等),听到的异常声响,感觉到的异常冲击如实汇报,不能凭主观想象判定事故性质,以免给领导造成错觉,影响救灾。这方面我国煤矿救灾中是有沉痛教训的。

2. 积极抢救

灾害事故发生后,处于灾区内以及受威胁区域的人员,应沉着冷静。根据灾情和现场条件,在保证自身安全的前提下,采取积极有效的方法和措施,及时投入现场抢救,将事故消灭在初期阶段或控制在最小范围,最大限度地减少事故造成的损失。在抢救时,必须保持统一的指挥和严密的组织,严禁冒险蛮干和惊慌失措,严禁各行其是和单独行动;要采取防止灾区条件恶化和保障救灾人员安全的措施,特别要提高警惕,避免中毒、窒息、爆炸、触电、二次突出、顶帮二次垮落等再生事故的发生。

3. 安全撤离

当受灾现场不具备事故抢救的条件,或可能危及人员的安全时,应由在场负责人或有经验的老工人带领,根据矿井应急救援预案中规定的撤退路线和当时当地的实际情况,尽量选择安全条件最好、距离最短的路线,迅速撤离危险区域。在撤退时,要服从领导,听从指挥,根据灾情使用防护用品和器具;要发扬团结互助的精神和先人后己的风格,主动承担工作任务,照料好伤员和年老体弱者;遇有溜煤眼、积水区、垮落区等危险段,应探明情况,谨慎通过。灾区人员撤出路线选择正确与否决定自救的成败。

例 3-1　某矿某井东翼运输大巷发生外因火灾,如图 3-1-1 所示。东翼大巷总入风量足,风速大,火势发展迅速。火烟、有毒有害气体随着风流波及到 420 采区,严重威胁着采区人员的生命安全。在矿井主要通风机无反风设施的紧要关头,矿总工程师指挥派遣 2 个救护小队进入灾区救助引导 420 采区人员,沿避灾路线 1—2—3—4—120 井安全脱离灾区升井,避免了一起多人重大死亡事故的发生。

例 3-2　某矿 163 胶带机道发生瓦斯爆炸事故,如图 3-1-2 所示。

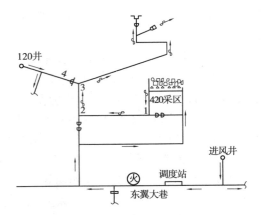

图 3-1-1　某矿火灾灾区通风系统示意图

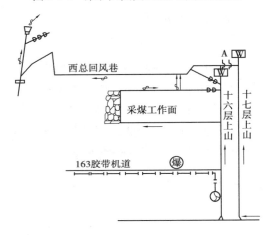

图 3-1-2　某矿通风系统示意图

瓦斯爆炸后产生大量的有毒有害气体,沿十六层上山进入采煤工作面,威胁着工作面人员的生命安全。这时,矿调度室指挥灾区人员沿工作面上出口回风巷进入西总回风巷,经西风井撤出矿井。但是,人员撤退时,在西总回风巷至西风井风门以里,沿途中毒倒下 10 余人。由于抢救及时才避免了伤亡。否则后果不堪设想。

由此看来,沿这条避灾路线撤退是极为错误的,矿调度室的指挥属违章指挥。而正确的避灾路线应该是:由工作面上安全出口—西总回风巷—打开 A 点调节风门—十七层上山下行至一水平大巷,脱离灾区。

4.妥善避灾

如无法撤退(通路冒顶阻塞、在自救器有效工作时间内不能到达安全地点等)时,应迅速进入预先筑好的或就近地点快速建筑的临时避难硐室,妥善避灾,等待矿山救护队的援救,切忌盲动。

事故现场实例表明:遇险人员在采取合适的自救措施后,是能够坚持较长时间而遇救的。例如,1983 年 1 月 23 日某煤矿掘进巷发生火灾后,除 3 名工人及时冲出火源脱离危险外,还有 23 名工人被堵在灾区里面。他们迅速撤退到平巷迎头,并用竹笆、风筒很快建造了一道临时密闭,又在这个密闭内 8 m 处,用溜槽、工作服、竹笆、风筒等物建造了更严密的第二道临时密闭。然后,派一个人在密闭附近监视,其他人员躺下休息。5 h 后,由救护队救出。相反,如果自救措施不当,则可能造成死亡。例如,1961 年某矿井下配电室发生火灾,53 名遇险人员中有 45 人所处的地点、环境相似,但是在事故发生 18 h 后,只有 18 人还活着,现场勘察和被救人员介绍表明:①凡避难位置较高的均死亡,位置较低的绝大部分人保住了生命。②俯卧在底板上并用沾水毛巾堵住嘴的人保住了生命。与此相反,特别是迎着烟雾方向的人均死亡。③事故发生后,恐慌乱跑、大哭大叫的人大部分死亡。又如,1981 年某矿 2614 下材料道外端发生火灾(见图 3-1-3),灾区内有 4 人没能及时撤退,被高温火烟堵到 2614 上材料道内(原是老探煤巷,巷道长 500 多米,整修后做上材料道用)。该区域没有形成通风系统,采用两台局部通风机分别向切眼和 2614 上材料道供风。由于火势发展迅猛,灭火人员用了较长时间才将火灾扑灭。待抢救人员进入探煤巷后,发现 4 人死于冒落区以里 200 m 处。在此段巷道内,发现风筒被扎两处,棚梁上挂有工具包及铁铲,遇险人员没有采取任何自救措施。假如他们能借助 2614 上材料道的位置建筑"临时避难硐室"避灾,在外部抢救人员灭火措施得力的情况下,就有可能获救。

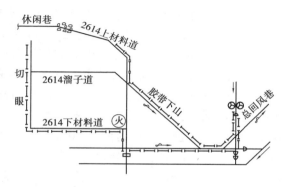

图 3-1-3　某矿火灾区巷道布置示意图

3.1.3　自救器、避难硐室和矿工自救系统

《煤矿安全规程》规定:"入井人员必须随身携带自救器","在突出煤层采掘工作面附近、爆破时撤离人员集中地点必须设有直通矿调度室的电话,并设置有供给压缩空气设施的避难硐室或压风自救系统。工作面回风系统中有人作业的地点,也应设置压风自救系统"。

一、自救器

自救器是一种轻便、体积小、便于携带、使用迅速、作用时间短的个人呼吸保护装备。当井下发生火灾或爆炸、煤和瓦斯突出等事故时,供人员佩戴,免于中毒或窒息之用。

从国内外事故教训来看,不少遇难者当时如果佩戴自救器是完全可以避免死亡的。例如,美国 1950—1973 年事故统计中,由于火灾和瓦斯事故死亡的 728 人中,就有 140 人死于无自救器。我国在 1978—1979 年内的 6 起大事故中也有 81% 的人死于无自救器。因此,《煤矿安全规程》规定:"入井人员必须随身携带自救器。"

自救器分为过滤式和隔离式两类(见表 3-1-1)。

表 3-1-1 自救器种类及其防护特点

种 类	名 称	防护的有害气体	防护特点
过滤式	CO 过滤式自救器	CO	人员呼吸时所需的 O_2 仍是外界空气中的 O_2。
隔离式	化学氧自救器	不限	人员呼吸的 O_2 由自救器本身供给，与外界空气成分无关。
	压缩氧自救器	不限	

1. 过滤式自救器

它是利用装有化学氧化剂的滤毒装置将有毒空气氧化成无毒空气供佩戴者呼吸用的呼吸保护器，仅能防护一氧化碳一种气体。为确保防护性能，必须定期进行性能检验。世界上最早使用的过滤式自救器是 1924 年由美国 MSA 公司生产并在美国煤矿使用的 BML402 型自救器。我国使用的第一批过滤式自救器于 1958 年由抚顺煤矿安全仪器制造厂生产，并于 1980 年由煤炭工业部下令在全国煤矿推广。由于佩戴过滤式自救器后人员呼吸所需的氧仍来源于外界空气中，且装置中的氧化剂（触媒剂）的数量有限，因而其使用范围有一定的限制。我国生产有 AZL 和 MZ 等系列过滤式自救器，它仅用于氧浓度不低于 18% 和一氧化碳浓度不高于 1.5% 的环境中。目前 AZL 系列应用较普遍。随着隔离式自救器的开发，美国于 1981 年开始，前苏联于 1990 年开始停止过滤式自救器在矿井中使用，而用隔离式自救器代替。

我国生产的 AZEm60 型过滤式自救器的防护时间为 60 min，结构如图 3-1-4 所示。人吸气时，外界含一氧化碳的有毒空气先流经滤尘纱布袋及滤尘垫，滤去粉尘后再流经干燥剂层，去掉水汽后再通过催化剂层，有毒的一氧化碳被催化氧化转化为无毒的二氧化碳，最后经吸气阀、降温网从口具被吸入口中。呼气时，呼气经口具、降温网、呼气阀排至外界大气。自救器所用干燥剂是浸氯化钙和溴化锂的活性炭；所用的催化剂（霍加拉特剂）是活性二氧化锰和氧化铜的混合物。

2. 化学氧自救器

它是利用化学生氧物质产生氧气，供矿工从灾区撤退脱险用的呼吸保护器，为隔离式自救器的一种。用于灾区环境大气中缺氧的条件下。有碱金属超氧化物型和氯酸盐氧烛型两类。世界上第 1 台化学氧自救器由德国倍姆柏克（Bamberger）博士发明，是利用过氧化钠等化合物与人呼气中的二氧化碳和水汽作用生氧的仪器。我国第 1 代化学氧自救器为 AZG-40 型，于 1969 年研制成功并投入生产；第 2 代为 AZH-40 型，于 1986 年研制成功；第 3 代为 OSR 系列，于 1993 年研制成功。为确保自救器的防护功能，应定期对自救器进行性能检验。

1）碱金属超氧化物型自救器

这是利用碱金属超氧化钾或超氧化钠同人呼气中的二氧化碳和水汽作用而生氧的自救器。我国生产的 AZCr-40 型、AZH-40 型和 OSR 系列自救器均属此类。其化学反应式为：

$$2KO_2(NaO_2) + H_2O —— 2KOH(NaOH) + 1.5O_2$$

$$2KOH(NaOH) + CO_2 —— K_2CO_3(Na_2CO_3) + H_2O$$

OSR 系列有 OSR-20 型、OSR-40 型、OSR-60 型 3 种。采用氯酸盐烛生氧原理启动，当拔掉击发锤限位销钉时，击发锤在弹簧力的作用下击发启动装置上的引火帽，从而放出热量使氧烛

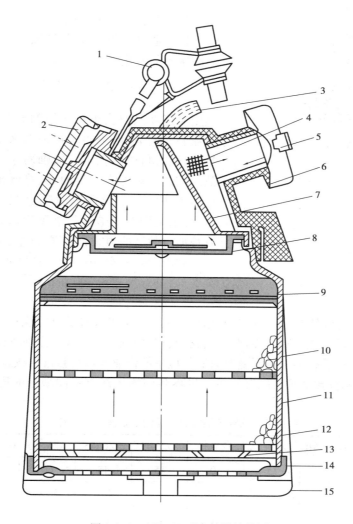

图 3-1-4 AZL-60 型自救器结构图

1—鼻夹;2—呼气阀;3—头带;4—降温网;5—牙垫;6—口具;
7—口水挡板;8—吸气阀;9—滤尘层;10—催化剂层;11—滤尘纱布袋;
12—干燥剂层;13—补偿弹簧;14—滤尘层;15—减振垫

反应生氧,氧气经连接装置及药罐进入气囊,供佩戴者初期呼吸用。其呼吸系统结构如图 3-1-5所示,生氧剂装在生氧罐内的上、下隔板组之间,当佩戴者呼气时,呼气经呼吸软管通过生氧罐,呼气中的水汽和二氧化碳即与生氧剂发生反应而生氧,生成的氧气进入气囊。吸气时,气囊中的气体再次经过生氧罐、呼吸软管、口具而进入人的呼吸道。当生氧量超过人的耗氧量时,气囊鼓满、内压升高,排气阀即开启向外界放出过剩氧气。其气路方式为往复式(呼吸循环过程中,气体二次反复通过生氧剂),且在呼吸软管中设有热交换装置,人呼气时,呼出的气体中的水汽冷凝在装置上,呼吸时干热空气通过热交换装置过程中因冷凝在其上的水分蒸发吸热,吸气即被冷却降温。其外壳由上盖和下底两部分组成,上盖通过封口带、密封胶圈和闭锁器被压紧在下底上。OSR 系列的性能检验主要有外壳气密性检验和防护性能检验两项,防护性能检验有人佩戴试验和呼吸代谢模拟器检验两种方式。

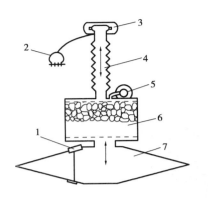

图 3-1-5　呼吸系统结构示意图
1—排气阀；2—鼻夹；3—口具；4—呼吸软管；
5—启动装置；6—生氧罐；7—气囊

2）氯酸盐氧烛型自救器

这是通过引发氯酸钠氧烛产生氧气的自救器。氯酸钠生氧的化学反应式为：

$$NaClO \xrightarrow[\text{引发}]{3Fe \text{ 或 } CO_2O_3} NaCl + 1.5Q$$

其生氧速度只取决于氯酸钠的分解速度，不能随呼吸需要而调节；由于生氧量一般大于人的呼吸需要量，故氧的利用率较低。氧烛对水汽敏感性弱。佩戴氯酸盐氧烛型自救器时，人员呼出的二氧化碳由清净罐中的二氧化碳吸收剂吸收。我国到目前为止，尚未生产有氯酸盐氧烛型自救器。生产氯酸盐氧烛型自救器的国家有德国、日本、美国等国。

德国 Drager 公司生产的 OXY-C~15G 氯酸盐氧烛型自救器的防护时间为 15 min，质量为 2.5 kg，外形尺寸为 300 mm×φ135 mm。

3．压缩氧自救器

它是为防止有毒气体对人的侵害，利用压缩氧气供氧的隔离式呼吸保护器，是一种可反复多次使用的自救器，每次使用后只需要更换新吸收二氧化碳的氢氧化钙吸收剂和重新充装氧气即可重复使用。用于有毒气体环境或缺氧环境中的作业人员自救逃生或进行必要的工作时使用，还可作为压风自救系统的配套装备。世界各国均生产有不同型号的压缩氧自救器（见表 3-1-2）。

表 3-1-2　几种压缩氧自救器的主要技术参数表

型　号	AZY-15B	AZY-15A	AZY-30	AZY-45	AZG-45	AZY-60	OXY-SR-45	Au9
使用时间/min	15	15	30	45	45	60	45	60
定量供氧量 L/min	1.2~1.7	1.4±0.2	1.4±0.2	1.4±0.2	1.1	1.5±0.1	1.2	1.2±0.1
氧气瓶工作压力/MPa	30	20	20	20	20	20	30	20
氧气瓶水容积/L	0.09	0.15	0.28	0.4	0.4	0.7	0.215	0.4
手动补给流量 L/min	≥60	>60	>60	>60				
自动补给流量 L/min					≥90	>60		50
排气阀开启压力/Pa		147~490	147~490	147~490	+100~+400	+150~+490	+100~+400	+400~+600
CO₂吸收剂月量/g		≥200	≥350	≥500			500	
外形尺寸/mm	162×17×89	190×175×95	230×180×100	260×180×105	270×235×105	297×212×130	240×185×90	282×195×98

续表

型 号	AZY-15B	AZY-15A	AZY-30	AZY-45	AZG-45	AZY-60	OXY-SR-45	Au9
质量/kg	1.8	≤2.3	≤3	≤3.5	3.7	5.5	2.3	3.7
通气阻力/Pa		≤196	≤196	≤196			200~300	
吸气温度/℃		≤45	≤45	≤45				
生产国别	中国	中国	中国	中国	中国	中国	德国	波兰

我国生产的 AZY 系列压缩氧自救器的原理结构如图 3-1-6 所示。

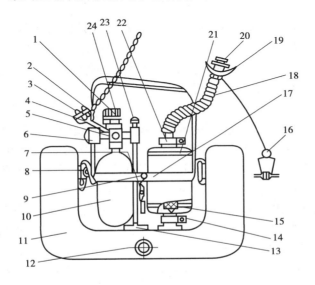

图 3-1-6 AZY 系列压缩氧自救器原理结构示意图

1—减压器;2—拉环;3—防松环;4—开关手柄;5—丝堵;
6—压力表;7—胶管;8—挂钩;9—紧固螺栓;10—氧气瓶;
11—气囊;12—排气阀;13—胶管接头;14—下卡箍;15—盲盖;
16—鼻夹;17—紧固带;18—呼吸软管;19—口具;20—口具塞;
21—清净罐;22—上卡箍;23—手动补给钮;24—腰勾

自救器的本体平时封装在一个由外壳和下壳组成的金属外壳内。佩戴使用时,先拉开外壳封口带并取掉上外壳;然后迅速将自救器的本体从下外壳中取出挂于颈部,并佩戴上口具、鼻夹进行呼吸。吸气时,气囊中的定氧空气经清净罐、呼吸软管、口具进入人的呼吸器官;呼气时,呼出的气体经口具、呼吸软管、清净罐进入气囊。清净罐装有吸收 CO_2 的氢氧化钙吸收剂;因在启封自救器取掉上外壳的同时随带牵动了拉环,开关手柄动作,氧气瓶阀门被开启,氧气瓶中的高压氧气即立刻通过减压器及胶管进入气囊,因而佩戴者所吸富氧空气为经清净罐吸收了 CO_2 的人员呼气同由氧气瓶经减压器输入到气囊中的氧气的混合气体,自救器气路系统是一个单管往复的气体闭路循环呼吸系统。呼吸耗氧量大、气囊贮气不足时,可用手指按动手动补给钮使大量氧气注入气囊进行快速补氧;呼吸耗氧量小、气囊贮气过足时,气体会自动通过排气阀向外界排放,以降低气囊中气体压力到正常值。

4 佩戴自救器的注意事项

①戴上自救器后,外壳逐渐变热,吸气温度逐渐升高,表明自救器工作正常。绝不能因为吸气干热而把自救器拿掉。

②化学氧自救器佩戴初期生氧剂放氧速度慢,如果条件允许(没有被炸、被烧、被埋及被堵的危险时),应尽量缓慢行走,等氧足够呼吸时再加快速度。撤退时最好按每小时 4~5 km 速度行走,呼吸要均匀,千万不要跑。

③佩戴过程中口腔产生的唾液,可以咽下,也可任其自流入口水盒降温器,决不可拿下口具往外吐。

④在未达到可靠的安全地点前,严禁取下鼻夹和口具,以防有害气体毒害。

5.自救器的选用原则

对于流动性较大,可能会遇到各种灾害威胁的人员(测风员、瓦斯检查员)应选用隔离式自救器。就地点而言,在有煤和瓦斯突出矿井或突出区域的采掘工作面和瓦斯矿井的掘进工作面,应选用隔离式自救器(因这些地点发生事故后往往是空气中 O_2 浓度过低或 CO 浓度过高)。其他情况下,一般可选用过滤式自救器。

二、避难硐室

避难硐室是供矿工在遇到事故无法撤退而躲避待救的设施,分永久避难硐室和临时避难硐室 2 种。永久避难硐室事先设在井底车场附近或采区工作地点安全出口的路线上。对其要求是:设有与矿调度室直通电话,构筑坚固,净高不低于 2 m,严密不透或采用正压排风,并备有供避难者呼吸的供气设备(充满氧气的氧气瓶或压气管和减压装置)、隔离式自救器、药品和饮水等。设在采区安全出口路线上的避难硐室,距人员集中工作地点应不超过 500 m,其大小应能容纳采区全体人员。临时避难硐室是利用独头巷道、硐室或两巷风门之间的巷道,由避灾人员临时修建的。因此,应在这些地点事先准备好所需的木板、木桩、黏土、沙子或砖等材料,还应装有带阀门的压气管。若无上述材料时,避灾人员就用衣服和身边现有的材料临时构筑,以减少有害气体的侵入。临时避难硐室机动灵活、修筑方便,正确地利用它,往往能发挥很好的救护作用。

日本煤矿有利用空气斗篷作为避难的安全设施。所谓空气斗篷就是用维尼龙做的斗篷口袋,连接在压缩空气的管道上。发生煤与瓦斯突出事故时,现场人员把空气斗篷从头上套到上半身,然后拧开压气控制阀门,新鲜空气从风管喷出以供呼吸。英国在采煤工作面的回风道中,每隔 180 m 左右的位置,将回风道断面扩大(扩大长度为 20 m 左右),其内设有一定数量的空气盒,设有标示牌,牌上标明空气盒的位置。由敷设在回风道内的压气管道向空气盒供给压缩空气(压力为 0.22~0.24 MPa),供避灾待救人员呼吸用。原苏联、波兰和我国的部分矿井在煤和瓦斯突出煤层中掘进时,沿巷道每隔 50~100 m 开掘一长 5 m 左右.宽 1.5 m 的壁龛作为开口的临时避难硐室,小室内装有压风自救装置或存放有隔离式自救器。当掘进工作面发生突出时,工人可迅速退到小室内,利用压风自救装置自救,或换戴隔离式自救器逃生。

在避难硐室内避难时的注意事项:

①进入避难硐室前,应在硐室外留有衣物、矿灯等明显标志,以便救护队发现。

②待避时应保持安静,不急躁,尽量俯卧于巷道底部,以保持精力、减少氧气消耗,并避免吸入更多的有毒气体。

③硐室内只留一盏矿灯照明,其余矿灯全部关闭,以备再次撤退时使用。

④间断敲打铁器或岩石等发出呼救信号。

⑤全体避灾人员要团结互助、坚定信心。

⑥被水堵在上山时,不要向下跑出探望。水被排走露出棚顶时,也不要急于出来,以防CO_2,H_2S 等气体中毒。

⑦看到救护人员后,不要过分激动,以防血管破裂。

⑧待避时间过长遇救后,不要过多饮用食品和见到强光,以防损伤消化系统和眼睛。

三、矿工自救系统

矿工自救系统又称矿工三级生命保障系统。它是集合多级防护手段,保护矿工在有毒有害大气中进行自救和避难脱险的综合性设备,包括:一级工作面应急自救器,二级大巷或采煤、掘进工作面的矿工集体供氧和换戴自救器装置,三级井底车场常设救护装备。

在自救器没有发明前,矿井发生事故时,矿工的自救方式往往是构筑临时避难硐室来阻止烟气渗入。20 世纪 20 年代自救器开始在矿井应用以后,矿工自救主要依靠自救器,但是不论是采用避难硐室还是采用自救器,只是单一的自救手段,没有形成综合的自救系统。经验证明,自救器只有随身携带才能在逃生时发挥作用,自救器的防护时间必须足够长时才能在较大事故情况下逃出灾区;体积、质量适合矿工随身携带的只有过滤式自救器,但过滤式自救器在缺氧和一氧化碳浓度过高时都不能使用,而现有隔离式自救器,防护时间较长的,其体积、质量往往不适合矿工随身携带,适合随身携带的,防护时间又太短。为了解决这个矛盾,20 世纪 70 年代,前苏联出现了自救系统,它是由可随身携带的、防护时间只有 10～20 min 的 ШСМ-1 型轻便化学氧自救器和 ПСПМ 型压风式救护点或 ПСПП 型压缩空气瓶救护点所组成,救护点是一个能供新鲜压风或气瓶空气的集体供氧点;在发生事故时,矿工先佩戴 ШСМ-1 型自救器撤退到 ПСПМ 或 ПСПП 救护点,在救护点依靠供风维持生命待救或接力地换戴防护时间较长的隔离式自救器继续撤退到安全地点。

1. 工作面应急自救器

它为矿工第 1 级生命保障自救系统,包括超小型化学氧自救器和小型压缩氧自救器。

(1)超小型化学氧自救器是大小同过滤式自救器差不多,而防护时间为 10～15 min 的化学氧自救器。为了缩小体积,不用启动装置,而改用快速生氧的启动药层,保证矿工在不吸入外界气体条件下,佩戴自救器也能在短时间内使气囊充满氧气,走到集体供氧点换戴新自救器。前苏联的 ШСМ-1 型自救器的质量为 1.4 kg,大强度劳动的防护时间 10 min 以上,用快速生氧的启动药层。我国的 AZH-10 型自救器的质量为 1.2 kg,防护时间 10 min 以上;AZH-20型和 OSR-20 型自救器体积、质量略大于 AZH-10 型自救器。

(2)小型压缩氧自救器。我国生产的 AZY-15B 型压缩氧自救器的质量为 1.8 kg,防护时间 15 min 以上,便于矿工随身携带。

2. 矿工集体供氧装置

它为矿工第 2 级生命保障自救系统,包括压风自救装置、化学氧矿工集体供氧器、ПСПМ救护点、移动式压缩气瓶自救装置、АП 集体供氧器。

(1)压风自救装置是利用矿井压缩空气(压风)管路,接出分岔管,并接上防护袋、面罩或喇叭口等连接人呼吸器官的面具,将压风经减压节流、消声、过滤后供给避难矿工,保护他们免受有毒或窒息性气体侵害的器具。同贮备的隔离式自救器可形成 2 级自救系统,即可在压风掩护下换戴贮备的隔离式自救器,作为应急自救器的接力工具。

前苏联的压风自救装置出现于 20 世纪 70 年代,为"空气 1"、"空气 3"型紧急供气装置;日本的压风自救装置为防护袋式;德国的压风自救装置为呼吸面罩式。我国生产的压风自救装置有 ZY-J 型防护袋式、ZY-M 面罩式压风自救装置和 GJ-Ⅱ 型、GJ-Ⅲ 型避灾压风呼吸装置。

ZY-J 型防护袋式压风自救装置为我国生产的第 1 种型号的压风自救器,于 1987 年由煤炭科学研究总院重庆分院研制,已在严重煤与瓦斯突出矿井中推广。

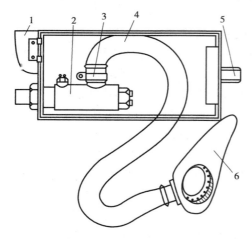

图 3-1-7　ZY-M 型压风自救装置结构
1—盒体;2—送风器;3—卡箍;4—软管;
5—紧固螺母;6—半面罩

我国生产的 ZY-M 型压风自救装置由盒体、送风器、卡箍、软管、紧固螺母和半面罩等组成(见图 3-1-7)。盒体由紧固螺母固定在工作面或大巷的支架上。使用时,首先打开盒盖,取出半面罩佩戴好;然后转动送风器壳体,并打开气阀,这样压风经送风器内部的调节阀减压,过滤器过滤;消音器消音后,再经软管、半面罩进入人的呼吸道。

ZY-M 型压风自救装置为 1 次手动快速供气方式,供风压力为 0.4～0.6 MPa,供风量大于 100 L/min,并可调,噪声小于 75 dB(A)。在长距离掘进巷道中每隔 50 m 设置一组,每组应有 6～8 个自救装置,并利用支管、四通、球阀同压风管路相接。

(2)ПСПМ 救护点是设在矿工避灾路线的巷道内或工作面上,具有下列功能:①供防护时间快到终了的自救器佩戴者在压风掩护下换戴上防护时间长的新自救器;②为没有戴自救器的人提供自救器佩戴;③在退出有困难的情况下,用它呼吸新鲜空气就地待救,直至救护队到来或恢复了正常通风。其结构如图 3-1-8 所示。

当打开金属门时,救护点的管路开关就自动开启,压风由进气管进入,经减压器减压,空气滤清及消音器净化与消音后,经供给阀、呼吸软管、半面罩或口具鼻夹进入人的呼吸道。ПСПМ 救护点的柜体左上角设有电话,通过佩戴带发话膜半面罩的人向地面调度室通话。在救护点,在新鲜空气的掩护下,矿工可以打开佩戴放在柜中的自救器继续撤出灾区。

ПСПМ 救护点供 4 人同时呼吸时的防护时间不受限制,装备有带发话膜的半面罩和口具鼻夹各 2 个,装备有 ШСС-1 型自救器 8 台,质量为 164 kg。

(3)移动式压缩气瓶自救装置是一种可随采掘工作面前移而移动的自救装置。前苏联生产的 ПСП 救护点即属压缩气瓶自救装置,其结构布置除气源为压缩气瓶,并且不设空气滤清和消音器外,其余和 ПСПМ 救护点相似。

ПСП 救护点供 4 人同时呼吸的防护时间为 70 min,气瓶容积为 32 L,气瓶压力为 15 MPa,工作压力为(0.65±0.05)MPa,装备的发话膜半面罩和口具鼻夹各 2 个,装备有 ШСС-1 型自救器 14 台,装备好时的质量为 192 kg。

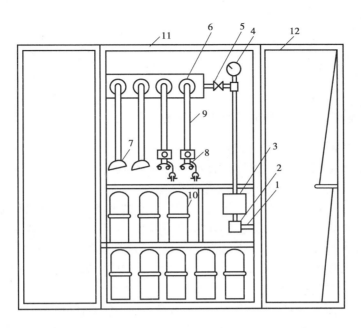

图 3-1-8　ΠСΠΜ 救护点结构示意图

1—进气管;2—减压器;3—空气滤清及消音器;4—压力表;5—开关;

6—供给阀;7—带发话膜的半面罩;8—口具鼻夹;9—呼吸软管;

10—自救器;11—柜体;12—金属门

（4）化学氧矿工集体供氧器为前苏联在 20 世纪 80 年代末开发的一种新型矿工集体供氧器。保护的矿工数为 6 名。

（5）AΠ 型集体供氧器为前苏联生产的一种自救装置。特殊支架支撑的 2 个生氧药筒、安全阀、呼吸气囊（上设排气阀）、2 个吸气管集合器、2 个呼气管集合器及安设在集合器上的启动装置组成,在整个呼吸系统前部设有保护挡板和盖板,起防护作用。保护挡板的外面有穿出的带有拉圈绳子,用以拉启动装置,使气囊充满氧气。佩戴时,人的呼气经口具、呼气管、集合器进入生氧主筒,和生氧剂反应后产生的氧气进入气囊;吸气时,氧气由气囊进入吸气集合器,通过吸气管、口具进入人的呼吸道。由于供人呼吸的气路数有 6 路,因而最多可供 6 人使用。有 AΠ180 型和 AΠ360 型 2 种型号,供 6 人使用时的防护时间 AΠ360 型为 360 min,AΠ180 型为 180 min,装备有 15 台 ШCC-1 自救器,总质量在不计自救器时,AΠ360 型为 86.5 kg,可用于环境温度为 10 ~ 400 ℃,相对湿度最高达 100%。AΠ360 型布置在独头巷道距工作面 20 ~ 50 m 处;AΠ180 按事故处理计划中规定的矿工避灾路线布置。

3. 井底车场常设救护装备

它为矿工第 3 级生命保障自救系统。该系统由 3 部分组成:①在井底车场存放救护装备的硐室,室内存放自救器、其他救护装备、工具及灭火设备;②运输救护装备的专用车;③隔离式救护安全舱,这种安全舱可安设在不适合人呼吸的巷道中,作为救护队临时救护基地和队员短时间的休息场所,也可把伤员送进舱内抢救。

任务 2　各类灾害事故时避灾自救措施

3 2.1　瓦斯与煤尘爆炸事故时的自救与互救

1 防止瓦斯爆炸时遭受伤害的措施

据亲身经历过瓦斯爆炸的人员回忆,瓦斯爆炸前感觉到附近空气有颤动的现象发生,有时还发出咝咝的空气流动声,一般被认为是瓦斯爆炸前的预兆。

井下人员一旦发现这种情况时,要沉着、冷静,采取措施进行自救。具体方法是:背向空气颤动的方向,俯卧倒地,面部贴在地面,闭住气暂停呼吸,用毛巾捂住口鼻,防止把火焰吸入肺部。最好用衣物盖住身体,尽量减少肉体暴露面积,以减少烧伤。爆炸后,要迅速按规定佩戴好自救器,弄清方向,沿着避灾路线,赶快撤退到新鲜风流中。若巷道破坏严重,不知撤退是否安全时,可以到棚子较完整的地点躲避等待救护。

为什么遇到爆炸预兆要立即卧倒? 还要强调用衣物护好身体呢?

(1)卧倒能降低身体高度,避开冲击波的强力冲击,减少危险。如某矿发生了瓦斯爆炸事故,第一次爆炸后,放炮员和其他人被从工具箱上抛了下来。他和其他人立即向外撤出。正走着,他看到前边几十米远的顶板处一片火光,预感到要再次爆炸,就立即卧倒在地,接着就听到轰的一声巨响,身上落了一层厚厚的碎矸石,当他从地上爬起后,看到和他一起外撤没有及时卧倒的几个人都牺牲了。

(2)用衣物护好身体,能避免烧伤。发生爆炸事故,产生的高温高压气体对皮肤的烧伤是相当严重的。但由于是瞬间即逝,所以,凡是被衣裤、手套、胶靴等保护遮盖的部位,基本都未烧伤。因此,矿工在井下工作中,把劳动保护用品穿戴好,对保证矿工的安全是很重要的。

2 掘进工作面瓦斯爆炸后矿工的自救与互救措施

如发生小型爆炸,掘进巷道和支架基本未遭破坏,遇险矿工未受直接伤害或受伤不重时,应立即打开随身携带的自救器,佩戴好后迅速撤出受灾巷道到达新鲜风流中。对于附近的伤员,要帮助其佩戴好自救器。帮助撤出危险区。不能行走的伤员,在靠近新鲜风流 30~50 m 范围内,要设法抬运到新风中;如距离远,则只能为其佩戴自救器,不可抬运。撤出灾区后,要立即向矿调度室报告。

如发生大型爆炸,掘进巷道遭到破坏,退路被阻,但遇险矿工受伤不重时,应佩戴好自救器,千方百计疏通巷道,尽快撤到新鲜风流中。如巷道难以疏通,应坐在支护良好的棚子下面,或利用一切可能的条件建立临时避难硐室,相互安慰、稳定情绪,等待救助,并有规律地发出呼救信号,对于受伤严重的矿工也要为其佩戴好自救器,使其静卧待救,并且要利用一切可能利用的条件,建立临时避难硐室待救。利用压风管道、风筒等改善避难地点的生存条件。

3.采煤工作面瓦斯爆炸后矿工的自救与互救措施

如果进回风巷道没有垮落堵死,通风系统破坏不大,所产生的有害气体较易被排除。这种情况下,采煤工作面进风侧的人员一般不会受到严重伤害,回风侧的人员要迅速佩用自救器,经最近的路程进入进风侧。

如果爆炸造成严重的塌落冒顶,通风系统被破坏,爆源的进、回风侧都会聚积大量的一氧化碳和其他有害气体,该范围所有人员都有发生一氧化碳中毒的可能。为此,在爆炸后,没有受到严重伤害的人员,要立即打开自救器佩戴好。在进风侧的人员要逆风撤出,在回风侧的人员要设法经最短路线,撤退到新鲜风流中。如果由于冒顶严重撤不出来时,首先要把自救器佩戴好,并协助重伤员在较安全地点待救。附近有独头巷道时,也可进入暂避,并尽可能用木料、风筒等设立临时避难场所,并把矿灯、衣物等明显的标志物,挂在避难场所外面明显的地方,然后进入室内静卧待救。

3.2.2　煤与瓦斯突出时的自救与互救

1. 发现突出预兆后现场人员的避灾措施

(1)矿工在采煤工作面发现有突出预兆时,要以最快的速度通知人员迅速向进风侧撤离。撤离中快速打开隔离式自救器并佩戴好,迎着新鲜风流继续外撤。如果距离新鲜风流太远时,应首先到避难所,或利用压风自救系统进行自救。

(2)掘进工作面发现煤和瓦斯突出的预兆时,必须向外迅速撤至防突反向风门之外后,把防突风门关好,然后继续外撤。如自救器发生故障或佩用自救器不能安全到达新鲜风流时,应在撤出途中到避难所,或利用压风自救系统进行自救,等待救护队援救。

(3)注意延期突出。有些矿井,出现了煤与瓦斯突出的某些预兆,但并不立即发生突出。延期突出容易使人产生麻痹,危害更大,对此,千万不能粗心大意,必须随时提高警惕。如一旦突然发生了煤与瓦斯延期突出,会造成多人遇险。因此遇到煤与瓦斯突出预兆,必须立即撤出,并佩戴好自救器,决不要犹豫不决。

2. 发生突出事故后现场人员的避灾措施

在有煤与瓦斯突出危险的矿井,矿工要把自己的隔离式自救器带在身上,一旦发生煤与瓦斯突出事故,立即打开外壳佩戴好,迅速外撤。

矿工在撤退途中,如果退路被堵,可到矿井专门设置的井下避难所暂避,也可寻找有压缩空气管路或铁风管的巷道、硐室躲避。这时要把管子的螺丝接头卸开,形成正压通风,延长避难时间,并设法与外界保持联系。例如,某矿于 11 时 15 分左右发生煤与瓦斯突出,突出煤矸量 5 000 t、瓦斯 70 万 m^3,通风设施破坏,井下到处弥漫着高浓度瓦斯,井下有 100 多人受到严重威胁,其中 34 名遇险者被堵在突出灾区,他们的呼吸越来越困难。在这生死关头,有人想到了就在他们附近有 2 个压风管阀门。他们立即打开阀门,新鲜空气通过压风管阀门"嘶嘶"地供给他们呼吸,34 人围坐在压风管阀门周围,养息生存。在这附近有一台直通地面调度室的防爆电话,通过这台电话,他们很快与地面取得了联系,并向地面调度室呼救。调度室的同志从电话里听到他们的呼救声:"救护队快来救我们呀!我们坚持不了啦!我们现在全靠压风供氧,你们不要停压风机。"调度室及时回话安慰他们:"我们保证压风机正常运转。我们已经召请了全省的很多救护队,营救你们的救护队正在奋力打通进入你们那里的通道。党和人民在关心着你们,请你们克服困难再坚持一会。"遇险者听到地面同志们的安慰,增强了克服困难的决心。其中一名掘进副队长在灾区组织遇险者自救,他把大家召集在压风管附近,向他们讲安全知识,鼓励大家要有勇气克服困难。地面救灾指挥部得知被堵在灾区的几十名遇险者还活着,就立即调集救护力量尽快打通进入灾区的通道。下午 4 时 15 分,遇险者全部被救出。救出遇险者后关闭压风管阀门,关闭阀门前检查阀门附近 25 m 范围内的瓦斯浓度最高为 18%,超过此范围则高达 48%;关闭阀门后 80 min 检查阀门附近 25 m 范围内的瓦斯由 18% 升高到 37%。

又如 1993 年 4 月 9 日某矿发生特大型煤与瓦斯突出,有 26 人生命受到威胁,其中在茅口中巷向 K_2 煤层打瓦斯预抽孔的 2 名打钻工,发现钻孔大量喷出高浓度瓦斯,立即往南从第二 35°斜井向 +70 m 水平茅口大巷进风方向撤退。在撤过 C_{20} 石门后发现大巷前面被堵,于是返回到 −70 m 水平南 C_{20} 石门处,用管子钳将压风管卸开,用管中压风来稀释瓦斯,用竹笆挡住半边巷道,作为临时避难场所。与此同时,+70 m 水平南 C_{23} 石门 K_6 大巷高风眼处 9 人在值班瓦斯检查员带领下,向 +70 m 水平茅口大巷撤退,撤至 C_{20} 石门处与先到的 2 人汇合,在同一地点避难。在 +160 m 水平南 C_{23} 石门南茅口大巷和 6 名待救人员,在班长和瓦检员的带领下沿 C_{23} 石门北第三 35°回风斜井向 +70 m 水平茅口大巷撤退。撤到 C_{23} 石门临时避难场与先后到运该处的 2 批 11 人汇合,共 17 人在此避难待救,后经救护队救出。

3 2.3 矿井火灾事故时的自救与互救

(1)首先要尽最大可能迅速了解或判明事故的性质、地点、范围和事故区域的巷道情况、通风系统、风流及火灾烟气蔓延的速度、方向以及自己所处巷道位置之间的关系,并根据矿井应急救援预案及现场的实际情况,确定撤退路线和避灾自救的方法。

(2)撤退时,任何人无论在任何情况下都不要惊慌、不能狂奔乱跑。应在现场负责人及有经验的老工人带领下有组织地撤退。

(3)位于火源进风侧的人员,应迎着新鲜风流撤退。

(4)位于火源回风侧的人员或是在撤退途中遇到烟气有中毒危险时,应迅速戴好自救器,尽快通过捷径绕到新鲜风流中去或在烟气没有到达之前,顺着风流尽快从回风出口撤到安全地点;如果距火源较近而且越过火源没有危险时,也可迅速穿过火区撤到火源的进风侧。

(5)如果在自救器有效作用时间内不能安全撤出时,应在设有储存备用自救器的硐室换用自救器后再行撤退或是寻找有压风管路系统的地点,以压缩空气供呼吸之用。

(6)撤退行动既要迅速果断,又要快而不乱。撤退中应靠巷道有联通出口的一侧行进,避免错过脱离危险区的机会,同时还要随时注意观察巷道和风流的变化情况,谨防火风压可能造成的反流逆转。人与人之间要互相照应,互相帮助,团结友爱。

(7)如果无论是逆风或顺风撤退,都无法躲避着火巷道或火灾烟气可能造成的危害,则应迅速进入避难硐室;没有避难硐室时应在烟气袭来之前,选择合适的地点就地利用现场条件,快速构筑临时避难硐室,进行避灾自救。

(8)逆烟撤退具有很大的危险性,在一般情况下不要这样做。除非是在附近有脱离危险区的通道出口,而且又有脱离危险区的把握时;或是只有逆烟撤退才有争取生存的希望时,才采取这种撤退方法。

(9)撤退途中,如果有平行并列巷道或交叉巷道时,应靠有平行并列巷道和交叉巷口的一侧撤退,并随时注意这些出口的位置,尽快寻找脱险出路。在烟雾大视线不清的情况下,要摸着巷道壁前进,以免错过联通出口。

(10)当烟雾在巷道里流动时,一般巷道空间的上部烟雾浓度大、温度高、能见度低,对人的危害也严重,而靠近巷道底板情况要好一些,有时巷道底部还有比较新鲜的低温空气流动。为此,在有烟雾的巷道里撤退时,在烟雾不严重的情况下,即使为了加快速度也不应直立奔跑,而应尽量躬身弯腰,低着头快速前进。如烟雾大、视线不清或温度高时,则应尽量贴着巷道底板和巷壁,摸着铁道或管道等爬行撤退。

(11)在高温浓烟的巷道撤退还应注意利用巷道内的水,浸湿毛巾、衣物或向身上淋水等办法进行降温,改善自己的感觉,或是利用随身物件等遮挡头面部,以防高温烟气的刺激等。

(12)在撤退过程中,当发现有发生爆炸的前兆时(当爆炸发生时,巷道内的风流会有短暂的停顿或颤动,应当注意的是这与火风压可能引起的风流逆转的前兆有些相似),有可能的话要立即避开爆炸的正面巷道,进入旁侧巷道,或进入巷道内的躲避硐室;如果情况紧急,应迅速背向爆源,靠巷道的一侧就地顺着巷道趴卧,面部朝下紧贴巷道底板、用双臂护住头面部并尽量减少皮肤的外露部分;如果巷道内有水坑或水沟,则应顺势爬入水中。在爆炸发生的瞬间,要尽力屏住呼吸或是闭气将头面浸入水中,防止吸入爆炸火焰及高温有害气体,同时要以最快的动作戴好自救器。爆炸过后,应稍事观察,待没有异常变化迹象,就要辨明情况和方向,沿着安全避灾路线,尽快离开灾区,转入有新鲜风流的安全地带。

例如,中南某矿发生一起外因火灾,由于遇险人员采取了积极主动的自救措施,减少了伤亡。其自救情况是:火灾发生后,正在井下睡觉的开溜工被火烟熏醒。他发现溜子头处一片火龙,立即用棉背心灭火,但无效,于是慌忙跑出,到采煤工作面机巷叫人停电救火。在此之前掘二队机电工胡某在联络巷延深段的水泵处嗅到烟味,他沿联络巷到掘一、掘二队施工的掘进头口观察,未见异常,继续沿联络巷查到风门处,打开第一道风门发现烟雾,打开第二道风门就觉得烟雾逼人,呼吸困难,但尚能辨别出运输机机头处的火源。胡见局部通风机正在启动吸烟,为了保全掘进头职工的安全,他采取了果断措施,将第一台风机关闭。停机后听到开溜工正在叫喊灭火,胡这时已不能冲出灭火,退而关闭第一道风门,又停止第二台风机运转,迫使掘一队和掘二队发现烟雾和停止送风,从而自动撤离危险区。胡又跑到已二变电所切断了掘一队、掘二队、开拓队的电源,使他们急速撤离火烟区域。

当机四队机电班长付某发现火情后,立即令已二变电所值班员坚守岗位,切断二队电源,把井下发生火灾的情况报告给调度室。他又急速冲入采煤工作面叫人撤离。被火烟包围的采煤工作面计有 21 人,除了 12 名身体好的同志冲出危险区脱险外,还有 9 名同志被围困在火烟区内,其中有驻矿监察处张某和矿检查科郑某。遇险的 9 名同志,在张某统一组织指挥下,根据矿井瓦斯的涌出量、火烟的速度及其巷道通风网络与通风洒水等设施位置情况,在做好思想工作和稳定情绪后,领导大家缓撤到采煤工作面的回风巷。

由于 22231 综采面新投入生产,原马道矿回风井没投入使用,暂时还由孙岭回风井排风。因通风网路长,风阻大,总负压为 2 800 ～ 3 300 Pa,故使新投入生产的采煤工作面风量不足。因此矿方根据瓦斯涌出量小的具体情况,在回风巷距采煤工作面 100 m 处设两巷风门,采用 28 kW 局部通风机强行抽风,增加采煤工作面风量。4 月 24 日发生火灾,因此人员转移到采煤工作面回风道的风门之外,并将风机停止运转,降低高负压区。然后立即用衣服等物品,将风门严密封闭,消除负压值,使这一区域形成稳流,以防止火烟往采煤工作面急速流动,保存巷道中间带有限新鲜空气。为了避免氧耗量增加,要求遇险人员静止待命,节约电源,并商讨脱险策略。当大家决定由回风流强撤时,张提出不能冒险盲目集体撤出,应先由 2 人侦察后再行议事。经 2 人侦察,发现烟浓温高不能撤退,被迫返回,又将回风侧的防尘水幕打开,达到降温、隔绝烟雾逆流和消烟及吸收二氧化碳的目的。6 时 30 分时,救护队还没有进入灾区,遇险人员心急难待,于是重新将风门打开侦察,发现无烟,人员便进入采煤工作面,边行进边侦察。到机头处时,与调度室进行通话联系,要求速派救护队抢救 9 人的生命。地面调度室得到这一喜讯后,立即通知井下基地人员,急速派人救出了他们9人。

3 2.4 矿井透水事故时自救与互救

1 透水后现场人员撤退时的注意事项

(1)透水后,应在可能的情况下迅速观察和判断透水的地点、水源、涌水量、发生原因、危害程度等情况,根据应急救援预案中规定的撤退路线,迅速撤退到透水地点以上的水平,而不能进入透水点附近及下方的独头巷道。

(2)行进中,应靠近巷道一侧,抓牢支架或其他固定物体,尽量避开压力水头和泄水流,并注意防止被水中滚动的矸石和木料撞伤。

(3)如透水后破坏了巷道中的照明和路标,迷失行进方向时,遇险人员应朝着有风流通过的上山巷道方向撤退。

(4)在撤退沿途和所经过的巷道交叉口,应留设指示行进方向的明显标志,以提示救护人员注意。

(5)人员撤退到竖井,需从梯子间上去时,应遵守秩序,禁止慌乱和争抢。行动中手要抓牢,脚要蹬稳,切实注意自己和他人的安全。

(5)如唯一的出口被水封堵无法撤退时,应有组织地在独头工作面躲避,等待救护人员的营救。严禁盲目潜水逃生等冒险行为。

某地方煤矿发生突水事故后,井下的7名矿工一同向灾区外撤退。当走到下山底车场时,发现积水已将去路淹没。这时,一名青年工人急于脱险,自认为水性好,巷道情况熟悉,而不顾其他同志的劝阻,贸然潜入水中,企图脱离灾区。结果,因在水中迷失方向和被杂物缠绕而溺水身亡。而另外的6名遇险人员,由于在原地沉着正确地避难待救,时隔两个小时后,随着抢救工作进展,积水位下降,全部安全地撤出了灾区。

2. 被矿井水灾围困时的避灾自救措施

(1)当现场人员被涌水围困无法退出时,应迅速进入预先筑好的避难硐室中避灾,或选择合适地点快速建筑临时避难硐室避灾。迫不得已时,可爬上巷道中高冒空间待救。如系老窑透水,则须在避难硐室处建临时挡墙或吊挂风帘,防止被涌出的有害气体伤害。进入避难硐室前,应在硐室外留设明显标志。

(2)在避灾期间,遇险矿工要有良好的精神心理状态,情绪安定、自信乐观、意志坚强。要坚信上级领导一定会组织人员快速营救;坚信在班组长和有经验老工人的带领下,一定能够克服各种困难,共渡难关、安全脱险。要做好长时间避灾的准备,除轮流担任岗哨观察水情的人员外,其余人员均应静卧,以减少体力和空气消耗。

(3)避灾时,应用敲击的方法有规律、间断地发出呼救信号,向营救人员指示躲避处的位置。

(4)被困期间断绝食物后,即使在饥饿难忍的情况下,也应努力克制自己,决不嚼食杂物充饥。需要饮用井下水时,应选择适宜的水源,并用纱布或衣服过滤。

(5)长时间被困在井下,发觉救护人员到来营救时,避灾人员不可过度兴奋和慌乱。得救后,不可吃硬质和过量的食物,要避开强烈的光线,以防发生意外。

3.2.5　冒顶事故时的自救与互救

1. 采煤工作面冒顶时的避灾自救措施

（1）迅速撤退到安全地点。当发现工作地点有即将发生冒顶的征兆，而当时又难以采取措施防止采煤工作面顶板冒落时，最好的避灾措施是迅速离开危险区，撤退到安全地点。有这样一个实例：某小煤窑的采煤工作面有 6 人上班，其中 2 人挖煤，4 人运煤。当运煤工运煤出工作面后，剩下 2 名挖煤工因煤未出尽不能架棚，便在离挖煤地点 5 ~ 6 m 远的地方休息，其中 1 人竟然睡着了。这时顶板出现冒顶预兆，不仅有响声，并伴有掉渣现象。未睡的工人立即喊醒睡觉的挖煤工，说："有响声，我们快出去！"这名挖煤工睡眼惺忪地说："就你怕死，我不出去。"由于他执意不走，另 1 名工人只得独自撤出。走了五六步远，只听"轰隆"一声，撤退工人的腿部被冒落煤矸埋住，他立即拉住一根柱腿挣扎几下才出来。回头一看，那位未走的挖煤工已被埋在里面。此时，顶板还在继续冒落，"轰隆"之声不绝于耳，冒顶长度达 15 m，后将被埋压工人抢救出来时，他早已死亡。

这个事例充分说明：发现冒顶征兆后迅速撤退到安全地点，确实是最好的避灾措施。否则，就会对自己造成伤害，甚至危及生命。

（2）遇险时要靠煤帮贴身站立或到木垛处避灾。从采煤工作面发生冒顶的实际情况来看，顶板沿煤壁冒落，是很少见的。因此，当发生冒顶来不及撤退到安全地点时，遇险者应靠煤帮贴身站立避灾，但要注意煤壁片帮伤人。另外，冒顶时可能将支柱压断或推倒，但在一般情况下不可能压垮或推倒质量合格的木垛。因此，如遇险者所在位置靠近木垛时，可撤至木垛处避灾。

（3）遇险后立即发出呼救信号。冒顶对人员的伤害主要是砸伤、掩埋或隔堵。冒落基本稳定后，遇险者应立即采用呼叫、敲打（如敲打物料、岩块，可能造成新的冒落时，则不能敲打，只能呼叫）等方法，发出有规律、不间断的呼救信号，以便救护人员和撤出人员了解灾情，组织力量进行抢救。

（4）遇险人员要积极配合外部的营救工作。冒顶后被煤矸、物料等埋压的人员，不要惊慌失措，在条件不允许时切忌采用猛烈挣扎的办法脱险，以免造成事故扩大。被冒顶隔堵的人员，应在遇险地点有组织地维护好自身安全，构筑脱险通道，配合外部的营救工作，为提前脱险创造良好条件。

2. 独头巷道迎头冒顶被堵人员避灾自救措施

（1）遇险人员要正视已发生的灾害，切忌惊慌失措，坚信矿领导和同志们一定会积极进行抢救。应迅速组织起来，主动听从灾区中班组长和有经验老工人的指挥。团结协作，尽量减少体力和隔堵区的氧气消耗，有计划地使用饮水、食物和矿灯等。做好较长时间避灾的准备。

（2）如人员被困地点有电话，应立即用电话汇报灾情、遇险人员数和计划采取的避灾自救措施。否则，应采用敲击钢轨、管道和岩石等方法，发出有规律的呼救信号，并每隔一定时间敲击一次，不间断地发出信号，以便营救人员了解灾情，组织力量进行抢救。

（3）维护加固冒落地点和人员躲避处的支架，并经常派人检查，以防止冒顶进一步扩大，保障被堵人员避灾时的安全。

（4）如人员被困地点有压风管，应打开压风管给被困人员输送新鲜空气，并稀释被隔堵空间的瓦斯浓度，但要注意保暖。

任务3 现场急救

在煤矿生产过程中,违章操作,不注意安全或自然灾害,工伤事故时刻都会威胁着广大井下工人的人身安全,一旦出现工伤,现场人员和救护人员必须分秒必争,充分利用自己掌握的救护知识进行及时的抢救,为到医院进行进一步的抢救治疗创造条件。

3 3.1 现场急救须知

1 在进行自救和互救时应注意

(1)临时不要惊慌,应及时了解工伤出现的原因,由班组长担任现场救护指挥,组织人员,立即设法将伤员尽快救出来并安全撤离危险地段。

(2)若肢体或头发被卷入机器内,应立即停机,然后想办法将机器拆开,再把受伤肢体取出来,千万不可开倒车。以免加重受伤人员的伤情。

(3)若工友被矸石或煤炭埋在下面,千万不可用镐、锹等工具猛力刨挖。应用手或小型工具,谨真、小心地迅速扒开,救出伤员。当大型矸石或大型设备压在人体上时,应多人从四周将矸石或设备抬起,然后救出伤员,千万不可掀滚、拉扯,以免加重伤情。

(4)注意观察伤员受伤姿势、部位、伤势轻重、自觉症状、有无休克、骨折及内脏损伤,有无生命危险。

(5)看呼吸。呼吸快、慢、深、浅、不规则都预示伤情较重。摸脉搏和听心跳,脉搏或心跳极快、及慢、微弱无力或节律不齐亦预示病情较重。测血压,若血压下降、精神萎靡、口渴、面色苍白、出冷汗、脉无力,应按休克抢救;血压过高亦是严重病情。

(6)应谨慎仔细检查受伤部位和周围部分,注意并发症的发生。现场救护基本上应注意保持伤后的现状,如骨折错位不可复位,眼球或内脏脱出不应纳还原位,断指断肢均应保管好,随伤员一并交给医生进行进一步抢救治疗。

(7)头部受伤,两眼瞳孔不等大,对光反射不敏感、呼之反应迟钝亦属危重伤员,应迅速抢救及转运。

(8)紧急危重病人,经初步救护处理后,应立即组织人力向外转运,千万不可坐等救护人员的到来,这样才能赢得更多的抢救时间。

(9)受伤人员应尽自己的能力,积极配合救护人员工作,如实反应自己的伤情,不可故意隐瞒或扩大伤情而造成救护时的错觉,给救护工作制造困难,对已、对人均无益处。

2.井下现场急救时要遵循以下程序:

(1)由班组长担任现场救护指挥,迅速组织人员,向调度室汇报、抢救伤员要同时进行。

(2)迅速将伤员救出,转移至安全、通风、保暖的地方。

(3)初步检查诊断,估计伤员的伤情,立即向调度室汇报,汇报的内容应包括事故发生的地点、致伤的原因、人数、伤员受伤的部门、伤情等,并根据情况请求救援。

(4)迅速松解伤员的衣扣、裤带,清除病人口、鼻内的煤、矸石、血污、黏液、呕吐物等异物,确保呼吸道的通畅。

(5)进行创口的止血、包扎、骨折固定等初步救护。采取积极措施防止休克的发生。

（6）经过初步救护，病情稍安定后，应迅速向井上送，或积极主动迎接救护人员的到来，以争取获得更多的抢救时间。

3.3.2　创伤包扎

在井下作业过程中，皮肤受煤、矸石、机械器具的砸、碰、擦、刮、挤、压等都会造成撕裂破损，出现创伤。创伤的症状表现为破损、裂口、出血。包扎是一般皮肤创伤所需的现场救护方法，它具有固定敷料、夹板位置、止血和托扶受伤肤体的作用。当皮肤、肌肉出现擦、裂伤时，应立即予以包扎，避免伤口继续污染。现场包扎可根据当时情况，用相对较干净的毛巾、手帕、衣服、布料等进行包扎，有条件时可用敷料、三角巾、绷带等进行包扎。

1. 敷料包扎

将敷料（没有时可用毛巾、手帕、衣服、布料等代替）遮盖伤口，用胶布、线绳等固定绑扎，但不可过紧。

2. 三角巾包扎

可用于身体各部，包扎面积大，操作简单，但不能达到止血的目的。常见包扎方法如下：

（1）头部三角巾包扎法。先将三角巾的底边折成四指宽，放在前额与眉毛上平，顶角向后包住头部，两底角拉紧沿耳上缘至枕后。将顶角和一侧底角合在一起与另一底角交叉。然后两底角再沿两耳上包绕至额前打结。该法适用于头顶及两侧受伤（见图 3-3-1）。

图 3-3-1　头部三角巾包扎

图 3-3-2　头部风帽式包扎

另外，亦可将三角巾的顶角与底边中央各打一个结，形似风帽。把顶角放在前额，底边结放在脑后枕部，将头包住，两底角包绕下颌再向后绕到枕后打结。该法适用于头顶、两侧面和下颌受伤（见图 3-3-2）。

（2）面部三角巾包扎法。根据受伤部位不同，面部三角巾包扎包括下述几种方法：

①面具式包扎。先将三角巾顶角打个结套住下颌，罩住头部，拉紧两底角，在颈后交叉压住底边，再将两底角绕至前额打结。然后用手轻轻拉起口、眼部剪一个小洞。该法适用于面部受伤（见图 3-3-3）。

②下颌带式包扎。先将三角巾折成四指宽的带形，中央放在颈后，左端绕至前面包住下颌，至右下颌角处与右端

图 3-3-3　面具式包扎

作交叉,再上下包绕头部,两端打结。该法适用于下颌骨脱位或外伤(见图3-3-4)。

③单眼包扎。先将三角巾折成四指宽的带形,用1/3处盖住伤眼,长端从耳下经枕后和健侧耳上至前额压住短端,横向绕头部一周,再将短端由内向外反折至耳上与长端打结(见图3-3-5)。

图3-3-4 下颌带式包扎

图3-3-5 单眼包扎

④双眼包扎。同上将三角巾折成四指宽的带形,中央放在枕后,两端经耳下绕至面前向上在鼻尖处交叉,盖住双眼,再经两耳上方绕至枕后部打结(见图3-3-6)。

(3)上肢三角巾包扎法。上肢手臂外伤多采用悬带三角巾包扎。

①大悬带包扎。将三角巾顶角打结,兜住屈曲的前臂肘关节,吊于前胸,两底角绕至颈后打结。该法用于前臂挫伤或骨折(见图3-3-7)。

图3-3-6 双眼包扎法

②小悬带包扎。将三角巾折成四指宽带形,兜住屈曲的前臂吊于胸前,两底角绕至颈后打结。该法适用于锁骨或肱骨骨折(见图3-3-8)。

图3-3-7 大悬带包扎

图3-3-8 小悬带包扎

(4)关节部三角巾包扎法。该法多用于肢体的关节部位(如膝、肘关节)包扎,将三角巾折成四指宽带形,中间斜放在关节处,包绕关节一周进行打结。此法覆盖面积大,关节活动度好,包扎写(见图3-3-9)。

亦可用三角巾边放在关节下面,两角横绕肢体在关节后面交叉,再绕至前面关节上方打结,顶角压于结下(见图3-3-10)。

(5)手足部三角巾包扎法。将三角巾底边横放于腕部,手足放在三角巾中央,顶角折回,盖在手足上,两底角包绕腕部一周并压住底边和顶角打结(见图3-3-11、图3-3-12)。

(6)胸背部三角巾包扎法。先将三角巾底边横放在胸前,顶角向上包住伤侧胸部,两底角经腋下统向背后打结,再与顶角打结(见图3-3-13、图3-3-14)。

图 3-3-9　关节部三角巾包扎法

图 3-3-10　膝部三角巾包扎法

图 3-3-11　手的三角巾包扎法

图 3-3-12　脚的三角巾包扎法

图 3-3-13　胸部三角巾包扎法

图 3-3-14　背部三角巾包扎法

亦可用双巾包扎,将两块三角巾分别从底边中间斜折成燕尾形,底边分别放在胸前及背后,两底边分别在两腋下腰部打结。前面三角巾的两角分别与后面三角巾的两角在两肩部打结,如果只有一条三角巾时,可用绳带将 4 个角固定(见图 3-3-15)。

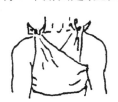
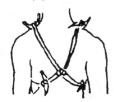

图 3-3-15　燕尾式包扎法

(7)腹部三角巾包扎法。将三角巾的底边横放于腹部,顶角向下,经大腿之间拉向后面,两底角紧贴腰部拉向背后拉紧打结,然后再与顶角打结(见图 3-3-16)。如腹部损伤有内脏脱出时,先用干净敷料将脱出的内脏盖好,再用碗或矿带、毛巾盘成环状将脱出内脏罩住加以保护,然后用三角巾加以包扎固定(见图 3-3-17)。

(8)臀、髋部三角巾包扎法。将三角巾从底边中间斜折成燕尾形,两角向上盖住臀部,两底边角围绕大腿根部在后内侧打结,两角包住臀、髋部后拉向对侧腰部打结(见图 3-3-18)。

亦可用三角巾底边横在大腿根部,顶角向上盖住臀、髋部,两底角围绕大腿根部一周打结,另用一布带或腰带将顶角固定在腰部(见图 3-3-19)。

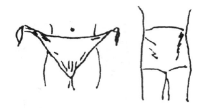

图 3-3-16 腹部三角巾包扎法

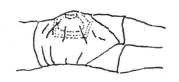

图 3-3-17 腹部内脏脱出包扎法

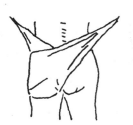

图 3-3-18 臀、髋部三角巾包扎法

图 3-3-19 髋部三角巾包扎法

3. 绷带包扎

该方法适用于身体各部的包扎,松紧自如,可帮助止血和骨折固定。常见的包扎方法有下面几种:

(1)环形包扎法。即重复缠绕肢体数圈,每圈完全或大部分重叠,尾端用胶布固定,或将绷带尾端劈开,打一活结固定。该法用于颈、肢体、额部等部位的包扎(见图 3-3-20)。

图 3-3-20 绷带环形包扎法

(2)螺旋包扎法。先用环形法固定起始端,把绷带渐渐地斜旋上缠或下缠,每圈压前圈的一半或 1/3,呈螺旋形,尾部在原位上缠两圈给予以固定。该法多用于前臂、下肢和手指等部位的包扎(见图 3-3-21)。

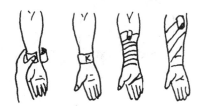

图 3-3-21 绷带螺旋包扎法

图 3-3-22 绷带螺旋反折包扎法

(3)螺旋反折包扎法。开始先做螺旋形包扎,待到渐粗的地方,以一手拇指按住绷带上面,另一手将绷带自该点反折向下,并遮盖前圈的一半或 1/3。各圈反折须排列整齐,反折头不宜在伤口和骨头突出部分。该法多用于粗细不等的四肢包扎(见图 3-3-22)。

(4)"8"字包扎法。先在关节中部环形包扎两圈,然后以关节为中心,从中心向两边缠,一圈向上,一圈向下地缠,两圈在关节屈侧交叉,并压住前圈的 1/2。该法多用于关节处的包扎(见图 3-3-23)。

　　（5）绷带头部包扎法。自右耳上开始，横向经额，左耳上，枕外粗隆下，然后回到右耳上始点，缠绕两周后到前额中点，将带反折，用左手拇指、食指按住，绷带经头顶到脑后枕外粗隆下面，由伤者或助手按住此点，绷带在中间绷带的两侧回反，每圈压前圈的 1/2，直到包盖全头部，然后重复缠绕两圈固定。像帽子一样将头部包好（见图 3-3-24）。

图 3-3-23　关节"8"字形包扎法

图 3-3-24　绷带帽式包扎法

　　（6）其他部位的绷带包扎法，如图 3-3-25 至图 3-3-32 所示。

图 3-3-25　绷带单眼包扎法

图 3-3-26　绷带耳朵包扎法

图 3-3-27　绷带肩关节"8"字形包扎法

图 3-3-28　绷带腹股沟"8"字形包扎法

图 3-3-29　绷带单指"8"字形包扎法

图 3-3-30　绷带足踝"8"字形包扎法

图 3-3-31　绷带螺旋反折包扎法

图 3-3-32 四头带包扎法

4.注意事项

①包扎的目的在于保护创面减少污染、止血、固定肢体、减少疼痛、防止继发损伤,因此在包扎时,应做到动作迅速敏捷,不可触碰伤口,以免引起出血、疼痛和感染。

②不能用井下的污水冲洗伤口。伤口表面的异物(如煤块、矸石等)可以去除,但深部异物需运至医院取出,防止重复感染。

③包扎动作要轻柔,松紧度要适宜,不可过松或过紧,结头不要打在伤口上,应使伤员体位舒适,绑扎部位应维持在功能位置。

④脱出的内脏不可纳回伤口,以免造成体腔内感染。

⑤经井下初步包扎后的伤口,到地面急救站或医院后,要重新进行冲洗、消毒、清创、缝合和重新包扎。

⑥包扎范围应超出伤口边缘 5~10 cm。

3 3.3 创伤止血(外出血)

血液从损伤的血管外流叫出血,血液经破裂的皮肤和黏膜流至体外,称外出血。

1 致伤原因

多因矸石或其他金属器具砸、碰、擦、挂、挤、压、扎、刺等使皮肉血管破损所致。

2 外出血的类型

外出血以其出血部位血管的不同有以下几种类型:

(1)动脉出血。来势凶猛,颜色鲜红,随心脏搏动而从近心端血管呈喷射状涌出,大动脉出血,出血速度快,量大,可在数分钟内导致伤员失血性休克,甚至死亡。

(2)静脉出血。血液从血管远心端迅速持续不断流出,血色暗红,大静脉出血量亦很大,失血过多也可导致失血性休克。

(3)毛细血管出血。混有细小的动脉和静脉出血,出血速度较慢,全部伤口都有浸血。

3 止血方法

在现场救护,情况紧急,需迅速采用暂时止血法,以免失血过多。常用的止血方法有以下几种:

(1)敷料压迫伤口止血法。受伤情况紧急,为了争取时间挽救生命,可用敷料、较干净的毛巾、手帕、撕下的衣服布块等能顺手取得的东西进行加压包扎止血,亦可用手压迫伤口止血。此法适用于毛细血管及小血管出血。

(2)指压止血法。在不能使用止血带的部位,或手边没有止血带及其代用物的紧急情况下,可暂用指压法,即沿出血血管的近侧端(伤口上端)用手指压在该处骨骼上,以达到止血的目的。此法属于一种临时应急止血方法。指压止血可用于以下部位:

①头、颈部出血。头皮血管丰富,破裂后不易自动闭塞,常血流如注,用敷料加压包扎,出血常能停止。头顶和颞骨动脉出血,可压耳前的颞浅动脉(见图 3-3-33),腮和颜面出血,可压下颌角前面的颌外动脉(见图 3-3-34),必要时亦可用手指压在气管与胸锁乳突肌之间的颈总动脉上,用力向后、内将其压在颈椎横突上,但不可压迫气管,更不能同时压迫两侧的颈总动脉(见图 3-3-35)。枕部出血,可压迫乳突后下方的枕动脉。

②腋窝和上臂出血。在锁骨上将锁骨下动脉向后下方压于第一肋骨上(见图3-3-36)。

③前臂、肘部、上臂下端和手部出血。在上臂内侧的上1/3处,压迫肱动脉于肱骨(见图3-3-37)。手掌、手背部出血,在腕关节稍上方掌侧面的桡侧、尺侧,压迫尺、桡动脉搏动处。手指出血应压迫受伤手指根部的两侧,出血常能停止。

图3-3-33 指压颞动脉止血法

图3-3-34 指压颌外动脉止血法

图3-3-35 指压颈动脉止血法

图3-3-36 指压锁骨下动脉止血法

④下肢动脉出血。依出血部位可分别在腹股沟韧带中点或大腿中上1/3处,股窝及踝关节后前方压迫股动脉、股窝动脉及胫前、胫后动脉(见图3-3-38、图3-3-39)。足部出血可压迫足背第一、二跖骨之间的足背动脉,亦可压迫内踝至脚跟间的胫后动脉。

图3-3-37 指压肱动脉止血法

图3-3-38 指压股动脉止血法

图3-3-39 指压胫前、胫后动脉止血法

图3-3-40 屈肢加垫止血法

(3)屈肢法。利用关节的极度屈曲,压迫血管达到止血的目的,如前臂或小腿出血,可在肘窝或股窝部放一棉垫,再使关节极度屈曲,然后将小腿与大腿或前臂与上臂用"8"字绷带将其捆拢在一起。本法适于远端肢体出血,但不宜用于或怀疑有骨折或骨关节损伤的伤员(见图3-3-40)。

(4)止血带止血法。四肢较大动脉血管破裂出血,出血速度甚快,需迅速进行止血。可用止血苔、橡皮管等,紧急时亦可用宽布带、绳索、三角巾、毛巾等代替,但不可用炮线、电线、细绳等用刀捆扎,以空气止血带最好。

采用止血带结扎法的步骤如下:

第一步,左手拿止血带,上端留4~5寸长,手背紧贴加垫处,右手拿止血带的长端。

第二步,右手将止血带在拉长拉紧的状态下,缠绕在左手和隔有衣服或衬垫的肢体上,紧紧缠经2~3匝,皮带之间应并紧,然后再将止血带交给左手中、食指间夹紧。

第三步,左手中、食指夹住止血带,顺肢体向下拉出,使止血带长端压在缠绕成匝的止血带下面成环状。

第四步,将上端一头插入环中,拉紧固定(见图3-3-41)。用布带结扎止血法如图3-3-42所示。

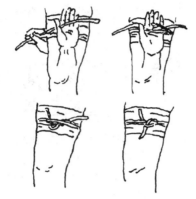

图3-3-41　胶皮管止血带结扎方法

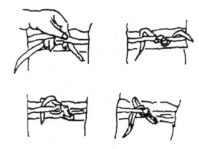

图3-3-42　布带结扎止血方法

使用止血带止血应注意下列事项:

①使用止血带时,首先要在伤口上方的部位,用毛巾、绷带或衬垫在皮肤上绕几匝,或在衣服外面,使止血带不要与皮肤直接接触,以防皮肤或神经受损伤。

②止血部位要正确。止血要在伤口的近心端,上肢应在上臂的上1/3处,下肢应在大腿上段的前方中上1/3处。因这些部位血管在骨头旁边,容易压迫止血。前臂和小腿血管在两骨之间,不易压迫止血。上臂正中不能扎止血带,以免损伤神经。肢体断离后的残肢下端,止血带要尽量扎在靠近残端处。

③止血带应松紧适度,以能止血为目的,不可过松或过紧。上止血带后需每30~60 min慢慢放松一次,每次约1~3 min,以免产生肌肉、皮肤坏死和神经损伤。若放松后仍继续有大出血的可能,则可不必放松止血带。

④动脉出血,血流如喷,速度快,危险大,应立即进行止血处理,然后迅速转运到医院进行抢救处理。

⑤已上止血带的伤员,要注明上止血带的时间,以便接诊者能予妥善处置。

(5)绞紧止血法。在没有止血带时,可用毛巾、三角巾、绷带、手帕、破布条等材料叠成带状,在伤口上方先加垫,绕衬垫一周打结,用小木棍插入其中,先提起,绞紧至不出血,然后将小木棍另一端在下方用布条固定(见图3-3-43)。

图3-3-43　绞紧止血法

3.3.4　创伤骨折固定

骨骼受到外力作用,骨头的连续性或完整性遭到部分或完全破坏,称为骨折。骨折常伴有软组织损伤。骨折可分为闭合性骨折和开放性骨折。折断的骨端与外界相通者,称开放性骨折;骨折和外界不相通者称闭合性骨折。凡怀疑有骨折时,都要按骨折处理。骨折固定可减轻伤员的疼痛,防止因骨折端移位而刺伤邻近组织、血管、神经,也是防止创伤性休克的有效急救措施。

1. 致伤原因

人体骨骼受到外力(如矸石、煤炭和器具的附坠、打击、倾轧或跌倒等)直接或间接作用所致伤。

2. 症状体征

受伤局部多有肿胀、皮下淤血、剧烈疼痛、机能障碍,严重者可有局部肢体畸形,可有骨摩擦音,肢体骨折错位时两肢体长度可出现差异。

3. 抢救要点

(1)根据受伤的原因、部位、症状、体征等,先作扼要的检查和判断,凡疑有骨折者,均应按骨折处理,若伤员有休克发生,则应先抢救休克,对开放性骨折伤员,应先处理创口止血,然后再进行骨折固定。

(2)在进行骨折固定时,应使用夹板、绷带、三角巾、棉垫等物品,若手边没有时,可就地取材,如板劈、树枝、木板、木棍、硬纸板、塑料板、衣物、毛巾等均可代替。必要时也可将受伤肢体固定于伤员健侧肢体上,如上肢骨折可固定于伤员躯干上,下肢骨折可与健侧绑在一起。伤指可与邻指固定在一起,若骨折断端错位,救护时暂不要复位,即使断端已穿破皮肤露在外面,也不可进行复位,而应按受伤原状包扎固定。

(3)骨折固定应包括上、下两个关节,在肩、肘、腕、股、膝、踝等关节处应垫棉花或衣物,以免压破关节处皮肤。固定应以伤肢不能活动为度,不可过松或过紧。

(4)在处理骨折时应注意有无内脏损伤、血气胸等并发症,若有应先行处理。

(5)搬运时要做到轻、快、稳。

4. 固定方法

因各部位骨折的情况不同,固定方法也不相同。

(1)上臂骨折。于患侧腋窝内垫以棉垫毛巾,在上臂外侧安放垫衬好的夹板或其他代用物,绑扎后,使肘关节屈曲90°,将患肢捆于胸前,再用三角巾或绷带将其悬吊于胸前(见图3-3-44)。

(2)前臂及手部骨折。用衬好的两块夹板或代用物,分别置放在患侧前臂及手的掌侧及背侧,以布带或绷带绑好,再以三角巾或绷带将臂吊于胸前(见图3-3-45、图3-3-46)。

(3)大腿骨折。用长木板放在患肢及躯干外侧,将髋关节、大腿中段、膝关节、小腿中段、踝关节同时固定(见图3-3-47、图3-3-48)。

(4)小腿骨折。以长83 cm、宽10 cm的木夹板两块,自大腿上段至踝关节分别在内外两侧捆绑固定(见图3-3-49)。

(5)骨盆骨折。用床单或衣物将骨盆部包扎住,并将伤员两下肢互相捆绑在一起,膝、踝间加以软垫,曲髋、曲膝,用多人将伤员仰卧平托在木板担架上。有骨盆骨折者,应注意检查有

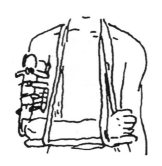

图 3-3-44　肱骨骨折固定

图 3-3-45　尺桡骨骨折夹板固定

图 3-3-46　手部骨骨折固定

图 3-3-47　大腿骨骨折夹板固定

图 3-3-48　下肢骨骨折肢体捆绑固定

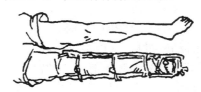

图 3-3-49　小腿骨折夹板固定

无内脏损伤及内出血的发生（见图3-3-50）。

（6）肋骨骨折。用 6 cm 宽的长胶布条，于伤员深呼气末了贴在断折肋骨平面的胸腔上，其前后两端应超过中线。若为多根肋骨骨折，应由上向下用几条胶布迭瓦式粘贴（见图3-3-51）。

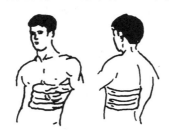

图 3-3-50　骨盆骨折的救护

（7）锁骨骨折。以绷带作"∝"形固定，固定时双肩应向后伸（见图3-3-52）。

图 3-3-51　肋骨骨折胶布固定

图 3-3-52　锁骨骨折固定

3.3.5　有害气体中毒急救

井下有害气体包括一氧化碳、二氧化碳、硫化氢、一氧化氮、二氧化氮、甲烷等。这些有害气体一种或多种混合被人过量吸入均可造成中毒或窒息,其中主要是一氧化碳中毒。空气中一氧化碳浓度过高,人体吸入即可发生中毒。井下空气中一氧化碳浓度超过 0.002 4%、硫化氢浓度超过 0.000 66% 时,均会造成人员的急慢性中毒。空气中一氧化碳含量达 0.02% 时,人体吸入 2~3 h 即可发生毒症状;含量达 0.08% 时,2 h 即可昏迷;含量达 0.4% 时,30 min 内即可导致死亡。浓度越高,危险越大。

1. 中毒原因

多因井下瓦斯、煤尘爆炸,煤层着火,煤和沼气突出,老塘透水等放出大量有毒气体;放炮装药过多,炮烟过浓,通风设备不良,使有害气体积聚超标或误入积有大量有害气体的废巷道等均可造成一氧化碳及其他有害气体中毒。

2. 症状体征

根据中毒程度不同,临床表现可分为轻度、中度、重度中毒。

轻度中毒。其症状有头痛、头晕、脑胀、眼花、耳鸣、恶心、呕吐,全身无力及心跳加快等。硫化氢及炮烟中毒时,还会有呼吸道刺激症状,如咳嗽、流涕、胸闷、双眼灼热、刺痛、流泪怕光等。

中度中毒。一氧化碳中毒时颜面潮红,呈樱桃红色。中度中毒可见出汗,脉搏快而弱,病人烦躁不安,有窒息昏厥感,肌肉无力,下肢尤为明显,呼吸困难,感觉迟钝,嗜睡、痉挛等,但意识尚存。

重度中毒。重度中毒呈中枢性麻痹,意识丧失,呼吸不规则,脉搏快而弱,血压下降,四肢瘫软,反射消失,呈昏迷状态,闪击型可瞬即死亡。

3. 抢救要点

当井下一旦发生爆炸、失火、透水等事故时,大都会有大量有毒气体生成。如不注意,就会发生中毒现象,在自救、互救中要做到以下几点:

①当感到有刺激性气体,有臭鸡蛋气味或有毒气体中毒症状产生时,除应立即向调度室汇报外,所有人员应立即戴好自救器,迅速将中毒人员抬离现场,撤到通风良好而又比较安全的地方,并就地立即进行抢救。

②井下放炮后,炮烟未吹散前最好不要抢先进入工作面,以防炮烟中毒。严禁在无防护措施的情况下,进入没有通风设施的废旧巷道。

③对中、重度中毒的工人应立即给予吸氧、保暖。严重窒息者,应在给予吸氧的同时进行人工呼吸。有条件时可予注射呼吸兴奋剂,如可拉明、洛贝林、苯钠咖等。

④有因喉头水肿致呼吸道阻塞而窒息者,应速用环甲膜穿刺器行环甲膜穿刺或行气管切开术,以确保呼吸道的通畅。

⑤若呼吸和心跳都停止时,应立即行胸外心脏按压术和口对口人工呼吸术,直至苏醒或救护人员的到来。

⑥昏迷病人可予针灸,针刺人中、内关、合谷等穴位,以促其苏醒。

⑦迅速转送至医院进行综合救治。

3.3.6 溺水的急救

在矿井采掘过程中,如果地质资料不详或防水措施不力,有可能将含水层、老窑水或地面水导通,导致透水事故。在透水事故发生后,人员未能及时撤离的情况下,就可能发生人员溺水事故。另外,如果在井下行走不注意,误坠水仓也会导致溺水事故。

1. 症状体征

由于窒息,人体缺氧,故有发绀,口唇青紫,面部肿胀,双眼充血,口鼻充满泡沫,躯体冰冷,不省人事等症状。

图 3-3-53 将溺水者伏在膝上
使水吐出同时做人工呼吸

2. 抢救要点

(1)立即将溺水者救至安全通风保暖的地点,首先清除口鼻内的异物,确保呼吸道的通畅。救护者一腿跪下,一腿向前屈膝,将救起的患者俯卧于救护者屈曲的膝上,使溺水者头向下倒悬,以利于迅速排出肺内的胃内的水,同时用手按压其背部做人工呼吸。此法排水较有效,但人工呼吸效果欠佳(见图 3-3-53)。

(2)若效果欠佳时,应立即改为俯卧式或口对口人工呼吸,至少要连续作 20 min 不间断,然后再由别人解开衣服检查心音,必要时可给氧和注射呼吸兴奋剂可拉明、洛贝林等。抢救要直到出现自主呼吸时才可停止(见图 3-3-54)。

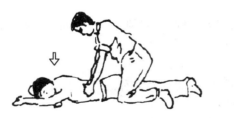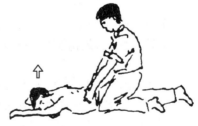

图 3-3-54 俯卧式人工呼吸

(3)心跳停止时,应同时作体外心脏按摩术。

(4)呼吸恢复后,可在四肢进行向心按摩,促使血液循环的恢复,神志清醒后,可给热开水喝。

(5)经过抢救后,应立即转运医院进行综合治疗。

3.3.7 触电的急救

当身体一部分误触电源或带电物体而成为导体,电流即通过人体而产生电击,就是触电。一般交流电比直流电触电时要危险些。通常直流电的电流强度在 200 mA,交流电的电流强度 70~80 mA 时,对人体即可造成危险甚至死亡。一般电压越高,作用时间越长,所造成的电击伤越严重。不同的电压其致死的原因也不同。低压电流可使心跳停止或心室颤动而不影响呼吸,高压电流则作用于中枢神经系统,先使呼吸停止。两者最后均可导致人死亡。

1. 致伤原因

多因违章或麻痹大意而使身体某一部位误触有电的线路或器具所致。

2. 症状体征

严重触电后,可立即失去知觉,心跳和呼吸同时停止,引起心室颤动者,可昏迷,脉搏消失,吸呼最后停止。引起呼吸中枢麻痹者,呼吸先停止,皮肤青紫,但很快心跳也会停止而导致死亡。电击灼伤者,触电局部的皮肤,有不同程度的烧伤,由于肢体急剧的动作,可引起骨折发生。

3. 抢救要点

①立即切断电源,或以绝缘物将电源移开,使伤员迅速脱离电源,绝不可盲目以人体或导电物抢救致使救护者也遭触电危险。

②将伤员迅速移至通风安全处,解开衣扣、裤带,检查有无呼吸、心跳。若呼吸、心跳停止,应立即进行心脏按压和口对口人工呼吸术,以及输氧等抢救措施。

③抢救同时可针刺或指掐人中、合谷、内关、十宣等穴,以促其苏醒。

④轻型伤员可给予保暖,对烧伤、出血及骨折等症,应给予及时的包扎、止血及骨折固定。

⑤若当时没有人会抢救技术时,应立即争取时间迅速进行转运,千万不可坐等救援,贻误抢救时机。

⑥病情稳定后,迅速转运出井至医院进行综合救治。

3.3.8 烧伤的急救

50 ℃以上的热水、蒸汽、火焰、灼热的金属及腐蚀性化学物质等,作用于人体表组织均可引起烧伤。烧伤的程度与热源温度的高低、身体接触的部位、时间的长短和接触面积的大小有关。

1. 致伤原因

井下煤尘、瓦斯爆炸,煤层着火及矿灯硫酸泄漏等均可引起烧伤。

2. 症状体征

根据烧伤的程度不同分为三度:

一度烧伤。表皮烧伤、皮肤发红,灼痛,一般几天后即可自愈,不留瘢痕。若面积超过20%,可发生头痛、恶心、呕吐及全身乏力等症状。

二度烧伤。表皮全层和真皮浅层受伤,皮肤出现水泡,局部水肿,疼痛较剧烈,有时表皮脱落,愈合后也可不留瘢痕,这种情况为浅二度烧伤。深二度烧伤已达真皮深层,皮肤灰白,真皮坏死,间有红斑。

三度烧伤。全层皮肤或皮下组织、肌肉,甚至骨骼都被烧伤,局部为黄灰色,干燥,硬韧,不渗液,失去弹性,痛觉消失,甚至形成焦痂。愈后多留有瘢痕。

3. 救护要点

①首先应使伤员迅速脱离灼热物体及现场,尽快以就地滚动、按压、泼水等方法扑灭伤员身上的火,力求尽量缩短烧伤时间。万万不可惊慌、奔跑、叫喊或用手扑打火焰,以免助火燃烧而加重伤势。

②立即用冷水直接反复泼浇伤面,若有可能可用冷水浸泡 5 ~ 10 min,彻底清除皮肤上的余热,以减轻伤势和疼痛,少起水泡,降低伤面深度。

⑤若形势紧急，穿衣多时，可不急于脱衣，应快速将衣领、袖口、裤腿提起，反复用冷水浇泼，等冷却后再脱去伤员的衣服，用被单或毯子包裹覆盖伤面和全身。

④若衣服和皮肉粘住时，切勿强行拉扯，可用剪刀剪开粘连在周围的衣服，再进行包扎。水泡不要弄破，焦痂亦不可扯掉。烧伤创口不要涂任何药物，只需用敷料覆盖包扎即可。

⑤检查有无并发症，如有呼吸道烧伤、面部五官烧伤、CO 中毒、窒息、骨折、脑震荡、休克等并发症，要及时予以抢救处理。

⑥疼痛剧烈时可给予止痛、镇静剂，如吗啡、杜冷丁等。必要时可给予静脉输液。有休克时应立即抢救。

⑦呼吸道烧伤出现上呼吸道阻塞时，应及时应用喉环甲膜穿刺器穿刺或行气管切开，以免因窒息而死亡。

⑧转运要快速，少颠簸，途中应有医护人员照顾，随时注意预防窒息和休克的发生。

3.3.9 昏迷的急救

当大脑皮质机能受到严重抑制时，患者的意识、感觉和随意运动完全丧失，不省人事，这种状态称昏迷。极短暂的丧失知觉和行动能力的状态称昏厥。

1. 昏迷原因

井下发生自然灾害，受惊、恐惧，受伤者剧烈的疼痛，严重的出血，头部创伤，看见受伤创面和血液精神过度紧张，血糖过低，CO 中毒，缺氧，触电，溺水等均可引起昏迷。

2. 症状体征

发生前可有脸色苍白、出冷汗、恶心、乏力，病人感到心里很难受等症状。

各种原因引起的昏迷，按其严重程度可分为三级：

轻度昏迷。病人意识丧失，对强光或呼喊均无反应，瞳孔缩小，无自主运动，但各种反射（如角膜反射、瞳孔反射、吞咽反射等）存在，疼痛刺激可出现痛苦表情和防御动作，血压、呼吸、体温、脉搏无明显改变。

中度昏迷。对外界各种刺激均无反应，瞳孔缩小或扩大，对光反应迟钝，角膜反射减退，无自主运动，肌肉松弛，强烈的疼痛刺激可有防御反射动作，呼吸与体温有所波动，大小便失禁或潴留。

深度昏迷。瞳孔扩大，对光反射、角膜反射与防御反射皆消失，肌肉松弛，呼吸不规则，血压下降，体温降低，大小便失禁。

3. 简易检查

(1)瞳孔对光反射。检查者用矿灯灯光照患者一眼，同时用手挡住鼻中间不让光线照到对方侧眼，观察其两侧瞳孔变化，正常照光一侧瞳孔立即缩小，称直接对光反射。同时对侧瞳孔也缩小，称间接对光反射（因正常对光反射为双侧性）。对光反射消失，可诊断为深度昏迷（见图 3-3-55）。

(2)睫毛反射。睫毛受到任何轻微刺激，立即出现闭眼动作，这是防御反射的一种。昏迷病人如睫毛反射消失，说明已深度昏迷。

(3)角膜反射。将棉花捻成毛笔状，用其末端轻触角膜表面，立即引起双眼眨眼。角膜反射为双侧性的，刺激一眼角膜，即可发生双眼反射性眨眼。角膜反射消失可发生于深度昏迷。

(4)压眶试验。用拇指压迫眼眶上缘的中内 1/3 交界处（即眶上神经穿出处），昏迷的病

图 3-3-55　瞳孔对光反射

图 3-3-56　压眶试验

人如有皱眉等疼痛表示,说明昏迷不深,如病人无反应,说明已深度昏迷(见图 3-3-56)。

4. 抢救要点

(1)立即将伤员撤至安全、通风、保暖的地方,使其平卧,或头脚各抬高 30 ℃,以增加血液回心量,改善脑血流量。解松衣扣,清除呼吸道内的异物。可给热水喝。呕吐时头应偏向一侧,以免呕吐物吸入气管或肺内。

(2)尽快找出病源,设法祛除病因。针刺或指掐人中、内关、合谷、十宣等穴位,以促其苏醒。

(3)迅速转送至医院进行救治。

3.3.10　休克的急救

休克是急性周围血液循环功能衰竭,使维持生命的重要器官得不到足够的血液灌注,全身组织缺氧而产生的综合病症。煤矿井下现场多见外伤性休克,主要由于创伤所造成的大量出血和剧烈疼痛所引起。

1. 休克原因

井下外伤性休克多因创伤使血管破裂,大量血液外流所造成的。如内脏损伤所造成的腹、胸腔、颅内等的内出血、严重挤压所造成的如脊柱、骨盆等的骨折、腹部或睾丸受伤、空腔内脏穿孔、剧烈疼痛、过分恐惧、感情激动等均可引起休克。

2. 症状体征

引起休克的原因虽然多种多样,但其症状体征都有大致相同之处,一般均有如下特征:

①伤势严重,有大量外出血,头颅或内脏损伤有内出血,有严重的骨折或烧伤等病源。

②休克早期,伤员多有烦躁不安,呻吟无力,皮肤苍白,口唇青紫,手脚冰凉,头出冷汗等症状,继而神志淡漠,反应迟钝。

③初期脉搏细速,呼吸浅快,继而血压下降,收缩压降在 12 ~ 8 kPa(90 ~ 60 mmHg),脉压差缩小,疼痛反应弱,有时还有恶心、呕吐等症状。

④由于引起休克的病因不同,同时尚有局部或全身的不同症状,也应引起注意。

3. 抢救要点

①将伤员迅速撤至安全、通风、保暖的地方,松解病人衣服,让病人平卧或头脚均抬高 30 ℃左右,以增加血流的回心量,改善脑部血流量。

②清除伤员呼吸道内的异物,确保呼吸道的通畅。

③迅速找出休克病因,予以尽力祛除。出血者立即止血,骨折者迅速固定,剧痛者予以止痛剂,呼吸心跳停止者应立即进行心脏按压及口对口人工呼吸。

④保持病人温暖,有可能时可让病人喝些热开水。但腹部内脏损伤疑有内出血者不能喝。

也可针刺或用手掐人中、合谷、内关、十宣等急救穴位,以促其苏醒。

⑤针对休克的不同病理生理反应及主要病因积极进行抢救,尽量制止原发病的继续恶化。出血性休克应尽快止血、输液、输氧等。不可过早使用升压药物,以免加重出血。

⑥经抢救后休克症状消失,伤员清醒,血压、脉搏相对稳定时才可运送。运送途中应继续输液、输氧,并时刻注意伤员的呼吸、脉搏、血压的变化。昏迷伤员运送时面部应偏向一侧,以防呕吐物阻塞呼吸道。

⑦在救护人员未到前,应分秒必争,进行简单的救护后,迅速安全地转运,不可坐等以丧失抢救机会。

⑧通知地面医院做好抢救准备。转运要保持伤员平稳,勿颠簸,要安全、快速。根据引起休克的病因及受伤部位不同,救护及运送时的注意事项可参阅本书有关部分。

3.3.11 复苏术

复苏术包括心脏复苏术和呼吸复苏术。心脏复苏术主要目的是恢复自主的有效循环,常用的方法有心前区叩击、心脏按压、心脏复苏药物的应用等;呼吸复苏术主要目的是及早恢复氧的供应和排出二氧化碳以及恢复自主呼吸,常用的是人工呼吸法。在复苏术中,二者是不可分割的,必须同时进行。现分述如下:

1 心脏复苏术

(1)适应条件。适应于各种原因所引的心跳骤停患者。

(2)症状体征。对呼之不应,听之不喘,心脏脉搏摸之不跳,意识丧失,心跳呼吸刚刚停止的伤员,应立即抢救。

(3)心脏复苏方法

①心前区叩击术。在心脏停搏后 90 s 内,心脏的应激性是增强的,叩击心前区,往往可使心脏复跳;

操作方法为:心脏骤停后立即用拳击心前区,拳击力中等,一般可连续叩击 3~5 次,并观察脉搏、心音。若恢复则表示复苏成功,反之,应立即放弃,改行胸外心脏按压术。

②胸外心脏按压术。此法系通过按压胸骨下端而间接地压迫左右心室腔,使血液流入主动脉和肺动脉,建立有效的大小循环,为心脏自主节律的恢复创造伤件。

操作方法为:病人仰卧于硬板床或平地上,术者站在病人一侧(或跨于伤员腿部之上)面对伤员,将右手掌之根部置于伤员胸骨中下段(非胸骨中上部、亦非剑突处,见图 3-3-57)左手交叉重叠于右手背上,肘关节伸直,以术者身体的重量有节奏地、冲击式地(非缓慢逐渐)加压用力,把胸骨下段垂直下压向脊柱,当胸骨被压下 3~5 cm 深时,心脏即被挤压于胸骨与脊柱之间而将血液排出,随后迅速将手腕放松(非缓慢逐渐抬手),使胸骨因胸廓弹性而复位,胸廓弹回时产生的胸腔负压可使静脉血回流充盈心脏,然后如此有节奏地反复进行。按压速度每分钟 60~80 次(见图 3-3-58)。在进行胸外心脏按压时,宜将伤员头后仰,作口对口人工呼吸或作气管内加压呼吸。胸外心脏按压的优点是能迅速恢复心脏排血功能,复苏效果较好。

胸外心脏按压有效的指标为在行胸外心脏压术时应经常地检查按压的效果,因为无效的按压不仅起不了治疗作用,反而会延误抢救时机。观察的主要指标是大动脉搏动和血压。若按压效果良好,即能扪及大动脉搏动(主要为股动脉及颈动脉)血压维持在 8 kPa(60 mmHg)以上。部分伤员甚至开始泌尿,并逐渐出现吞咽动作、自主呼吸、瞳孔缩小及角膜湿润等。

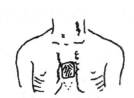

图 3-3-57 心脏按压位置

图 3-3-58 胸外心脏按压术

（4）注意事项

使伤员尽快脱离现场，置于安全通风、保暖的地方，将伤员平卧于平坦的硬地上，肩部垫高，头后仰，解松衣扣、裤带，裸露前胸，清除口、鼻内的异物，确保呼吸道的通畅。胸外心脏按压的位置要正确，用力稳健、均匀、规律。避免因位置不当、用力过猛、挤压范围过大而造成肋骨骨折、血气胸、心包出血、胃内容物反流、窒息等副作用。开始按压时切忌用力过猛，最初的一、二次按压不妨用力略小，以探索伤员胸廓的弹性，避免发生肋骨骨折。在进行胸外心脏按压的同时，必须密切配合进行口对口人工呼吸。一般可由 2 人协作进行，每分钟心脏按压 60～80 次，对口吹气 15～20 次，按 4:1 的比例进行。只有 1 人时可先行心脏按压 4～5 次，再做一次口对口吹气，应有节律地进行。一旦自主呼吸恢复时，对口吹气的节律应与自主呼吸的节律保持一致。按压、抬手与间歇的时间间隔，应大致相同。心脏按压要坚持到救护人员到达现场，决不可中途停止。操作疲劳时可换人按压，直至自主呼吸与心跳恢复。病情稍稳定后，应迅速转运至医院进一步的抢救治疗。

2. 吸吸复苏术

（1）适应条件。凡因严重的颅脑损伤、有害气体中毒、电击、溺水、窒息、昏厥、休克或呼吸肌麻痹等各种原因引起的呼吸刚刚停止而心脏仍在跳动或呼吸刚刚停止而心脏仍在跳动或心跳刚刚停止者。

（2）症状体征。胸廓起伏活动消失，用手贴近伤员口鼻感不到呼吸，用耳贴近伤员口鼻听不到呼吸声，用长棉絮或小纸条放在伤员鼻孔处没有飘动，应立即行复苏术。

（3）人工呼吸前的准备工作。人工呼吸是借人工方法来维持人体的气体交换，以改善机体缺氧状态，并排出体内的二氧化碳，进而为自主吸呼的恢复创造条件的一种方法。各种有效的人工呼吸都必须在呼吸道通畅的前提下进行才能获得成功。因此，在术前应做好下面的准备工作：

①先将伤员撤至安全、通风、保暖的地方。

②平卧于平坦的硬地上或木板上。

③肩部用衣物垫高，使颈部处于过伸状态。

④解松伤员的衣扣、裤带，裸露前胸。

⑤清除伤员口、鼻内的异物和黏液及呕吐物，确保呼吸道的通畅。

⑥使伤员的头部尽量后仰，使下颌角至耳垂的连线垂直于地面，使下牙超过上牙高度。

⑦面部偏向一侧，防止舌根后坠堵塞呼吸道。

（4）人工呼吸方法

215

口对口吹气法。人工呼吸的方法很多,以口对口人工呼吸法最好,因此对循环呼吸骤停行呼吸复苏时,应作为首选。该法操作简单有效,它不仅能迅速提高肺泡内气压,提供较多的气量(每次 500 ~ 1 000 mL),而且还可以根据施术者的感觉,识别通气情况及呼吸道有无阻塞。该法还便于与心脏按压术同时进时。其操作步骤如下:

笫一步,使伤员仰卧,肩下垫一软枕或衣物,头尽量后仰。

笫二步,施术者跪于伤员另一侧,用手帕、纱布或口罩盖在伤员口鼻上,一手自下颌处将患者头部托起使之后仰,并使其口张开,另一手将患者鼻孔捏住,以防气体由鼻孔漏出。

第三步,施术者深吸一口气对准患者的口用力吹气,吹毕松开捏鼻的手,让其胸廓及肺自行回缩呼气。保持每分钟16 ~ 20次,以胸廓可见扩张或听到肺泡呼吸音为有效标志(见图 3-3-59)。

仰卧举臂式人工呼吸法。其操作步骤如下:

第一步,施术者跪于伤员的头顶附近,双手各握伤员的两前臂中部,将两臂上举至头顶(180°)使胸部扩张。

图 3-3-59 口对口人工呼吸法

第二步,2 s 后,将两臂屈曲紧贴胸前,并用伤员的肘部压迫胸部,使肺内气体排出(见图 3-3-60)。

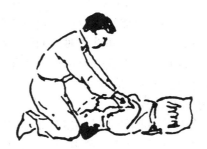

图 3-3-60 仰卧举臂式人工呼吸法

如此连续一举一曲(应形成半圆形运动)每分钟以 20 次左右为宜。

注意,本法适于不能俯卧的伤员,但伤员的舌头容易阻塞呼吸道,口内分泌物不易排出。

也可将伤员的两上肢放于身体两侧,术者跪于伤员的大腿两侧,将两手贴于伤员两侧肋弓部,拇指向内,四指向外,用力向胸部上方压迫,将气压出肺部,然后施术者直腰松手,胸部自然回弹,使气体吸入肺内,如此反复有节奏地进行(见图 3-3-61)。

(a)   (b)

图 3-3-61 仰卧压胸式人工呼吸法
(a)呼气;(b)吸气

俯卧人工呼吸法。其操作步骤如下：

第一步,将伤员俯卧,面部偏向一侧,头向下稍底,一臂弯曲垫于头下。

第二步,施术者跨过患者大腿跪在地上,两臂伸直,两手掌放在伤员胸廓下部最低的一对肋骨上,手指分开,然后使自己的体重通过两上肢从伤员的后下方压向前上方,持续 3 s 将气体压出肺部。

第三步,施术者将上身伸直,两手松开,使伤员胸廓自然扩张而吸入空气,2 s 后,重复施行,每分钟以 20 次左右为宜(见图 3-3-62)。

图 3-3-62　俯卧式人工呼吸法

注意,用力不可过猛,以防肋骨骨折发生,本法适于溺水患者。

(5)注意事项

呼吸复苏术一般应与心脏复苏术同时进行,因为不进行呼吸复苏术,不改变缺氧状态,循环骤停稍久的心脏就无法复苏成功。

口对口呼吸是最简便、有效的方法,适于现场抢救,应列为呼吸复苏中首选的方法。其他人工呼吸法,用力不可过猛,谨防骨折发生。

当心脏复苏成功后,若自主呼吸迟迟不恢复,通常系脑组织损害严重的征象。对于此类患者应继续进行人工呼吸,保证足够的通气量及充分给氧,并加强对脑水肿、脑损害的治疗。

有条件使用简单呼吸器和酌情使用呼吸兴奋剂,效果可能会更好些。

对于牙关紧闭或不便于口对口吹气的病人,可用口对鼻吹气。当发现伤员有微弱自主呼吸时,人工呼吸应与自主呼吸的节律保持一致,不可相反。

在心肺复苏过程中,井下现场最好不要使用复苏药物。因为老三联(肾上腺素,去甲肾上腺素,异丙肾上腺素)弊多利少,已被废弃不用;新三联(肾上腺素,阿托品,利多卡因)在复苏时期只有肾上腺素是公认的心跳骤停病人的首选药物,但外伤所致的病人又不宜先用;心内注射给药方法受注射技术、位置、深浅等因素的限制,也利少弊多,不宜采用,亦无必要。

另外,呼吸兴奋剂在呼吸复苏时期亦不宜使用,只有在自主呼吸恢复,但呼吸仍过浅、过慢、不规则等呼吸恢复功能不全时才可使用。

如果复苏成功,应立即快速稳妥地转送至医院进行继续抢救,不可贻误时机。

3.3.12　搬运

井下条件复杂,道路不畅,转运要尽量做到轻、稳、快。没有经过初步固定、止血包扎和抢救的伤员,一般不应转运。正确的搬运可以减轻伤员的痛苦,迅速送往医院进一步进行抢救。搬运时应做到不增加伤员的痛苦,避免造成新的损伤及合并症。搬运时应注意以下几点:

(1)呼吸、心跳骤停及休克昏迷的伤员应先及时进行复苏后再搬运。若没有懂得复苏技术的人员时,则可为争取抢救时间而迅速向外搬运,去迎接救护人员进行及时抢救。

（2）对昏迷或有窒息症状的伤员,要把肩部稍垫高,使头部后仰,面部偏向一侧或采用侧卧位和偏卧位,以防胃内呕吐物或舌头后坠堵塞气管而造成窒息,注意随时都要确保呼吸道的通畅。

（3）一般伤员可用担架、木板、风筒、溜子槽、绳网等运送,但脊柱损伤和骨盆骨折的伤员应用硬板担架运送。

（4）对一般伤员均应先进行止血、固定、包扎等初步救护后,再进行转运。

（5）对脊柱损伤的伤员,要严禁让其坐起、站立和行走。也不能用一人抬头一人抱腿或人背的方法搬运,因为当脊柱损伤后,再弯曲活动时,有可能损伤脊髓而造成伤员截瘫甚至突然死亡,所以在搬运中要十分小心。

在搬运颈椎损伤的伤员时,要专有一个保持伤员的头部,轻轻地向水平方向牵引,并且固定在中立位,不使颈椎弯曲,严禁左右转动（见图3-3-63）。

搬运者多人双手分别托住颈肩部、胸腰部、臀部及下肢,同时用力移上担架,取仰卧位,担架应用硬木板,肩下应垫软枕或衣物,使颈椎呈伸展样（颈下不可垫衣物）,头部两侧用衣物固定,防止颈部扭转（见图3-3-64）,切忌抬头。若伤员的头和颈已处于曲歪位置,则须按其自然固有姿势固定,不可勉强纠正,以避免损伤脊髓而造成高位截瘫,甚至突然死亡。

图 3-3-63　抱头

图 3-3-64　垫枕

（6）搬运胸、腰椎损伤的伤员时,先把硬板担架放在伤员身旁,由专人照顾患处,另有两三人在保持脊柱伸直位下,同时用力轻轻将伤员推滚到担架上,推动时用力大小、快慢要保持一致,要保证伤员脊柱不弯曲。伤员在硬板担架上取仰卧位,受伤部位垫上薄垫或衣物,使脊柱呈过伸拉,严禁坐位或肩背式搬运（见图3-3-65）。

另一种办法是一人抬腿,一人抬头,中间两人托腰或用宽布托腰,不让腰部弯曲,抬到硬板担架上,伤员也可取俯卧位。若仰卧时,腰背下及两侧垫上衣物,防止伤员移动（见图3-3-66）。

（7）一般外伤的伤员,可平卧在担架上,伤肢抬高。胸部外伤的伤员可取半坐位。有开放性气胸者,需封闭包扎后才可转运。腹部内脏损伤的伤员,可平卧,用宽布带将腹部捆在担架上,以减轻疼痛及出血。骨盆骨折的伤员可仰卧在硬板担架上,曲髋、曲膝、膝下垫软枕或衣物,用布带将骨盆捆在担架上。

（8）转运时应让伤员的头部在后面,随行的救护人员要时刻注意伤员的面色、呼吸、脉搏,必要时要及时抢救。随时注意观察伤口是否继续出血,固定是否牢靠,出现问题要及时处理。上下山时应尽量保持担架平衡,防止伤员从担架上翻滚下来。

（9）运送到井上,应向接管医生详细介绍受伤情况及检查、抢救经过。

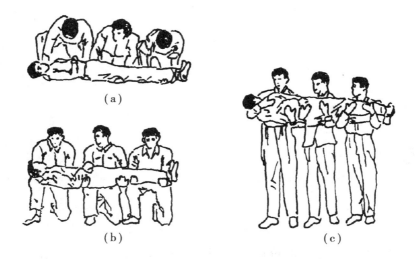

图 3-3-65　脊柱损伤的搬运方法(一)

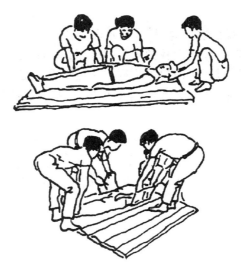

图 3-3-66　脊柱损伤的搬运方法(二)

巩固提高

1. 何谓矿工自救、互救?
2. 矿山井下发生事故后现场矿工的行动原则是什么?
3. 简述发生瓦斯爆炸事故的自救互救。
4. 简述有害气体中毒的现场急救。

实训教学三

模拟急救:在学院球场模拟急救现场,设定井下受伤人员分别为:腿部开放性骨折;休克;溺水。分组完成现场急救过程,分组编制演练报告。

参考文献

［1］国家煤矿安全监察局人事司.抢险救灾［M］.江苏:中国矿业大学出版社,2003.

［2］李安.现代煤矿常见灾害事故现场救护技术实用手册［M］.吉林:吉林大学电子出版社,2005.

［3］国家煤矿安全监察局.煤矿安全规程［M］.北京:煤炭工业出版社,2009.

［4］国家安全生产监督管理总局.矿山救护规程［M］.北京:煤炭工业出版社,2007.

［5］国家安全生产监督管理总局.矿山救护队资质认定管理规定,2005.

［6］国家安全生产监督管理总局.生产经营单位安全生产事故应急预案编制导则,AQ/T 9002—2006.